미분적분학 입문

이 수 일 저

도서출판 상 학 당

欲爲大者 當爲人役

크고자 하거든 남을 섬기라

| p·r·e·f·a·c·e |

머리말

미분적분학은 순수수학뿐만 아니라 자연과학 및 공학을 전공하는 데 필요한 기본적인 과목이다.

여러 해 동안 대학에서 공학을 가르친 경험에 비추어 보면 많은 학생들이 미분적분학의 기초가 부족하여 도함수나 미분과 적분이 공학에 응용되는 경우 그 의미를 잘 모르고 있었다. 이 책은 이런 학생들을 돕기 위하여 미분적분학의 기초이론을 전반적으로 소개하였다.

이 책의 특징은 수학적인 개념이 거의 없는 학생들도 쉽게 이해하도록 기본원리의 해설에 초점을 맞추고, 개념을 명확하게 설명하는 데 많은 노력을 하였으며, 복잡한 증명은 생략하고 쉬운 예제로서 이해를 돕고자 하였다. 연습문제에 대한 자세한 풀이를 뒤에 둠으로써 문제를 푼 후 참고가 되도록 하였다.

이 책을 통해서 미분적분학의 기초를 쌓고 공학을 공부하려고 하는 학생들에게 도움이 된다면 저자의 기쁨은 더할 나위 없을 것이다.

끝으로 이 책이 나오기까지 여러 모로 도움을 주신 상학당 사장님과 편집부 여러분께 감사드린다.

저 자 씀

| c·o·n·t·e·n·t·s |

차 례

CHAPTER 1

예 비 학 습

1-1 함수의 정의

함수(function)란 용어를 처음으로 사용한 독일의 수학자 **라이프니츠**(Leibniz ; 1646~1716)는 함수를 정확하게 설명하지 못하였다. 그 후에 **오일러**(Euler ; 1707~1783)는 1748년에 함수를 "**한 변수 x에 대한 함수란 x와 상수로 만들어진 관계식을 말한다**"라고 정의하였다. 이를테면 $y=2x^2+3$ 등이 함수라는 뜻이다.

그러나 복잡한 자연현상이나 사회현상을 해명하기에는 보다 넓게 함수 개념을 확장할 필요가 있었다. 실제로 **디리클레**(Dirichlet ; 1805~1859)는 수학적 수식의 표현으로 이루어진 함수의 정의와는 달리 집합에서 집합으로의 대응을 사용하여 함수를 정의하였다.

(1) 변수와 함수

이제, 함수의 예를 들면 물리학에서 일정한 속력으로 고속도로를 달리는 자동차의 움직인 거리는 속력 곱하기 시간이다. 거리를 기호 S, 속력을 V, 시간을 t로 나타내면 t와 S와의 관계식은

$$S=Vt$$

로 쓸 수 있다.

다음 예로, 기하학에서 그림 1-1과 같은 원에서 그 원의 넓이 A는 반지름 r에 의해서 결정되며 관계식은 다음과 같다.

$$A=\pi r^2$$

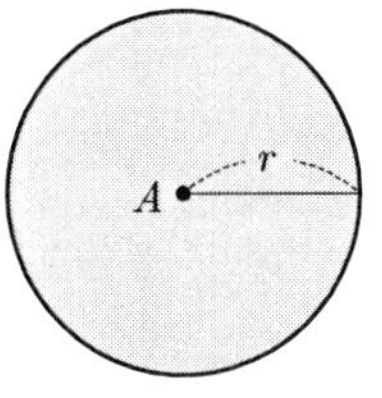

그림 1-1

앞의 두 가지 예에서 주어진 수 (t, r)에 대해 다른 수 (S, A)와의 사이에 일정한 관계식이 만들어진다. 이럴 때 우리는 두 번째 수 S, A를 첫 번째 수 t, r의 **함수**(function)라고 한다. 함수에서 V, π와 같이 값이 일정하고 변하지 않는 것을 **상수**(constant)라 하고, t와 r 등과 같이 여러 가지 값으로 변하는 것을 **변수**(variable)라고 한다.

일반적으로 수학적인 기호로 2개의 변수 x, y가 있는데, x의 값이 변하면 그 변화에 따라서 y의 값이 변할 경우 y를 x의 함수라고 정의한다. 이 경우 x는 스스로 독립하여 변하는 것이므로 **독립변수**(independent variable)라 하고, y는 x에 의존하여 변하므로 **종속변수**(dependent variable)라고 한다.

우리는 일반적으로 함수를 f와 같은 문자로 나타낸다. 만일 독립변수가 x이면 함수 f에 관계된 종속변수 y는

$$y = f(x)$$

로 표시하고 "y는 f의 x라고 읽는다." $f(x)$에서 괄호는 표기법의 한 부분이고, 괄호 속의 양은 독립변수임을 나타내는 것이다. 그러나 다른 기호들도 함수, 즉 독립변수와 종속변수로 사용될 수 있다. 예를 들면

$$y = g(f), \quad S = F(t), \quad W = H(u)$$

등 여러 가지가 있다.

(2) 집합의 대응관계로의 함수

이번에는 두 집합의 대응관계로 함수를 정의하여 보자.

집합(set)이란 일정한 조건에 알맞은 대상의 모임을 말하며, 대상 하나하나를 그 집합의 **원소**(element)라고 한다.

a가 집합 S의 원소일 때, a는 S에 속한다 하고 기호는

$$a \in S$$

로 나타낸다. 원소가 하나도 없는 집합은 **공집합**(empty set)이라 하며 기호는

$$\phi \text{ 또는 } \{\}$$

ϕ는 그리스 문자 phi(파이)이다.

집합을 표시하는 방법으로 **조건제시법**은 말 그대로 원소의 특성을 조건으로 제시한 것이며, **원소나열법**은 집합에 속하는 원소를 일일이 늘어놓은 것이다.

예를 들면, 1부터 7까지의 홀수의 집합 S에 대하여

원소나열법

$$S = \{1, 3, 5, 7\}$$

조건제시법

$$S = \{n \mid 1 \leqq n \leqq 7, n\text{은 홀수}\}$$

공집합이 아닌 두 집합 X, Y에서 X의 각 원소에 Y의 원소가 오직 하나씩만 대응하고 있을 때, 이 대응관계를 X에서 Y로의 함수(function)라 하고, 이것을 다음과 같이 나타낸다.

$$f: X \rightarrow Y, \ X \xrightarrow{f} Y$$

또는 X의 임의의 변수를 x, Y의 임의의 변수를 y라 할 때

$$y = f(x)$$

집합 X의 임의의 원소 a가 집합 Y의 원소 b에 대응될 때

$$f(a) = b \ \text{또는} \ f: a \rightarrow b$$

와 같이 나타내며 b를 함수 f에서의 $x=a$에서 **함수값**(function value)이라 한다.

또한 집합 X를 함수 f의 **정의역**(domain), 집합 Y를 **공역**(codomain)이라 한다. 특히 함수값 전체의 집합

$$\{f(x) \mid x \in X\}$$

를 함수 f의 **치역**(range)이라고 한다. 이상의 정의를 그림으로 나타내면 그림 1-2와 같다.

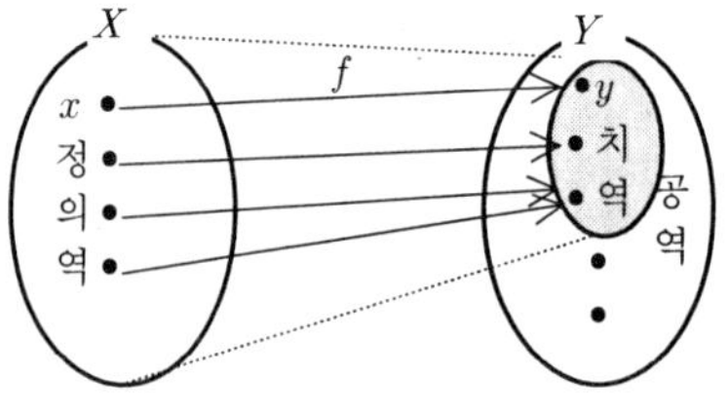

그림 1-2

위 내용을 비유해서 쉽게 말하면, 함수란 화살을 쏘는 집단에서는 모든 사람이 꼭 하나씩만 상대방에게 화살을 날리는 것이다. 상대방 집단에서는 화살을 여러 개 맞는 사람이 있어도 괜찮고, 그런 사람들을 치료해 주어야 하므로 화살을 맞은 사람의 집단을 치역이라고 한다.

[예제 1-1] 직사각형에서 넓이 y는 가로 곱하기 세로로 주어진다. 여기서 가로는 a로 일정하고 세로 x는 변수이다. y는 x의 함수로 나타내고, 독립변수와 종속변수를 구분하여라.

〈풀이〉 y와 x의 함수 관계는 $\boldsymbol{y=ax}$이다. 여기서 x의 값이 주어지면 y의 값이 결정되므로 $\boldsymbol{x}$는 독립변수, $\boldsymbol{y}$는 종속변수이다.

[예제 1-2] 다음 대응관계에서 함수가 아닌 것을 찾아라.

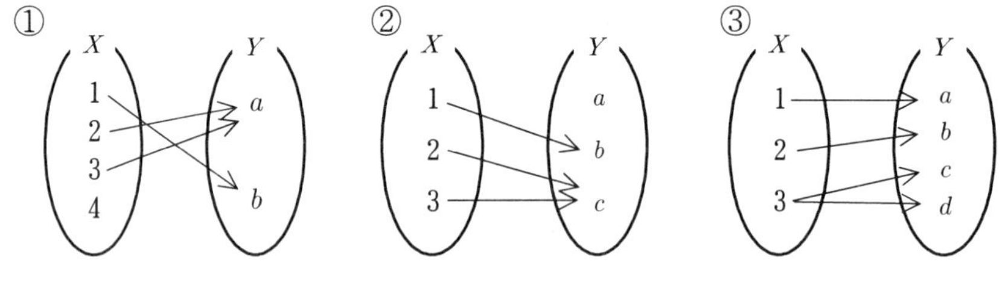

〈풀이〉 ① 집합 X에 남는 원소가 4가 있으므로 함수가 아니다.

② $1 \to b$, $2 \to c$, $3 \to c$와 같이 집합 X의 각 원소에 집합 Y의 원소가 한 개씩만 대응하므로 함수이다.

③ X의 한 원소 3에 Y의 두 개 원소 c, d에 대응하므로 함수가 아니다.

이상에서 함수가 아닌 것은 ①, ③이다.

[예제 1-3] 다음 각 함수의 정의역, 공역, 치역을 말하여라.

①

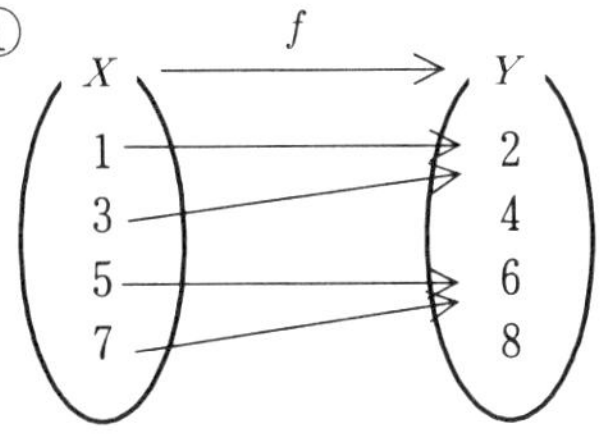

②

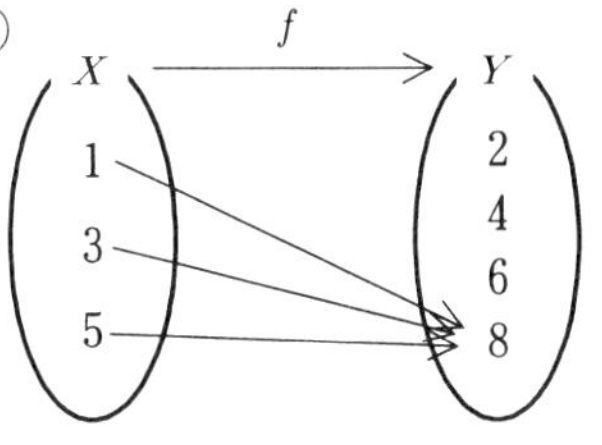

〈풀이〉 ① 정의역 : {1, 3, 5, 7}, 공역 : {2, 4, 6, 8}, 치역 : {2, 6}
② 정의역 : {1, 3, 5}, 공역 : {2, 4, 6, 8}, 치역 : {8}

[예제 1-4] 다음 함수의 정의역과 치역을 구간으로 표시하여라.

① $y=2x$ ② $f(x)=\sqrt{4-x^2}$

〈풀이〉 ① 정의역 : $(-\infty, \infty)$ 치역 : $(-\infty, \infty)$
② 정의역 : $[-2, 2]$ 치역 : $[0, 2]$

예제에서 구간이란 어떤 범위 안에 들 수 있는 실수의 집합으로 구간의 표시는 표 1-1과 같다.

〈표 1-1〉 구간의 표시

구 간	표 시	범 위
폐 구 간	$[a, b]$	$a \le x \le b$
개 구 간	(a, b)	$a < x < b$
폐개구간	$[a, b)$	$a \le x < b$
개폐구간	$(a, b]$	$a < x \le b$

[예제 1-5] 함수 $y=f(x)=3x^2+2$에서 다음 함수값을 구하여라.

① $f(2)$ ② $f(0)$ ③ $f(-1)$

〈풀이〉 ① $f(2)=3 \cdot 2^2+2=\mathbf{14}$
② $f(0)=3 \cdot 0^2+2=\mathbf{2}$
③ $f(-1)=3 \cdot (-1)^2+2=\mathbf{5}$

1-2 함수의 그래프

(1) 순서쌍과 좌표

우선 두 **수직선**(number line)을 그림 1-3과 같이 각각 원점 O에서 서로 직각으로 만나게 그린다.

이때 가로의 수평선을 **x축**, 세로의 수직선을 **y축**이라고 하며, x축과 y축을 통틀어 **좌표축**이라고 한다. 그리고 두 좌표축이 만나는 점 O를 **원점**이라고 하며, 좌표축이 그려져 있는 평면을 **좌표평면**이라고 한다.

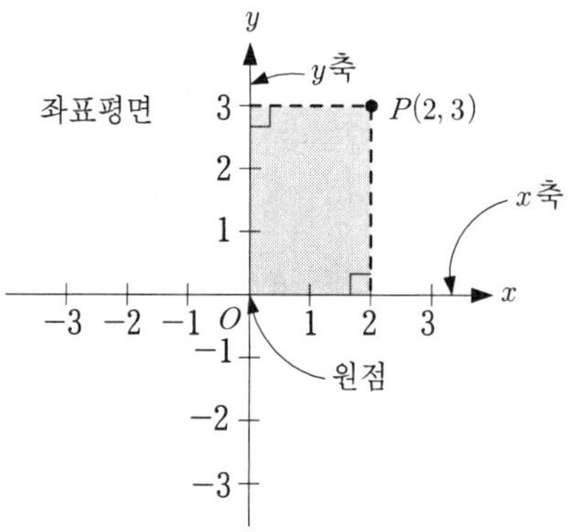

그림 1-3

여기서, 이를테면 위 좌표평면 위에 나타낸 점 P의 위치는 P에서 x축, y축에 수직으로 그은 직선이 x축, y축과 만나는 점을 나타내는 수가 각각 2, 3이므로, **순서쌍** (2, 3)으로 나타낼 수 있다.

이때 순서쌍 (2, 3)을 점 P의 **좌표**라 하고, 점 P를

$$P(2\ ,3)$$

과 같이 나타낸다. 여기서 2를 점 P의 x좌표, 3을 점 P의 y좌표라고 한다.

좌표축에서 x축과 y축의 눈금을 똑같이 할 필요는 없다. 물리학에서 x와 y는 거리와 시간과 같이 서로 다를 수도 있다.

좌표평면은 x축과 y축을 경계로 네 부분으로 나누는데, 그 각각을 그림 1-4와 같이 제1사분면, 제2사분면, 제3사분면, 제4사분면이라고 한다. 단, x축과 y축 위의 점은 어느 사분면에도 포함되지 않는다.

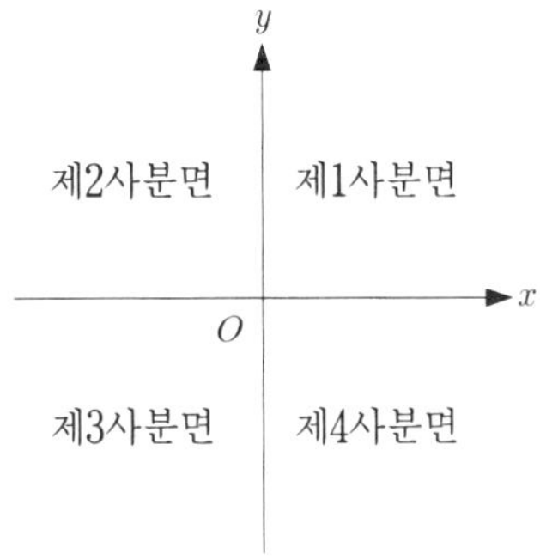

그림 1-4

[예제 1-6] 다음 점을 좌표평면 위에 나타내어라.

$O(0, 0)$, $A(0, 4)$, $B(4, 0)$

$C(2, -3)$, $D(-2, 1)$, $E(-3, -2)$

〈답〉

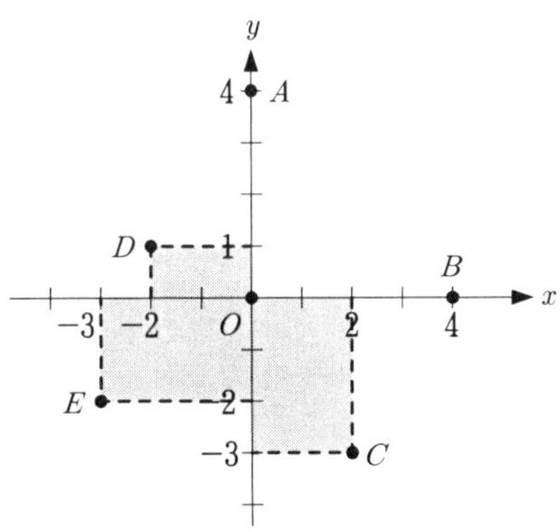

(2) 함수의 그래프

일반적으로 함수 $y=f(x)$의 그래프를 그리는 방법은 적당한 간격을 두고 x의 값에 대응하는 $y=f(x)$의 함수값을 대응표로 만드는 것이다. 그리고 순서쌍

$(x,\ y)$의 각각의 값을 좌표평면 위에 점으로 나타낸 후 각 점을 직선 혹은 매끄러운 곡선으로 연결함으로써 함수의 그래프를 얻을 수 있다. 물론 곡선상의 점들은 단지 근사값일 수도 있다.

[예제 1-7] 함수 $y=2x$의 그래프를 다음 순서에 따라 그려라.

① 다음 대응표의 빈칸에 알맞은 수를 써넣어라.

x	-2	-1	0	1	2
y	-4	㉠	0	2	㉡

② 대응표에서 얻은 순서쌍을 좌표로 하는 점을 좌표평면 위에 찍고 이들을 직선으로 이어 그래프를 완성하여라.

〈풀이〉 ① $y=2x$에 $x=-1$을 대입하면 $y=-2$, $x=2$를 대입하면 $x=4$이므로 ㉠은 **−2**, ㉡은 **4**이다.

② 순서쌍 $(-2,-4)$, $(-1,-2)$, $(0,0)$, $(1,2)$, $(2,4)$를 좌표로 하는 점을 좌표평면 위에 찍은 후 직선으로 연결하면 그림과 같다.

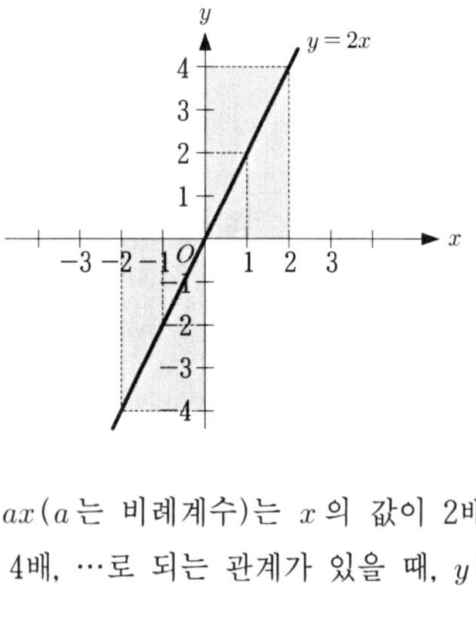

예제와 같은 함수 $y=ax$(a는 비례계수)는 x의 값이 2배, 3배, 4배, …로 됨에 따라 y의 값도 2배, 3배, 4배, …로 되는 관계가 있을 때, y는 x에 정비례라고 한다.

이와 같은 정비례 함수의 그래프는 그림 1-5와 같이 원점을 지나는 직선이고, $a>0$이면 오른쪽 위로 향하고(↗), $a<0$이면 오른쪽 아래로 향한다(↘).

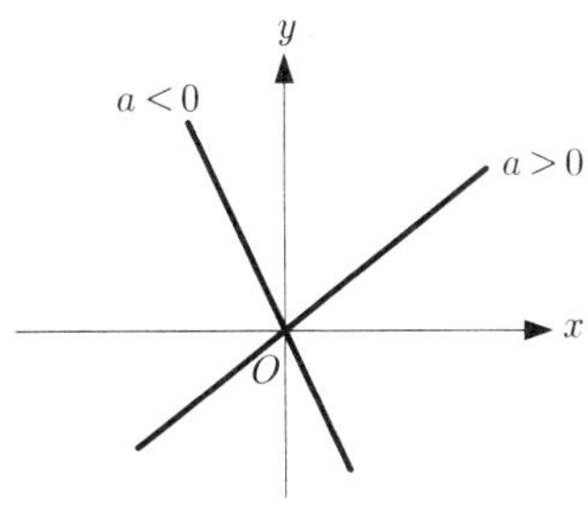

그림 1-5

[예제 1-8] 함수 $y=\frac{4}{x}$의 그래프를 다음 순서에 따라 그려라.

① 다음 대응표의 빈칸에 알맞은 수를 써넣어라.

x	-4	-2	-1	1	2	4
y	㉠	-2	-4	4	㉡	1

② 그래프를 좌표평면 위에 그려라.

〈풀이〉 ① $y=\frac{4}{x}$에 $x=-4$를 대입하면 $y=\frac{4}{-4}=-1$

$x=2$를 대입하면 $y=\frac{4}{2}=2$이므로 ㉠은 -1, ㉡은 2이다.

② 순서쌍 $(-4,-1)$, $(-2-2)$, $(-1,-4)$, $(1,4)$, $(2,2)$, $(4,1)$을 좌표로 하는 점을 좌표평면 위에 찍은 다음 곡선으로 연결하면 그림과 같다.

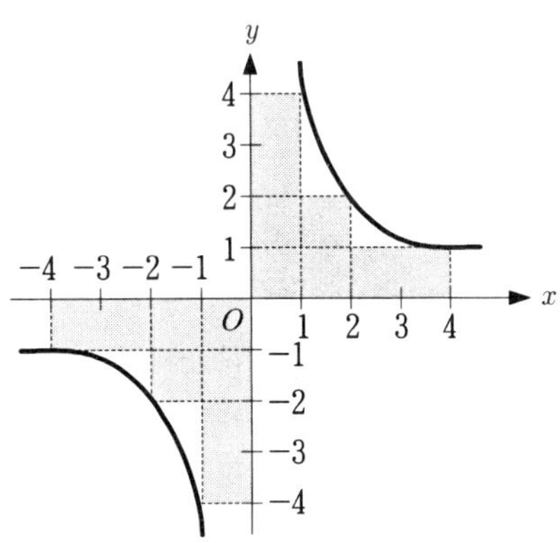

예제와 같은 분수함수 $y=\frac{a}{x}$(a는 비례계수)는 x의 값이 2배, 3배, 4배, …로 됨에 따라 y의 값은 $\frac{1}{2}$배, $\frac{1}{3}$배, $\frac{1}{4}$배, …로 되는 관계가 있을 때, y는 x에 반비례라고 한다. 이와 같은 반비례 함수의 그래프는 원점에 대하여 대칭이고, x축, y축에 한없이 접근하는 쌍곡선이며, $a>0$이면 그래프는 1, 3사분면에 $a<0$이면 그래프는 2, 4사분면에 그려진다.

[예제 1-9] 함수 $y=3x^2$의 그래프를 좌표평면 위에 그려라.

〈풀이〉 x와 y값의 대응표와 이들 순서쌍을 좌표로 하는 점을 부드러운 곡선으로 연결한 그래프는 원점을 꼭지점, y축을 대칭으로 아래가 볼록(∪)한 그림과 같은 포물선이다.

x	−3	−2	−1	0	1	2	3
y	27	12	3	0	3	12	27

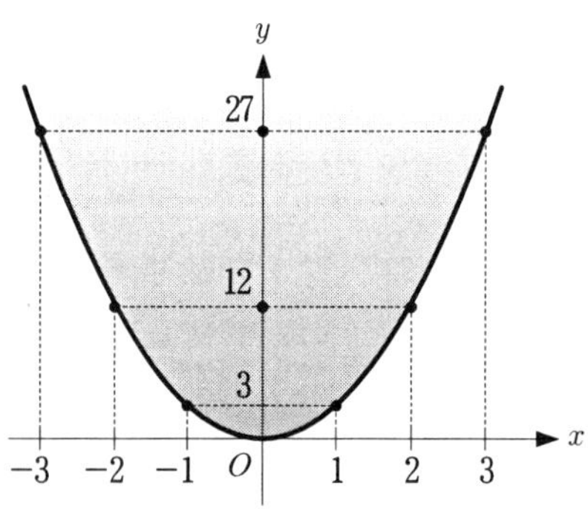

[예제 1-10] 함수 $y=-\frac{1}{2}x^2$ 그래프를 그려라.

〈답〉

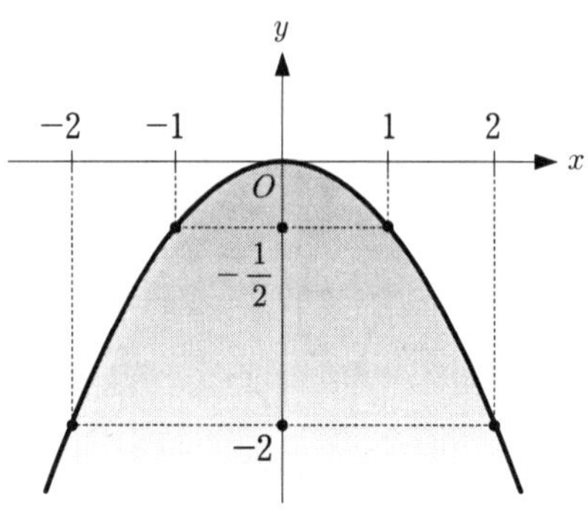

(3) 상수함수 및 절대값 함수

함수 $f: X \to Y$ 에서 X의 모든 원소가 Y의 한 원소에 대응하는 함수 즉, 모든 독립변수 값에 대한 종속변수의 값이 항상 같은 함수를 **상수함수**(constant function)라고 한다. $y = f(x) = 3$은 상수함수이며 그래프는 그림 1-6과 같이 점 $(0, 3)$을 통과해서 x축과 평행인 직선이다.

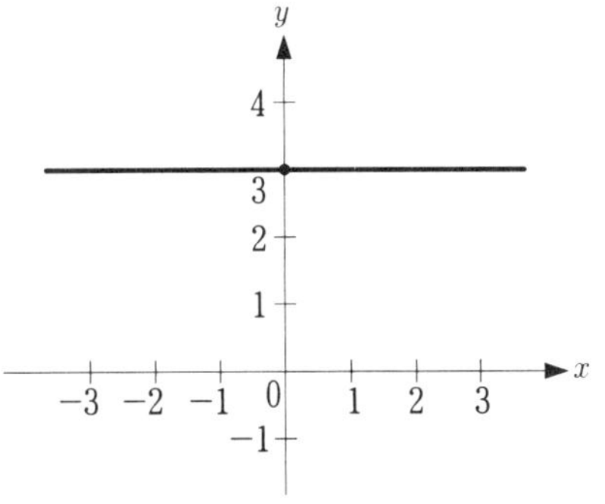

그림 1-6

또, 다른 단순함수로는 **절대값 함수**(absolute value function)가 있다. 어떤 실수 x의 절대값은 그 부호에 관계없이 그 수의 크기로 결정한다. 기하학적으로 말하면 수직선 위에서 실수 x를 나타내는 점과 원점 O와의 거리를 실수 x의 **절대값** (absolute value)이라 하고, 이것을 $|x|$로 표시한다. 그러므로

$$|-3| = |3| = 3$$

따라서 다음 두 가지 규칙에 의해서 절대값 $|x|$를 정의할 수 있다. 만일

$x \geq 0$이면, $|x| = x$ 이고
$x < 0$이면, $|x| = -x$ 이다.

[예제 1-11] 함수 $y = |x|$의 그래프를 그려라.

〈풀이〉 x와 $y = |x|$의 대응표와 이들 순서쌍의 점을 직선으로 연결한 그래프는 그림과 같다.

x	-3	-2	-1	0	1	2	3
$y=\|x\|$	3	2	1	0	1	2	3

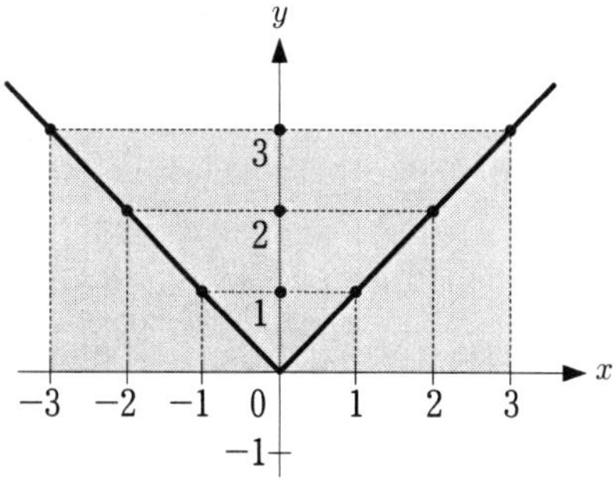

[예제 1-12] 함수 $y=-|x|$의 그래프를 그려라.

〈답〉

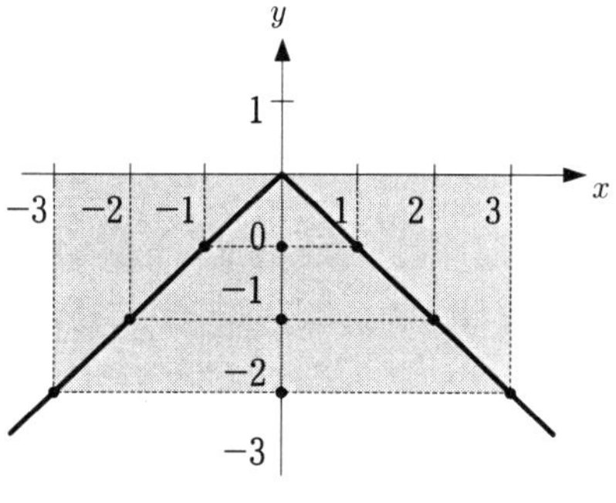

1-3 1차함수

(1) $y=ax+b$의 그래프

함수 $y=ax+b\,(a\neq 0)$의 꼴과 같이 y가 x에 관한 1차식으로 나타내어질 때 1차함수라고 불린다. 여기서 a,b는 상수이고, 이것의 그래프는 직선이다.

[예제 1-13] 1차함수 $y=3x-3$의 그래프를 그려라.

〈풀이〉 1차함수의 그래프는 직선이므로 2개의 순서쌍을 구하고, 그 순서쌍의 점을 이으면 1차함수의 그래프이다.

여기서 2개의 순서쌍을 x 절편($y=0$일 때의 x의 값), y 절편($x=0$일 때의 y의 값)으로 정하면, 일반적으로 간편하게 그래프를 그릴 수 있다.

$y=3x-3$의 그래프에서

x 절편 : $y=0$을 대입하면

$0=3x-3, \quad \therefore x=1$

y 절편 : $x=0$을 대입하면

$y=-0-3, \quad \therefore y=-3$

따라서 점 (1, 0), (0, -3)을 x축, y축 위에 찍은 후 이 두 점을 지나는 직선을 그으면 그림과 같다.

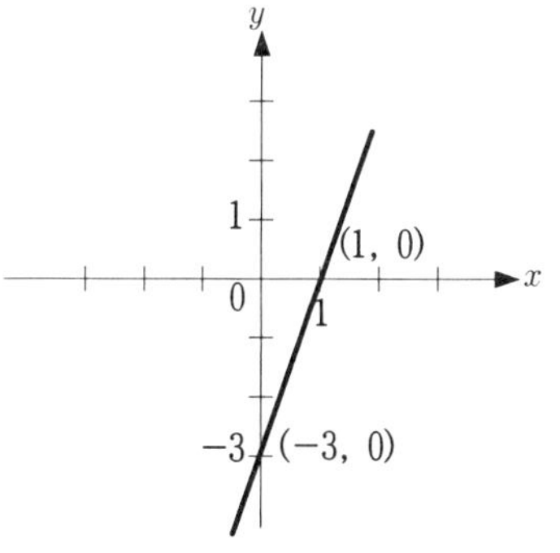

[예제 1-14] 함수 $y=-x+5$의 그래프를 그려라.

〈답〉

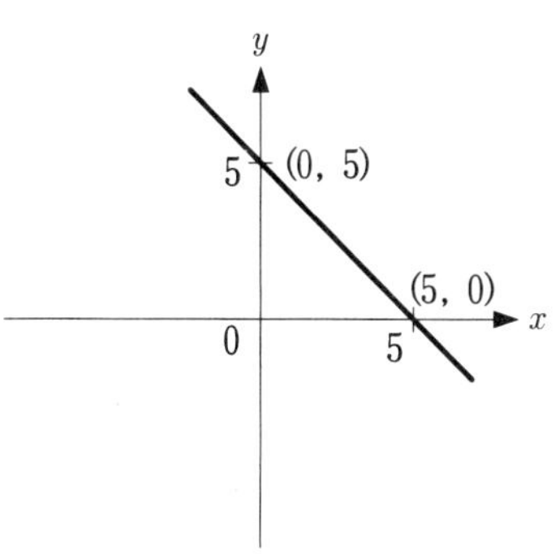

(2) 기 울 기

계단이나 비탈길 등의 경사(기울어진 정도)는 수직거리와 수평거리 비 $\left(\frac{\text{수직거리}}{\text{수평거리}}\right)$의 값으로 알 수 있다.

그림 1-7과 같은 대표적인 1차함수의 그래프에서 직선상의 임의의 두 점을 (x_1, y_1), (x_2, y_2)라고 하자.

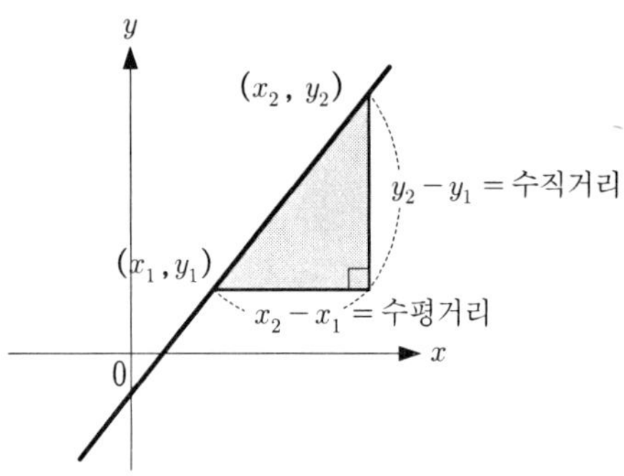

그림 1-7

이럴 때는 다음과 같은 방법으로 직선의 기울기를 정의한다.

$$\text{기울기} = \frac{y_2 - y_1}{x_2 - x_1} = \frac{y_1 - y_2}{x_1 - x_2}$$

$$= \frac{y\text{값의 증가량}}{x\text{값의 증가량}}$$

$$= \frac{\text{수직거리}}{\text{수평거리}}$$

만일 직선의 선분이 수평이면 기울기는 0이고, 수직이면 그 기울기는 무한대 (∞)이다(정확히 말해서 정의될 수 없다).

기울기는 그 직선상의 어떤 두 점에 대해서도 항상 같다. 왜냐하면 수평거리와 수직거리의 비는 직선상의 어디서나 같기 때문이다.

물리학에서 흔히 대하듯이 수평선(x축)과 수직선(y축)의 눈금이 서로 다르다 하더라도, 그 기울기는 항상 다음과 같이 정의된다.

$$기울기 = \frac{수직거리}{수평거리}$$

예를 들어서 그림 1-8의 두 그림은 비슷하게 보이나 기울기는 아주 다르다. 그림 (a)는 x와 y의 눈금이 같으므로 기울기는 $\frac{5}{10} = \frac{1}{2}$이다. 그림 (b)는 y 눈금 하나가 10배로 바뀌었기 때문에 기울기는 $\frac{50}{10} = 5$이다.

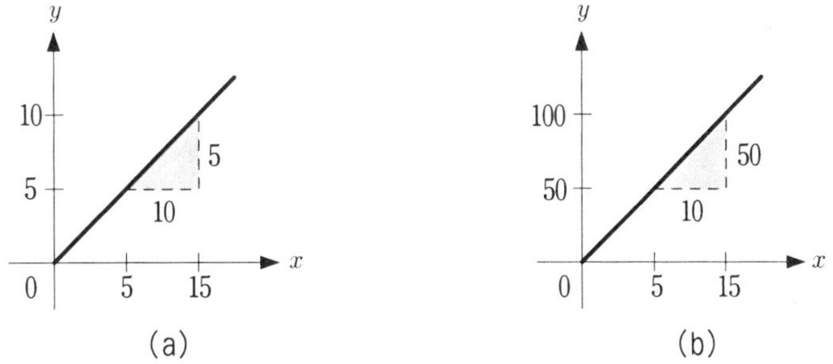

그림 1-8

기울기는 두 길이의 비이기 때문에, 만일 길이가 순수한 숫자이면 기울기도 순수한 숫자이다. 그러나 변수들이 다른 단위라면 기울기도 또한 단위가 달라진다.

그림 1-9는 자동차가 달릴 때의 시간에 따른 거리의 변화를 나타낸 것이다. 여기서 기울기는 km/hour(곧 km per hour)를 사용했다.

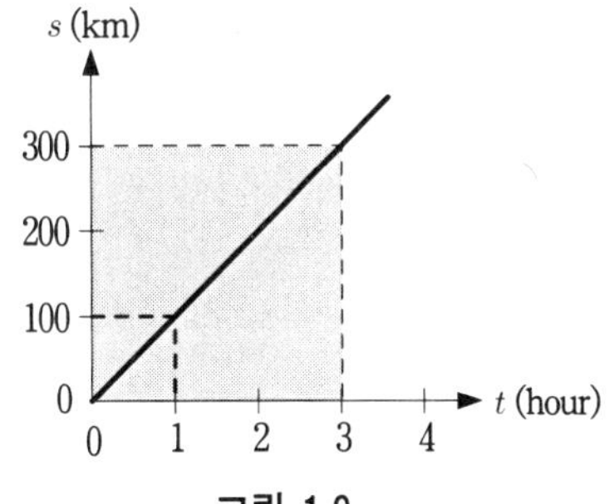

그림 1-9

그림에서 보듯이 직선의 기울기는 다음과 같다.

$$기울기 = \frac{(300-100)\text{km}}{(3-1)\text{hour}} = \frac{200\text{km}}{2\text{hour}} = 100\text{km/hour}$$

여기서 직선의 기울기는 자동차의 속도(또는 속력)와 같은 값을 갖는다.

(3) 1차함수에서 기울기

만약 직선인 1차함수가 주어진다면, 그 직선의 1차함수의 관계식에서 기울기를 찾아보자.

1차함수의 표준꼴 $y = ax + b$ 에서 기울기는

$$\text{기울기} = \frac{y_2 - y_1}{x_2 - x_1}$$

이 정의에 $y_1 = ax_1 + b$, $y_2 = ax_2 + b$ 를 대입하면

$$\begin{aligned}\text{기울기} &= \frac{ax_2 + b - (ax_1 + b)}{x_2 - x_1} \\ &= \frac{ax_2 - ax_1}{x_2 - x_1} = \frac{a(x_2 - x_1)}{x_2 - x_1} \\ &= a\end{aligned}$$

따라서 1차함수 $y = 7x - 5$ 와 표준꼴 $y = ax + b$ 를 비교하면 $a = 7$ 이므로 이 직선의 기울기는 7이다.

직선의 기울기는 양(+), 음(−) 또는 0이 될 수 있다. 그 각각의 예를 그림 1-10에서 보여주고 있다.

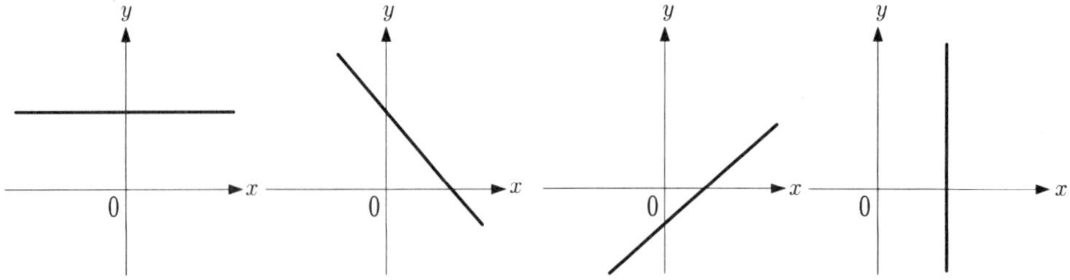

(a) 기울기=0　(b) 기울기<0　(c) 기울기>0　(d) 기울기=∞

그림 1-10

[예제 1-15] 다음 함수에 대한 그래프의 기울기는 양, 음, 0 중 어느 것인가 선택하고, 그래프를 그려라.

① $y=2x-6$　　② $y=-3x$

③ $P=t-2$　　④ $y=-4$

〈풀이〉 ① 1차함수의 표준꼴 $y=ax+b$와 비교하면 $a=2$이므로 기울기는 2이다. 분명히 이것은 양수이다.

② $a=-3$이므로, 음수이다.

③ $P=t-2$에서 변수는 P와 t이며 y와 x 대신 쓴 것이다. 그러므로 이들 변수의 표준형은 $P=at+b$이다. 여기서 $a=+1$이므로, 양수이다.

④ $y=-4$는 상수함수의 한 예이다. 여기서 $a=0$이므로, 기울기는 0이다.

위 함수들의 그래프는 다음과 같다.

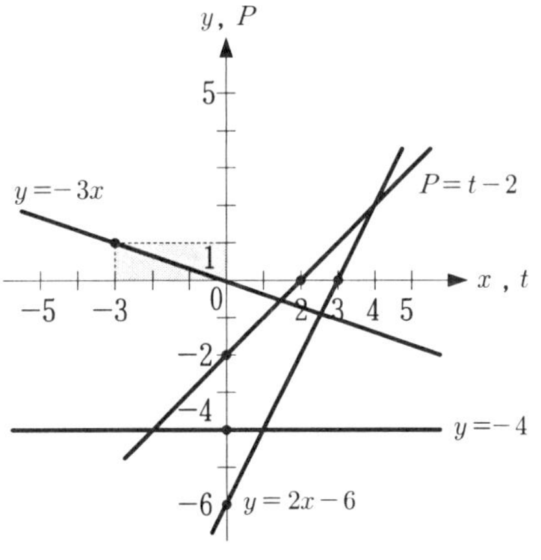

(4) 기울기가 a이고, 점(x_1, y_1)을 지나는 직선

기울기가 a인 직선의 방정식을

$$y=ax+b$$

라 놓으면, 이 식이 점 (x_1, y_1)을 지나므로

$$y_1=ax_1+b$$

위 $y=ax+b$ 식에 $b=y_1-ax_1$ 식을 대입하면 구하는 직선의 방정식은 다음과 같다.

$$y-y_1=a(x-x_1)$$

[예제 1-16] 기울기가 3이고, 점 (2, 5)를 지나는 직선의 방정식을 구하여라.

〈풀이〉 기울기가 3이므로 $y=3x+b$
이것이 점 (2, 3)을 지나므로

$5=3\times 2+b$ 에서 $b=-1$
$\therefore\ \boldsymbol{y=3x-1}$

물론, $y-y_1=m(x-x_1)$ 공식으로 구해도 방정식은 같다. 즉

$y-5=3(x-2)$
$\therefore\ \boldsymbol{y=3x-1}$

[예제 1-17] 두 점 (1, 2), (-2, 8)을 지나는 직선의 방정식을 구하여라.

〈풀이〉 직선의 기울기 a 는

$$a=\frac{8-2}{-2-1}=-2$$

따라서 기울기 -2, 점 (1, 2)를 지나는 직선이므로

$y-2=-2(x-1)$
$\therefore\ \boldsymbol{y=-2x+4}$

[예제 1-18] x 절편이 -2이고, y 절편이 3인 직선의 방정식을 구하여라.

〈풀이〉 직선은 두 점 (-2, 0), (0, 3)을 지나므로
직선의 기울기 a 는

$$a=\frac{0-3}{-2-0}=\frac{3}{2}$$

따라서 구하는 직선은

기울기 $\dfrac{3}{2}$, 점 $(-2, 0)$

지나는 직선이므로

$$y=\frac{3}{2}(x+2)$$

$$\therefore y=\frac{3}{2}x+3$$

1-4 2차방정식의 풀이

표준꼴이 $y=ax^2+bx+c$ (여기서 a, b 및 c는 상수)와 같이 y가 x에 관한 2차식으로 나타내어질 때 **2차함수**라고 하며, 이것의 그래프를 **포물선**이라 한다.

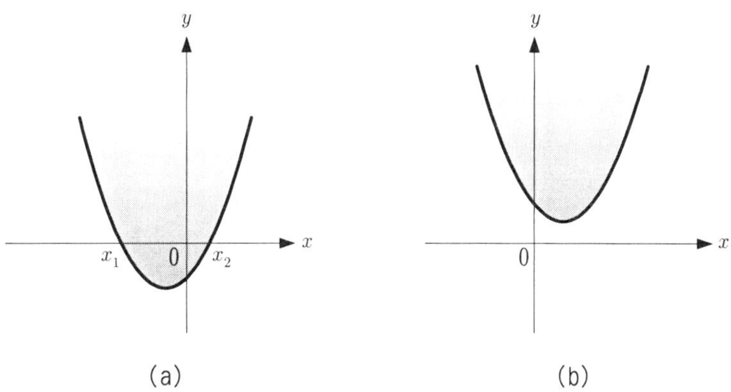

그림 1-11

2차함수에서 $y=0$이면 2차식=0인 **2차방정식**이 되며, 그림 1-11(a)의 x_1, x_2는 2차방정식 $ax^2+bx+c=0$를 만족시키는 x의 값과 같고, 그 값을 방정식의 해 또는 **근**이라 부른다. 2차방정식의 근은 모두 실수일 수는 없다. 예를 들어서, 그림 (b)의 곡선에서는 $y=0$일 때 x의 실근은 없다.

2차방정식의 풀이로서 간단한 식이면 단순히 제곱근을 구하면 되나, 다른 경우는 인수분해에 의한 풀이와 근의 공식에 의한 풀이방법이 흔히 사용된다.

(1) $ax^2+c=0$의 경우 제곱근에 의한 풀이

일반적으로 2차방정식 $ax^2+bx+c=0$에서 $b=0$의 경우이다. 이와 같이 간단한 식이면 단순히 제곱근을 구하면 된다.

[예제 1-19] 2차방정식 $3x^2-75=0$을 풀어라.

〈풀이〉 $3x^2=75$, $x^2=25$

$x=\pm\sqrt{25}=\pm 5$

$\therefore$ $\boldsymbol{x=5}$ 또는 $\boldsymbol{x=-5}$

(2) $ax^2+bx=0$의 경우 인수분해에 의한 풀이

인수분해 공식

$$ax^2+bx=x(ax+b)$$

를 적용하여 푼다.

[예제 1-20] 2차방정식 $x^2-3x=0$을 풀어라.

〈풀이〉 $x^2-3x=x(x-3)=0$

$x=0$, $(x-3)=0$

$\therefore$ $\boldsymbol{x=0}$ 또는 $\boldsymbol{x=3}$ $(x=0,\ 3)$

(3) $x^2+cx+d=0$의 경우 인수분해에 의한 풀이

인수분해 공식

$$x^2+(a+b)x+ab=(x+a)(x+b)$$

를 적용하여 푼다.

[예제 1-21] 다음 2차방정식을 풀어라.

① $x^2 - 5x + 6 = 0$　　② $x^2 = 6x - 9$

〈풀이〉 ① $x^2 - 5x + 6 = x^2 + (-2-3)x + \{(-2) \times (-3)\} = (x-2)(x-3) = 0$

$x - 2 = 0,\ x - 3 = 0$

$\therefore\ \boldsymbol{x = 2,\ 3}$

② $x^2 - 6x + 9 = x^2 + (-3-3)x + \{(-3) \times (-3)\} = (x-3)(x-3)$

$= (x-3)^2 = 0$

$\therefore\ \boldsymbol{x = 3}$**(중근)**

(4) $ax^2 + bx + c = 0$의 경우 근의 공식에 의한 풀이

방정식 $ax^2 + bx + c = 0$은 두 근을 갖는데, 그 근은 아래와 같다.

$$x_1 = \frac{-b + \sqrt{b^2 - 4ac}}{2a},\ x_2 = \frac{-b - \sqrt{b^2 - 4ac}}{2a}$$

근 x_1, x_2를 묶어서 x로 나타내면

$$\boldsymbol{x = \frac{-b \pm \sqrt{b^2 - 4ac}}{2a}}$$

이 결과를 증명하지 않지만 원방정식에다 x의 값을 대입함으로써 증명될 수는 있다.

[예제 1-22] 다음 2차방정식을 근의 공식을 이용하여 풀어라.

① $x^2 - 5x + 6 = 0$　　② $x^2 + 6x + 9 = 0$

③ $2x^2 - 3x + 1 = 0$　　④ $0.5x^2 - x + 2 = 0$

〈풀이〉 ① $a = 1,\ b = -5,\ c = 6$이므로

$$x = \frac{-b \pm \sqrt{b^2 - 4ac}}{2a} = \frac{-(-5) \pm \sqrt{(-5)^2 - 4 \times 1 \times 6}}{2 \times 1}$$

$$= \frac{5 \pm \sqrt{1}}{2} = \frac{1}{2}(5 \pm 1)$$

$\therefore\ \boldsymbol{x = 2}$ **또는** $\boldsymbol{x = 3}$

물론 예제 1-21 ①의 인수분해에 의한 풀이 근과 답이 같다.

② $x=\dfrac{-6\pm\sqrt{6^2-4\times1\times9}}{2\times1}=\dfrac{-6\pm0}{2}=-3$

$\therefore\ \boldsymbol{x=-3}$

③ $x=\dfrac{-(-3)\pm\sqrt{(-3)^2-4\times2\times1}}{2\times2}=\dfrac{3\pm\sqrt{1}}{4}=\dfrac{1}{4}(3\pm1)$

$\therefore\ \boldsymbol{x=1}$ 또는 $\boldsymbol{x=\dfrac{1}{2}}$

④ $x=\dfrac{-(-1)\pm\sqrt{1^2-4\times0.5\times2}}{2\times0.5}=\dfrac{1\pm\sqrt{-3}}{1}$

$=1\pm\sqrt{-3}=1\pm i\sqrt{3}$

$\therefore\ \boldsymbol{x=1+i\sqrt{3}}$ 또는 $\boldsymbol{x=1-i\sqrt{3}}$

여기서 i는 허수단위로서 $i=\sqrt{-1}$를 뜻한다.

위 예제에서 근이 실수인 것을 **실근**, 허수인 것을 **허근**이라 한다. 특히 ②의 경우와 같은 때에는 두 근이 겹친 것으로 생각해서 **중근**이라 한다. 이들 근의 판별은 **판별식** $\boldsymbol{D=b^2-4ac}$에서 $D>0$이면 실근, $D=0$이면 중근, $D<0$이면 허근(공액복소수근)이 된다.

■ 연습문제 1 ■

1-1 $f(x)=x^2+2$에서 $f(3)$을 구하여라.

1-2 $f(x)=\dfrac{1-x}{1+x}$일 때 $f(2)$, $f(-2)$를 구하여라.

1-3 집합 X에서 X로의 함수 $y=2(x+a)$에서 $f(3)=-4$일 때, $f(5)$의 값을 구하여라. 단, X는 정수 전체의 집합이다.

1-4 다음 함수의 정의역과 치역을 구하여라.

① $y=x+5$　　② $y=\dfrac{1}{x-1}$

③ $y=\sqrt{1-x^2}$　　④ $y=x^2-2x+3$

1-5 다음 함수의 그래프를 그려라.

① $y=-\dfrac{3}{4}x$　　② $y=-\dfrac{6}{x}$

1-6 함수 $y=|2x|$와 $y=-|2x|$의 그래프를 그려라.

1-7 다음 1차함수의 그래프의 기울기를 구하여라.

① $y=-2x+3$　　② $y=-\dfrac{2}{3}x+2$

1-8 다음 1차함수의 그래프의 기울기를 구하여라.

① $y=5x-5$　　② $y=-3x+7$

③ $4y-7=5x+2$　　④ $3y+7x=2y-5$

1-9 다음 직선의 방정식을 구하여라.

① 기울기가 -3이고 y절편이 5인 직선

② 점 $(-3, 7)$을 지나고 기울기가 -2인 직선

③ 두 점 $(2, -1)$, $(6, 7)$을 지나는 직선

④ x절편이 -3, y절편이 6인 직선

⑤ 점 $(2, 3)$을 지나고 x축에 평행인 직선

⑥ 점 $(2, 3)$을 지나고 y축에 평행인 직선

⑦ 점 $(-2, 2)$를 지나고 $y=-2x+1$의 그래프와 평행인 직선

1-10 다음 1차방정식을 풀어라.

① $2(x+3)=x-8$　　② $3x-2=-5x+14$

1-11 다음 2차방정식을 인수분해 공식을 이용하여 풀어라.

① $x^2 = 49$　② $x^2 = 6x - 9$
③ $x^2 + x - 2 = 0$　④ $x^2 - 5x + 4 = 0$

1-12 다음 2차방정식을 근의 공식을 이용하여 풀어라.

① $2x^2 - 5x + 2 = 0$　② $x^2 - 25x + 156 = 0$
③ $4x^2 + 12x + 9 = 0$　④ $5x^2 - 2x + 1 = 0$

1-5 지수 및 근

(1) 거듭제곱

같은 수 a를 n번 곱한 것을 **n제곱**이라 하고, 이것을 a^n으로 나타낸다. 예를 들면

$$2^2 = 2 \times 2,\ 10^3 = 10 \times 10 \times 10 = 1000$$

특히 a^2은 a제곱이라 하고, a를 1번 곱한 a^1은 간단히 a로 나타내며, a, a^2, a^3, …를 모두 a의 **거듭제곱**이라 하고, a^n에서 a를 거듭제곱의 **밑**, n을 거듭제곱의 **지수**라고 한다.

지수 m, n이 양의 정수일 때 거듭제곱의 정의로부터 다음 법칙이 성립한다.

$$a^m \cdot a^n = a^{m+n}\ (a \neq 0)$$

여기서 $m = 0$일 때도 성립한다면

$$a^0 \cdot a^n = a^{0+n} = a^n$$

양변을 a^n으로 나누면

$$a^0 = 1$$

또, $m = -n$일 때도 성립한다면

$$a^{-n} \cdot a^n = a^{-n+n} = a^0 = 1$$

양변을 a^n으로 나누면

$$a^{-n} = \frac{1}{a^n}$$

실제로 a^0, a^{-n}은 존재하지 않으나, 위와 같이 $a^0 = 1$, $a^{-n} = \frac{1}{a^n}$과 같은 새로운 값으로 정의하면, 지수가 실수일 때도 다음과 같은 지수법칙이 성립한다.

■ **지수의 법칙**

① $a^0 = 1$

② $a^{-n} = \frac{1}{a^n}$

③ $a^m \cdot a^n = a^{m+n}$

④ $(a^m)^n = a^{mn}$

⑤ $\frac{a^m}{a^n} = a^{m-n}$

⑥ $(ab)^n = a^n b^n$

⑦ $\left(\frac{a}{b}\right)^n = \frac{a^n}{b^n}$

[예제 1-23] 다음 값을 구하여라.

① 10°　　② $(-3)^\circ$

③ 10^{-1}　　④ $(-5)^{-2}$

〈풀이〉 ① $10^\circ = 1$ ($a^0 = 1$, 0을 제외한 모든 수에 대하여)

② $(-3)^\circ = 1$

③ $10^{-1} = \dfrac{1}{10^1} = \mathbf{\dfrac{1}{10}}$

④ $(-5)^{-2} = \dfrac{1}{(-5)^2} = \mathbf{\dfrac{1}{25}}$

[예제 1-24] 다음 값을 구하여라.

① $2^2 \times 2^3$　　② $(3^2)^3$

③ $(2 \times 3)^2$　　④ $\left(\dfrac{2}{3}\right)^2$

⑤ $\dfrac{2^5}{2^2}$　　⑥ $\dfrac{3^2}{3^3}$

〈풀이〉 ① $2^2 \times 2^3 = 2^{2+3} = 2^5 = \mathbf{32}$

② $(3^2)^3 = 3^{2\times 3} = 3^6 = \mathbf{759}$

③ $(2\times 3)^2 = 2^2 \times 3^2 = 4 \times 9 = \mathbf{36}$

④ $\left(\dfrac{2}{3}\right)^2 = \dfrac{2^2}{3^2} = \mathbf{\dfrac{4}{9}}$

⑤ $\dfrac{2^5}{2^2} = 2^{5-2} = 2^3 = \mathbf{8}$

⑥ $\dfrac{3^2}{3^3} = 3^{2-3} = 3^{-1} = \mathbf{\dfrac{1}{3}}$

[예제 1-25] 다음 값을 구하여라.

① 0.4×10^{-2}　　② $(3^{-2})^2$

③ $\dfrac{3 \times 10^{-5}}{6 \times 10^{-7}}$　　④ $\dfrac{3^{-2} \times 9^3}{3^2 \times 27}$

〈풀이〉 ① $0.4 \times 10^{-2} = 4 \times 10^{-1} \times 10^{-2} = 4 \times 10^{-3} = \dfrac{4}{10^3} = \dfrac{4}{1000} = \mathbf{\dfrac{1}{250}}$

② $(3^{-2})^2 = 3^{-4} = \dfrac{1}{3^4} = \mathbf{\dfrac{1}{81}}$

③ $\dfrac{3\times 10^{-5}}{6\times 10^{-7}} = 0.5 \times 10^{-5-(-7)} = 0.5 \times 10^2 = \mathbf{50}$

④ $\dfrac{3^{-2}\times 9^3}{3^2 \times 27} = \dfrac{3^{-2} \times (3^2)^3}{3^2 \times 3^3} = \dfrac{3^{-2}\times 3^6}{3^2 \times 3^3} = \dfrac{3^4}{3^5} = 3^{-1} = \mathbf{\dfrac{1}{3}}$

(2) 거듭제곱근

제곱하여 a, 세제곱하여 a, 네제곱하여 a, …, n 제곱하여 a가 되는 수를 각각 a의 **제곱근**, a의 **세제곱근**, a의 **네제곱근**, …, a의 n **제곱근**이라 하며, 이들을 통틀어 a의 **거듭제곱근**이라고 한다.

이를테면, 4의 제곱근은 ± 2($x^2=4$에서 $x=\pm 2$), 8의 세제곱근 중 실수는 2 ($x^3=8$에서 $x=2$), -8의 세제곱 중 실수는 -2($x^3=-8$에서 $x=-2$)이다.

이번에는 분수지수를 생각해 보자.

$x^n=a$라면, 여기서 x를 a의 **n 제곱근**이라 부르며, 다음과 같이 표시한다.

$$x=a^{\frac{1}{n}}=\sqrt[n]{a}$$

a의 n 제곱근 중에서 $x^n=a$를 만족하는 실수 x는

① **n이 짝수일 때** : $a>0$이면 실수의 n 제곱근은 $\sqrt[n]{a}$, $-\sqrt[n]{a}$와 같이 (+), (−) 2개이고, a가 (−)이면 실수의 n 제곱근은 없다.

② **n이 홀수일 때** : $a>0$이면 실수의 n 제곱근은 1개로서 $\sqrt[n]{a}$가 (+)이고, $a<0$이면 실수의 n 제곱근은 1개로서 $\sqrt[n]{a}$가 (−)이다.

또한, $a^{\frac{m}{n}}$은 $(a^m)^{\frac{1}{n}}$이므로 다음과 같은 기호로 약속한다.

$$a^{\frac{m}{n}}=\sqrt[n]{a^m}$$

참고로, $\sqrt[n]{a}$를 n 제곱근 a 또는 n 루트(root) a라 읽는다. 또, $\sqrt[2]{a}$는 $\sqrt{a}$로 나타낸다.

이상으로 거듭제곱근에는 다음과 같은 성질이 있다.

■ **거듭제곱근의 성질**

① $a^{\frac{1}{n}} = \sqrt[n]{a}$

② $a^{\frac{m}{n}} = \sqrt[n]{a^m}$

③ $\sqrt[n]{a}\sqrt[n]{b} = \sqrt[n]{ab}$

④ $\dfrac{\sqrt[n]{a}}{\sqrt[n]{b}} = \sqrt[n]{\dfrac{a}{b}}$

⑤ $(\sqrt[n]{a})^m = \sqrt[n]{a^m}$

[예제 1-26] 제곱근 25는 얼마인가? 또, 25의 제곱근은 얼마인가?

〈풀이〉 제곱근 25는 $\sqrt{25}$ 를 뜻한다.

$\therefore\ \sqrt{25} = \mathbf{5}$

또, 25의 제곱근을 x 라고 하면

$x^2 = 25,\ x = \pm\sqrt{25}$

$\therefore\ x = \mathbf{5}$, 또는 $x = \mathbf{-5}$

[예제 1-27] 다음 값을 구하여라.

① $16^{\frac{1}{4}}$　　② $25^{\frac{3}{2}}$

③ $27^{-\frac{2}{3}}$　　④ $(10^{-3})^{-\frac{2}{3}}$

〈풀이〉 ① $16^{\frac{1}{4}} = (2^4)^{\frac{1}{4}} = \mathbf{2}$ (16의 네제곱근=2)

② $25^{\frac{3}{2}} = \left(25^{\frac{1}{2}}\right)^3 = (\sqrt{25})^3 = 5^3 = \mathbf{125}$

③ $27^{-\frac{2}{3}} = \left(27^{\frac{1}{3}}\right)^{-2} = (\sqrt[3]{27})^{-2} = 3^{-2} = \dfrac{1}{3^2} = \mathbf{\dfrac{1}{9}}$

④ $(10^{-3})^{-\frac{2}{3}} = 10^2 = \mathbf{100}$

[예제 1-28] 다음 값을 구하여라.

① $\sqrt[3]{27}$　　② $\sqrt[5]{-32}$

③ $\sqrt[4]{2} \cdot \sqrt[4]{8}$　　　　④ $\dfrac{\sqrt[3]{2}}{\sqrt[3]{16}}$

〈풀이〉 ① $\sqrt[3]{27} = \sqrt[3]{3^3} = \mathbf{3}$

② $\sqrt[5]{-32} = \sqrt[5]{(-2)^5} = \mathbf{-2}$

③ $\sqrt[4]{2} \cdot \sqrt[4]{8} = \sqrt[4]{16} = \sqrt[4]{2^4} = \mathbf{2}$

④ $\dfrac{\sqrt[3]{2}}{\sqrt[3]{16}} = \sqrt[3]{\dfrac{2}{16}} = \sqrt[3]{\dfrac{1}{8}} = \sqrt[3]{\left(\dfrac{1}{2}\right)^3} = \mathbf{\dfrac{1}{2}}$

[예제 1-29] 다음 값을 구하여라.

① $2^{\frac{1}{2}} \cdot 8^{\frac{1}{2}}$　　　　② $8^{\frac{7}{6}} \times 8^{-\frac{1}{2}} \div 8^{\frac{1}{3}}$

〈풀이〉 ① 준식 $= (2 \cdot 8)^{\frac{1}{2}} = 16^{\frac{1}{2}} = \sqrt{16} = \mathbf{4}$

② 준식 $= 8^{\frac{7}{6} - \frac{1}{2} - \frac{1}{3}} = 8^{\frac{7}{6} - \frac{5}{6}} = 8^{\frac{2}{6}} = 8^{\frac{1}{3}} = \mathbf{2}$

1-6 로 그

네이피어(Napier ; 1550~1617)는 계산의 간편화를 목적으로 한 수학사상 큰 업적인 10을 밑으로 하는 상용로그의 원리를 발견하고, 로그표도 작성함으로써 당시 천문학에서 필요로 하였던 큰 수를 계산하는 데 많은 공헌을 하였다.

(1) 로그의 정의

이를테면, $x^2 = 9$를 만족하는 x의 값은

$$x = \pm 3$$

그런데, $x^2 = 3$을 만족하는 x의 값은 유리수 범위에서 없다. 이런 경우에는

$$x = \pm \sqrt{3}$$

과 같이 근호 $\sqrt{\ }$를 써서 나타낸다는 것을 이미 알고 있다. 마찬가지로 $3^x = 9$를 만족하는 x의 값은

$$x = 2$$

와 같이 쉽게 알 수 있지만, $3^x = 10$을 만족하는 x의 값은 역시 유리수 범위에서는 없으므로, 무리수까지 확장한 기호 로그(log)를 써서 x의 값을 나타내기로 약속하였다. 즉

$$3^x = 10 \text{일 때 } x = \log_3 10$$

이와 같이 로그의 정의는 다음과 같다.

$$a > 0,\ a \neq 1,\ b > 0 \text{일 때}$$

$$\boldsymbol{a^x = b} \quad \longleftrightarrow \quad x = \log_a b$$

여기서, a를 **밑**(base), b를 $\log_a b$의 **진수**(anti-logarithm), x를 a를 밑으로 하는 b의 **로그**(log) 또는 **대수**(對數)라고 한다.

참고로, $\log_a b$라고 쓸 때에는 언제나 $a > 0$, $a \neq 1$, $b > 0$인 경우이므로 $\log_0 2$, $\log_2 0$, $\log_1 3$, $\log_{-2} 4$, $\log_2(-4)$ 따위는 의미가 없다. 기호 log는 영어 logarithm의 약자이다.

[예제 1-30] 다음 등식을 $x = \log_a b$의 꼴로 고쳐라.

① $4^2 = 16$　　② $10^{-2} = 0.01$

〈풀이〉 ① $\mathbf{2 = \log_4 16}$

② $\mathbf{-2 = \log_{10} 0.01}$

[예제 1-31] 다음 등식을 $a^x = b$의 꼴로 고쳐라.

① $0 = \log_{10} 1$　　② $0.5 = \log_{25} 5$

〈풀이〉 ① $\mathbf{10^0 = 1}$

② $\mathbf{25^{0.5} = 5}$

[예제 1-32] 다음 값을 구하여라.

① $\log_4 16$　　　　　② $\log_8 \sqrt{2}$

〈풀이〉 ① $\log_4 16 = x$ 라 놓으면, $4^x = 16$

그런데, $2^{2x} = 2^4$ 이므로 $2x = 4$, $x = 2$

$\therefore\ \log_4 16 = 2$

② $\log_8 \sqrt{2} = x$ 라 놓으면, $8^x = \sqrt{2}$

그런데, $2^{3x} = 2^{\frac{1}{2}}$ 이므로 $3x = \frac{1}{2}$, $x = \frac{1}{6}$

$\therefore\ \log_8 \sqrt{2} = \frac{1}{6}$

(2) 로그의 성질

앞의 로그의 정의에 의하면 로그에는 $x > 0$, $y > 0$, $a > 0$, $b > 0$, $c > 0$, $a \neq 1$, $b \neq 1$, $c \neq 1$ 그리고 n 이 실수이면 다음과 같은 성질이 성립함을 알 수 있다.

■ **로그의 성질**

① $\log_a a = 1$, $\log_a 1 = 0$

② $\log_a xy = \log_a x + \log_a y$

③ $\log_a \frac{x}{y} = \log_a x - \log_a y$

④ $\log_a x^n = n \log_a x$

⑤ $\log_a b = \frac{1}{\log_b a} = \frac{\log_c b}{\log_c a}$

이들을 증명하면

① $a^1 = a$, $a^0 = 1$ 이므로

$\log_a a = 1$, $\log_a 1 = 0$

② $\log_a x = m$, $\log_a y = n$ 으로 놓으면

$a^m = x$, $a^n = y$

$\therefore\ xy = a^m \cdot a^n = a^{m+n}$

따라서 로그의 정의에 의하여

$\log_a xy = m + n$

$\therefore\ \log_a xy = \log_a x + \log_a y$

③, ④, ⑤도 ②와 같이 지수법칙을 이용하면 간단하므로 증명을 생략한다.

[예제 1-33] $\log_2 3 = a$ 일 때 다음 값을 구하여라.

① $\log_3 3$　　② $\log_2 1$

③ $\log_2 6$　　④ $\log_2 \dfrac{2}{3}$

⑤ $\log_2 8$　　⑥ $\log_4 9$

〈풀이〉 ① $\log_3 3 = \mathbf{1}$

② $\log_2 1 = \mathbf{0}$

③ $\log_2 6 = \log_2 (2\times 3) = \log_2 2 + \log_2 3 = 1 + \log_2 3 = \mathbf{1 + a}$

④ $\log_2 \dfrac{2}{3} = \log_2 2 - \log_2 3 = 1 - \log_2 3 = \mathbf{1 - a}$

⑤ $\log_2 8 = \log_2 2^3 = 3\log_2 2 = \mathbf{3}$

⑥ $\log_4 9 = \dfrac{\log_2 9}{\log_2 4} = \dfrac{2\log_2 3}{2\log_2 2} = \dfrac{2\log_2 3}{2} = \log_2 3 = \mathbf{a}$

[예제 1-34] 다음 식의 값을 구하여라.

① $2\log_3 6 + \log_3 \dfrac{3}{4}$

② $2\log_2 2 - \log_2 3 + 2\log_2 \sqrt{12}$

〈풀이〉 ① 준식 $= \log_3 6^2 + \log_3 \dfrac{3}{4}$

$= \log_3 \left(6^2 \times \dfrac{3}{4}\right)$

$$=\log_3 \frac{36\times 3}{4} = \log_3 27$$
$$=\log_3 3^3 = 3\log_3 3 = \mathbf{3}$$

② 준식 $=\log_2 2^2 - \log_2 3 + \log_2(\sqrt{12})^2$
$$=\log_2(4\div 3\times 12) = \log_2 16$$
$$=\log_2 2^4 = \mathbf{4}$$

(3) 상용로그

우리가 흔히 사용하는 수는 10진법의 수이므로 수를 계산할 때에는 10을 밑으로 하는 로그를 사용하면 편리하다.

10을 밑으로 하는 로그를 **상용로그**(common logarithm) 또는 **상용대수**라 하고, 밑 10을 생략하여, $\log_{10} x$ 를 간단히 $\mathbf{log}\boldsymbol{x}$ 로 나타내기도 한다.

숫자의 예에 따라서 $10^x = a$ 와 $\log_{10} a = x$ 의 관계는 표 1-2와 같다.

이 표를 보면 10을 몇 승 해도 항상 양(+)의 수가 얻어지며, 결코 0 또는 음(−)의 수로는 되지 않는다. 즉, $\log_{10} 0$, $\log_{10}(-x)$는 존재하지 않음은 이미 배웠다.

〈표 1-2〉 $10^x = a$ 와 $\log_{10} a = x$ 의 관계

지 수 형	로 그 형
$10^3 = 1000$	$\log_{10} 1000 = 3$
$10^2 = 100$	$\log_{10} 100 = 2$
$10^1 = 10$	$\log_{10} 10 = 1$
$10^0 = 1$	$\log_{10} 1 = 0$
$10^{-1} = 0.1$	$\log_{10} 0.1 = -1$
$10^{-2} = 0.01$	$\log_{10} 0.01 = -2$
$10^{-3} = 0.001$	$\log_{10} 0.001 = -3$

참고로, 다음은 암기하고 있으면 유용하다.

$\log_{10} 2 = \log 2 \fallingdotseq 0.3010$

$\log_{10} 3 = \log 3 \fallingdotseq 0.4771$

[예제 1-35] 다음 값을 구하여라.

① $\log 12$　　② $\log \sqrt[3]{45}$

〈풀이〉 ① $\log 12 = \log(2^2 \times 3) = 2\log 2 + \log 3$

$= 2 \times 0.3010 + 0.4771 = \mathbf{1.0791}$

② $\log \sqrt[3]{45} = \log 45^{\frac{1}{3}} = \frac{1}{3} log \frac{90}{2}$

$= \frac{1}{3} log \frac{9 \times 10}{2} = \frac{1}{3}(\log 3^2 + \log 10 - \log 2)$

$= \frac{1}{3}(2 \times 0.4771 + 1 - 0.3010)$

$\fallingdotseq \mathbf{0.5511}$

■ 연습문제 2 ■

2-1 다음 식을 간단히 하여라.

① $a^{-2}a^3$　　② $(a^{-3})^2$

③ $(a^2a^3)^3$　　④ $\frac{(a^2)^3}{a^5}$

⑤ $\left(\frac{1}{e}\right)^{-2}$　　⑥ $\left(\frac{e^{15}}{e^2}\right)^{-1}$

2-2 다음 식의 값을 구하여라.

① $(\sqrt{5})^0$　　② $(-3)^2$

③ $(-2^2)^{-2}$　　④ $\left(\frac{1}{5}\right)^3$

⑤ $\left(\frac{1}{8}\right)^{\frac{1}{3}}$　　⑥ $\left(\frac{1}{5}\right)^{-2}$

2-3 $a > 0$일 때, 다음 식을 a^n의 꼴로 나타내어라.

① $\left(\sqrt[3]{a^5}\right)^{-2}$　　② $\sqrt[3]{\sqrt[3]{a^3}}$

③ $\dfrac{\sqrt[3]{a^4}}{\sqrt[4]{a^2}}$　　④ $\dfrac{\sqrt{\sqrt[3]{a}}}{\sqrt[4]{\sqrt[3]{a}}}$

2-4 다음 식의 값을 구하여라.

① $(5^2)(5^3)$　　② $\left(9^{\frac{2}{3}}\right)(3)\left(3^{\frac{2}{3}}\right)$

③ $\left\{(8^{-1})\left(8^{\frac{2}{3}}\right)\right\}^3$　　④ $\left(32^{\frac{3}{2}}\right)\left(\dfrac{1}{2}\right)^{\frac{3}{2}}$

2-5 다음 식의 값을 구하여라.

① $\sqrt[3]{4}\cdot\sqrt[3]{16}$　　② $-\sqrt[4]{81}$

③ $\sqrt{3}\cdot\sqrt[3]{3^4}\cdot\sqrt[6]{3}$　　④ $\sqrt[3]{-8}\cdot\sqrt[3]{27}\cdot\sqrt[3]{-27}$

2-6 다음 식의 값을 구하여라.

① 0.4×10^{-2}　　② $\dfrac{1}{\sqrt{2\times10^3\times10^{-12}\times5\times10^{-4}}}$

③ $\dfrac{3\times10^{-5}}{6\times10^{-3}}$　　④ $\sqrt{\left(50^2+\dfrac{1}{2\pi\times50\times10\times10^{-6}}\right)^2}$

2-7 $\sqrt{2}=1.414$, $\sqrt{3}=1.732$일 때, 다음 값을 구하여라.

① $\sqrt{8}$　　② $\sqrt{75}$

2-8 다음 식의 값을 구하여라.

① $\log_2 32$　　② $\log_{10} 0.1$

③ $\log_2 1+\log_2 2$　　④ $\log_{10} 2+\log_{10} 5$

2-9 다음 식의 값을 구하여라.

① $2\log_3 3-\log_3 4+2\log_3\sqrt{12}$

② $\log_3\sqrt[4]{2}-\log_3 4+7\log_3\sqrt[4]{2}$

2-10 $\log 2 = 0.3010$, $\log 3 = 0.4771$일 때, 다음 값을 구하여라.

① $\log 6$　　② $\log \frac{2}{3}$

③ $\log \sqrt{3}$　　④ $\log^3 \sqrt{12}$

2-11 다음 식을 만족하는 x의 값을 구하여라.

① $3^x = 81$　　② $x^{\frac{3}{4}} = 8$

③ $3^{x-1} = 27$　　④ $\left(\frac{1}{3}\right)^{5-x} = 27$

2-12 다음 식을 만족하는 x의 값을 구하여라.

① $(x+3)^{\frac{4}{3}} = 16$　　② $e^{-2x} = e^5$

③ $\log_x 8 = 3$　　④ $\log_3 27 = -x$

1-7 삼각함수

삼각비는 고대 이집트나 바빌로니아에서 천문학, 점성술, 토지측량 등에 응용되어 왔다.

17세기가 되어 삼각비의 개념이 일반각에 의하여 확장되었으며, $\sin x$, $\cos x$ 등을 x의 함수, 즉, 삼각함수로 이해하게 되었다.

(1) 각

삼각함수는 각을 포함하므로 각을 측정하는 데 사용되는 단위와 부채꼴에서 호의 길이와 넓이에 대하여 알아보자.

그림 1-12와 같이 **시초선**(**기준선**) OX에서 O를 중심으로 하여 **동경**(움직이는 선분) OP가 시초선 OX와 이룬 도형을 **각**(angle)이라 하고, 기호 $\angle XOP$로 표시한다.

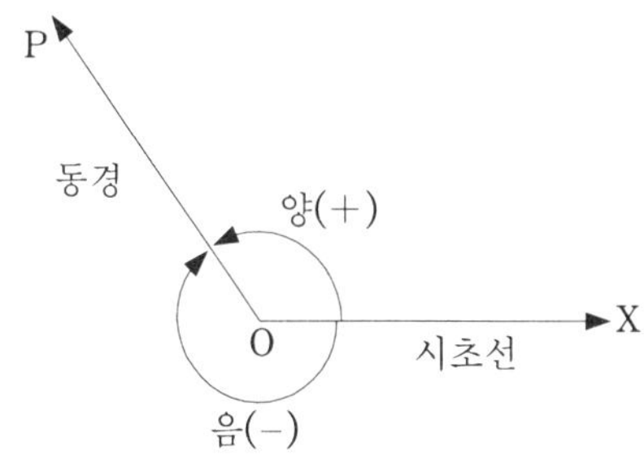

그림 1-12

이때, OP가 반시계방향으로 회전하면 양(+)의 각, 시계방향으로 회전하면 음(−)의 각이라 한다.

각의 크기를 나타내는 데는 **60분법**과 **호도법**의 두 가지 단위가 사용되는데, 60분법의 단위는 실용적인 면에서, 호도법의 단위는 이론적인 면에서 흔히 사용된다.

1) 60분법

일상생활에서 널리 사용되는 5°, 10°와 같은 각도(각의 크기)로서, 원을 360등분하여 1등분을 1°로 표시하고 1도라고 읽는다.

1°는 60분(60′), 1분은 60초(60″)로 나누어진다. 즉,

$$1° = 60′, \quad 1′ = 60″$$

이와 같이 단위가 60진법이므로 **60분법**이라고 한다.

2) 호도법

그림 1-13과 같은 반지름 r인 원에서 반지름과 같은 길이의 호에 대한 중심각의 크기를 **1호도** 또는 **1라디안**(radian)이라 하고, 기호로는 **1 rad**으로 표시하며, 이와 같은 측정법을 **호도법**이라 한다. 흔히 단위명 라디안(rad)을 생략한다.

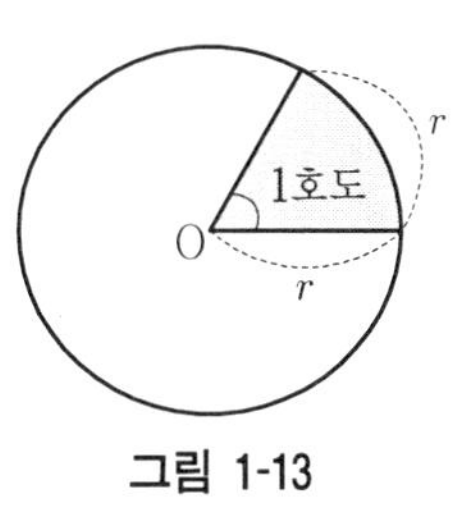

그림 1-13

3) 60분법과 호도법과의 관계

반지름 r 인 원에서 원둘레는 $2\pi r$ 이고, 이것은 반지름 r 의 2π 배이므로

$$2\pi \,\text{rad} = 360°,\quad \pi \,\text{rad} = 180°$$

$$\therefore\ 1\,\text{rad} = \frac{180°}{\pi} ≒ 57°\,17'45''$$

$$\therefore\ 1° = \frac{\pi}{180} ≒ 0.0175\,\text{rad}$$

[예제 1-36] 다음 표에서 빈칸을 알맞게 채워 넣어라.

도	0°	30°	45°	②	90°	120°	180°	④	360°
rad	0	①	$\frac{\pi}{4}$	$\frac{\pi}{3}$	$\frac{\pi}{2}$	③	π	$\frac{3}{2}\pi$	2π

〈풀이〉 ① $180° : 30° = \pi :$ ①

$$\therefore\ ① = \frac{30\times\pi}{180} = \frac{\pi}{6}$$

② $\pi : \frac{\pi}{3} = 180° :$ ②

$$\therefore\ ② = \frac{180\times\frac{\pi}{3}}{\pi} = \frac{180}{3} = 60°$$

③ $120\times\frac{\pi}{180} = \frac{2}{3}\pi$

④ $\frac{3}{2}\pi\times\frac{180}{\pi} = 270°$

[예제 1-37] 다음 각은 몇 사분면의 각인가?

① 120°　　② −45°

〈풀이〉 ① $90° < 120° < 180°$

∴ 제2사분면의 각

② $0 < |-45°| < |-90°|$

∴ 제4사분면의 각

4) 부채꼴의 호의 길이와 넓이

반지름의 길이가 r 인 원에서 중심각이 θ rad인 부채꼴의 호의 길이를 l, 넓이를 S라 하면, 그림 1-14에서 호의 길이 l 은 중심각의 크기에 비례하므로

$$\frac{l}{2\pi r} = \frac{\theta}{2\pi}$$

$$\therefore\ l = r\theta$$

또한, 넓이 S는 중심각의 크기에 비례하므로

$$\frac{S}{\pi r^2} = \frac{\theta}{2\pi}$$

$$\therefore\ S = \frac{1}{2}r^2\theta = \frac{1}{2}rl$$

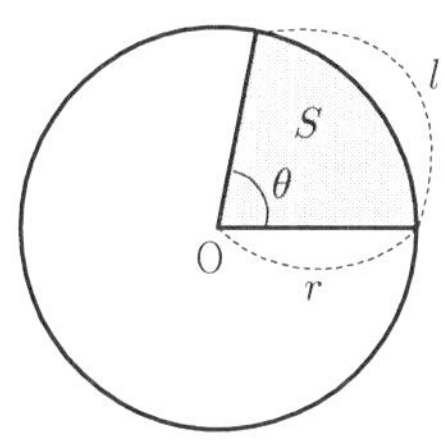

그림 1-14

[예제 1-38] 반지름 8cm, 중심각 $\frac{\pi}{4}$인 부채꼴의 호의 길이 l 과 넓이 S를 구하여라.

〈풀이〉 $l = r\theta = 8 \times \frac{\pi}{4} = \mathbf{2\pi}\text{cm}$

$S = \frac{1}{2}rl = \frac{1}{2} \times 8 \times 2\pi = \mathbf{8\pi}\text{cm}^2$

(2) 삼 각 비

1) 삼각비의 정의

그림 1-15와 같은 직각삼각형에서 $\angle A = \theta$ 의 크기가 정해지면 삼각형의 크기에

관계없이 세 변 $\overline{AB}=a$, $\overline{AC}=b$, $\overline{BC}=a$ 사이의 비 $\frac{a}{c}$, $\frac{b}{c}$, $\frac{a}{b}$의 값은 일정하다.

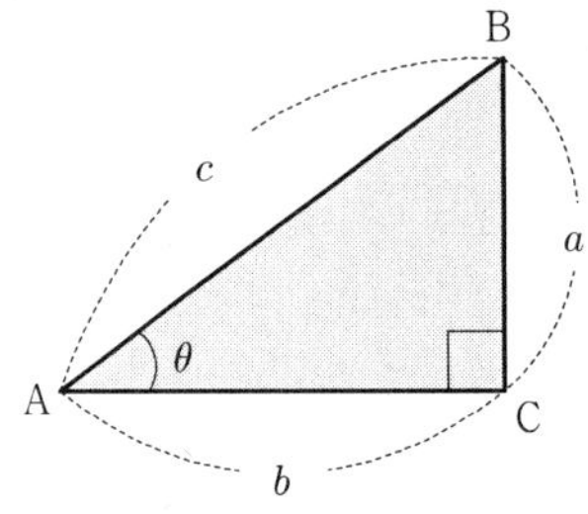

그림 1-15

이때, 이 비의 값을 다음과 같은 기호를 사용하여 정의하고, 이것을 각 θ에 대한 **삼각비**(trigonometric ratio) 또는 **예각의 삼각함수**(trigonometric function)라 한다.

$$\text{sine}\theta(\text{사인 }\theta)=\sin\theta=\frac{a}{c}$$

$$\text{cosine}\,\theta(\text{코사인 }\theta)=\cos\theta=\frac{b}{c}$$

$$\text{tangent}\theta(\text{탄젠트 }\theta)=\tan\theta=\frac{a}{b}$$

또, 이들의 역수는

$$\text{secant}\theta(\text{시컨트 }\theta)=\sec\theta=\frac{1}{\cos\theta}=\frac{c}{b}$$

$$\text{cosecant}\theta(\text{코시컨트 }\theta)=\text{cosec}\,\theta=\frac{1}{\sin\theta}=\frac{c}{a}$$

$$\text{cotangent}\,\theta(\text{코탄젠트 }\theta)=\cot\theta=\frac{1}{\tan\theta}=\frac{b}{a}$$

물론, 역수를 정의할 때 분모의 삼각비 $\sin\theta$, $\cos\theta$, $\tan\theta$의 값이 0일 때는 정의되지 않는다.

이들 삼각비로부터 직각삼각형의 세 변의 관계는

$$a = c\sin\theta = b\tan\theta$$

$$b = c\cos\theta = a\cot\theta$$

$$c = \frac{a}{\sin\theta} = \frac{b}{\cos\theta}$$

또한, 피타고라스의 정리로부터 세 변 a, b, c의 관계를 알아보자.

직각삼각형에서 직각을 낀 두 변의 길이의 제곱의 합은 빗변의 제곱과 같다. 이것을 **피타고라스**(Pythagoras)**의 정리**라 한다.

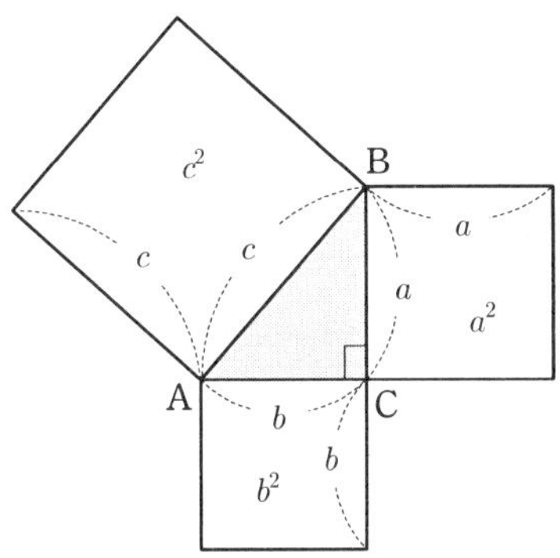

그림 1-16

그림 1-16과 같은 직각삼각형에서 직각을 낀 두 변의 길이를 a, b라 하고, 빗변의 길이를 c라 하면 피타고라스의 정리에 의해서

$$a^2 + b^2 = c^2$$

이 되어 직각을 낀 두 변 위의 정사각형의 넓이의 합 $(a^2 + b^2)$은 빗변 위의 정사각형의 넓이 (c^2)와 같다.

따라서, 직각삼각형에서 세 변 a, b, c의 관계는

$$c = \sqrt{a^2 + b^2}$$

$$a = \sqrt{c^2 - b^2}$$

$$b = \sqrt{c^2 - a^2}$$

참고로, 그림 1-17을 상기하면 쉽게 삼각비를 찾을 수 있다.

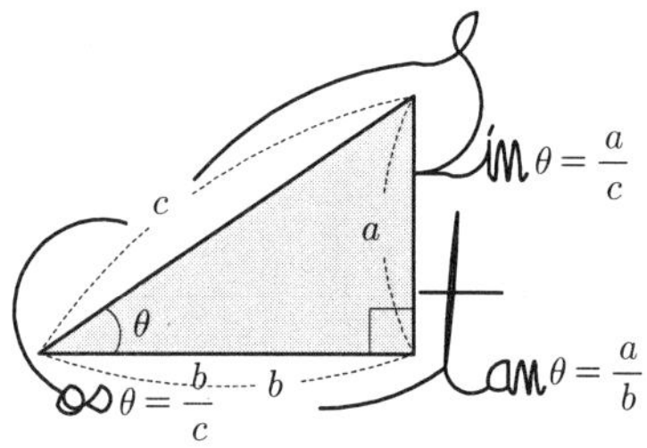

그림 1-17

[예제 1-39] 다음 직각삼각형에서 $\sin\alpha$, $\sin\beta$, $\cos\alpha$, $\cos\beta$, $\tan\alpha$, $\tan\beta$의 값은 얼마인가?

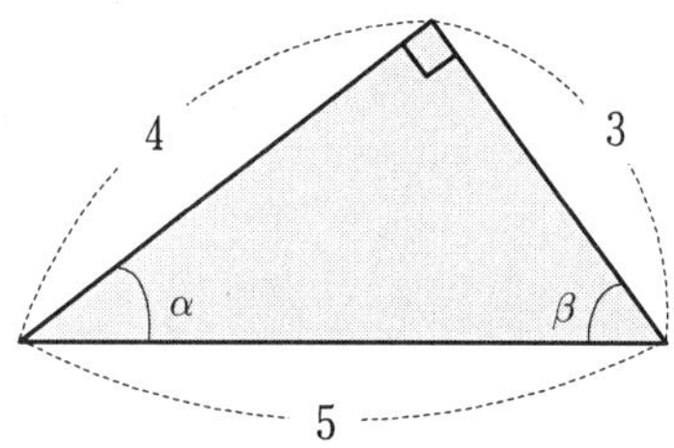

〈풀이〉 $\sin\alpha = \frac{3}{5}$, $\sin\beta = \frac{4}{5}$

$\cos\alpha = \frac{4}{5}$, $\cos\beta = \frac{3}{5}$

$\tan\alpha = \frac{3}{4}$, $\tan\beta = \frac{4}{3}$

[예제 1-40] 다음 그림에서 x의 값을 구하여라.

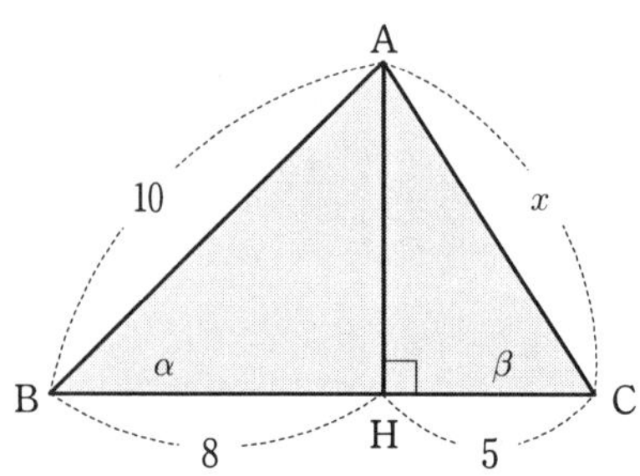

〈풀이〉 $\triangle ABH$ 에서 $8^2+\overline{AH}^2=10^2$이므로

$\overline{AH}^2=10^2-8^2=100-64=36$

$\therefore \overline{AH}=6\ (\overline{AH}>0)$

또, $\triangle ACH$ 에서 $x^2=6^2+5^2$이므로 $x^2=61$

$\therefore x=\sqrt{61}\ (x>0)$

2) 특수각의 삼각비

특수한 각의 삼각비의 값을 암기하면 계산에 편리하다.

표 1-3과 같은 특수각의 삼각비의 값은 삼각비의 정의와 그림 1-18과 같은 정삼각형과 정사각형을 살펴보면 30°, 45°, 60°의 삼각비를 쉽게 구할 수 있다.

〈표 1-3〉 특수각의 삼각비

삼각비 \ θ	0	30°	45°	60°	90°
sin	0	$\frac{1}{2}$	$\frac{\sqrt{2}}{2}$	$\frac{\sqrt{3}}{2}$	1
cos	1	$\frac{\sqrt{3}}{2}$	$\frac{\sqrt{2}}{2}$	$\frac{1}{2}$	0
tan	0	$\frac{1}{\sqrt{3}}$	1	$\sqrt{3}$	∞

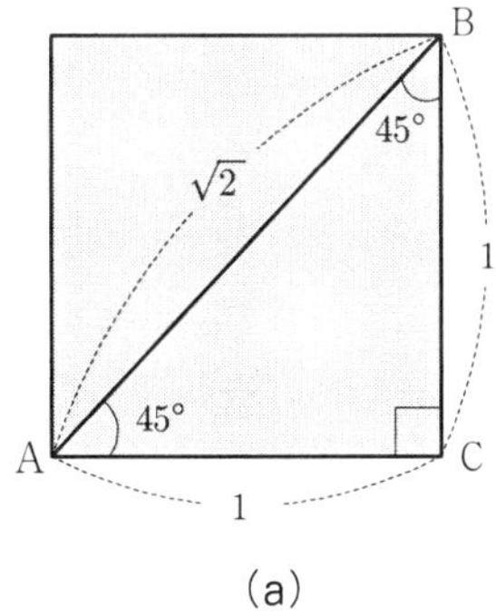

(a)

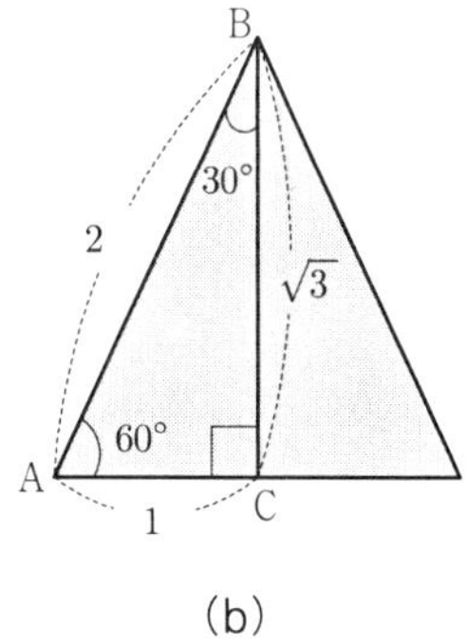

(b)

그림 1-18

만일, $\angle A = 0$이라면, $\overline{AB} = \overline{AC}$, $\overline{BC} = 0$인 경우로

$$\sin 0 = \frac{\overline{BC}}{\overline{AB}} = \frac{0}{\overline{AB}} = 0$$

$$\cos 0 = \frac{\overline{AC}}{\overline{AB}} = 1$$

$$\tan 0 = \frac{\overline{BC}}{\overline{AC}} = \frac{0}{\overline{AC}} = 0$$

또한, $\angle A = 90°$라면, $\overline{AB} = \overline{BC}$, $\overline{AC} = 0$인 경우로

$$\sin 90° = \frac{\overline{BC}}{\overline{AB}} = 1$$

$$\cos 90° = \frac{\overline{AC}}{\overline{AB}} = \frac{0}{\overline{AB}} = 0$$

$$\tan 90° = \frac{\overline{BC}}{\overline{AC}} = \frac{\overline{BC}}{0} = \infty$$

와 같이 0°, 90°의 삼각비를 구할 수 있다.

[예제 1-41] 그림과 같은 직각삼각형 ABC에서 $\overline{AB}$, $\overline{BC}$의 길이를 구하여라.

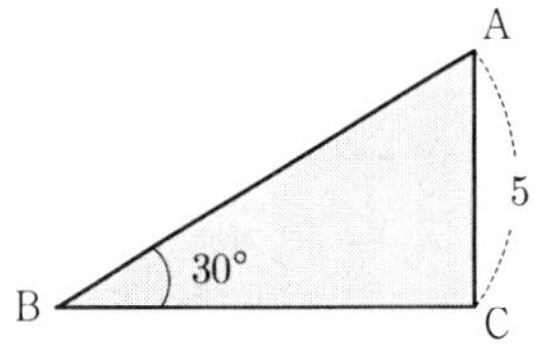

〈풀이〉 $\sin 30° = \frac{5}{\overline{AB}}$

$$\therefore \overline{AB} = \frac{5}{\sin 30°} = \frac{5}{\frac{1}{2}} = 10$$

또, $\tan 30° = \frac{5}{\overline{BC}}$

$$\therefore \overline{BC} = \frac{5}{\frac{1}{\sqrt{3}}} = 5\sqrt{3}$$

(3) 일반각의 삼각함수

1) 일반각의 표시

동경 OP가 시초선 OX의 양의 방향과 이루는 최소의 양의 각을 $\alpha°$라 할 때 $\angle POX$는 언제나 $\alpha°$라고만 말할 수 없다. 즉, 그림 1-19와 같이 여러 가지 경우를 생각해 볼 수 있다.

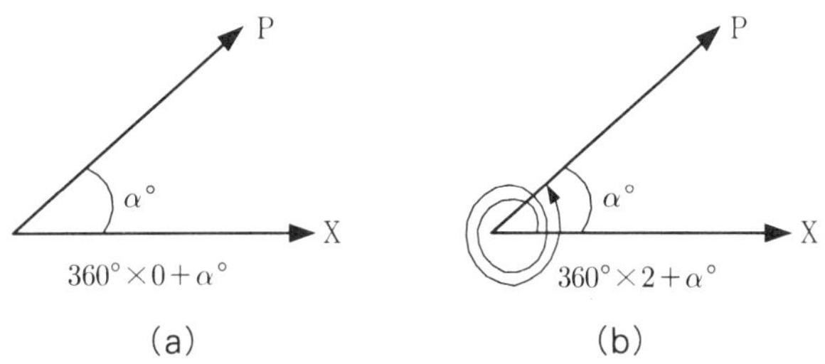

그림 1-19

따라서 이와 같이 동경 OP가 회전하여 생길 수 있는 여러 가지 경우를 생각하여 각을 표시하는데, 이때 이 각을 $\theta°$라 하면

$$\theta° = 360 \times n + \alpha° \quad (n\text{은 정수})$$

와 같이 표시되어 이 각 $\theta°$를 **일반각** 또는 간단히 **각**(angle)이라 한다.

참고로, 각의 크기와 두 각의 합에 따른 각의 분류는

① **예각** : 0°보다 크고 90°보다 작은 각
② **직각** : 90°인 각이고 기호로는 $\llcorner R$
③ **둔각** : 90°보다 크고 180°보다 작은 각
④ **평각** : 180°인 각($2\llcorner R$)
⑤ **여각** : 두 각의 합이 90°일 때 한 각을 다른 각에 대하여 여각
⑥ **보각** : 두 각의 합이 180°일 때 한 각을 다른 각에 대하여 보각

[예제 1-42] 다음 각은 몇 사분면의 각인가?

① 390°　　　　② −840°

〈풀이〉 ① $390° = 360° \times 1 + 30°$

$\therefore$ 제1사분면의 각

② $-840° = -(360° \times 2 + 120°) = -120°$

$\therefore$ 제3사분면의 각

2) 일반각의 삼각함수의 정의

그림 1-20과 같이 길이 r 인 동경 OP 가 x 축의 양의 방향과 이루는 각을 θ 라 하고 점 P 의 좌표를 (x, y) 라 할 때, θ 에 대응하는 $\frac{y}{r}$ 는 오직 하나 정해진다.

따라서, $\frac{y}{r}$ 는 θ 의 함수이다.

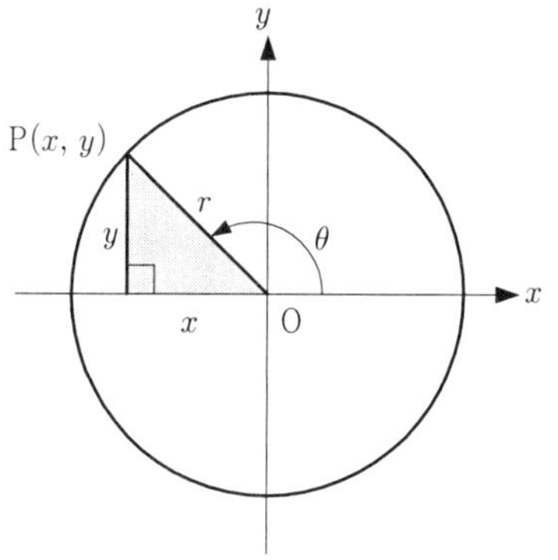

그림 1-20

마찬가지로, $\frac{x}{r}$, $\frac{y}{x}$, $\frac{r}{y}$, $\frac{r}{x}$, $\frac{x}{y}$ 도 θ 의 함수이다. 이때,

$$\sin\theta = \frac{y}{r}$$

$$\cos\theta = \frac{x}{r}$$

$$\tan\theta = \frac{y}{x}$$

을 각각 θ 의 **사인함수**(sine function), **코사인함수**(cosine function), **탄젠트함수**(tangent function)라 정의한다.

또, 이들의 역수

$$\sec\theta = \frac{1}{\cos\theta} = \frac{r}{x}$$

$$\mathrm{cosec}\,\theta = \frac{1}{\sin\theta} = \frac{r}{y}$$

$$\cot\theta = \frac{1}{\tan\theta} = \frac{x}{y}$$

을 각각 **시컨트함수**(secant function), **코시컨트함수**(cosecant function), **코탄젠트함수**(cotangent function)라 정의한다.

위의 함수를 통틀어 θ의 **삼각함수**(trigonometric function)라 한다.

참고로, θ를 독립변수 x, 비 $\frac{y}{r}$를 종속변수 y로 바꾸면

$$y = f(x) = \sin x$$

와 같이 일반적인 함수의 표시꼴이 된다.

[예제 1-43] 그림에서 점 P의 좌표가 $(-1, \sqrt{3})$일 때 $\sin 120°$, $\cos 120°$, $\tan 120°$의 값을 구하여라.

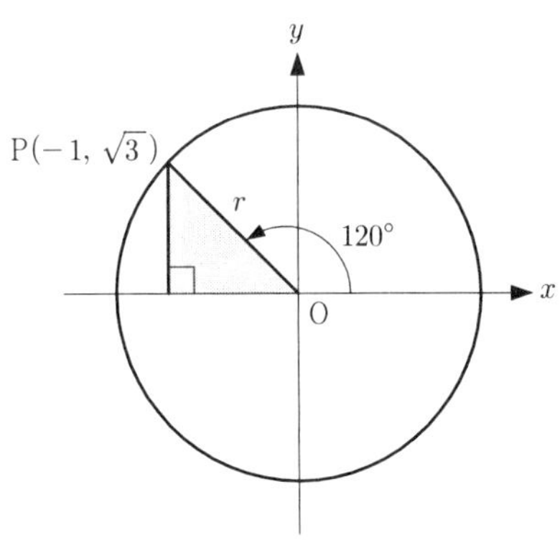

〈풀이〉 그림에서 $x=-1$, $y=\sqrt{3}$, $r=\sqrt{x^2+y^2}=\sqrt{(-1)^2+(\sqrt{3})^2}=2$이므로

$$\sin 120° = \frac{y}{r} = \frac{\sqrt{3}}{2}$$

$$\cos 120° = \frac{x}{r} = \frac{-1}{2} = -\frac{1}{2}$$

$$\tan 120° = \frac{y}{x} = \frac{\sqrt{3}}{-1} = -\sqrt{3}$$

[예제 1-44] 그림에서 $\sin(-60°)$, $\cos(-60°)$, $\tan(-60°)$의 값을 구하여라.

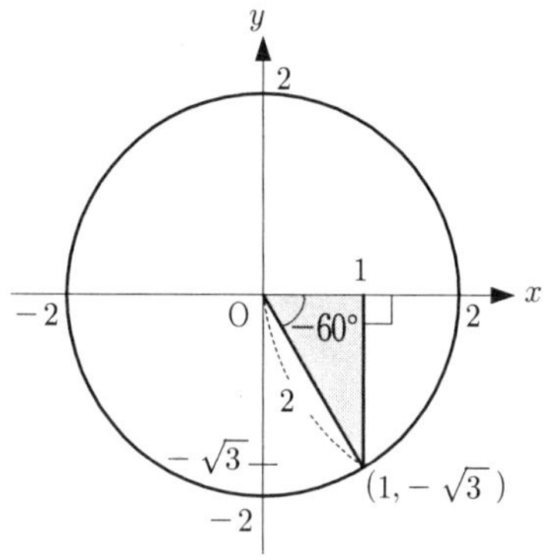

〈풀이〉 $\sin(-60°) = -\frac{\sqrt{3}}{2}$

$\cos(-60°) = \frac{1}{2}$

$\tan(-60°) = -\sqrt{3}$

3) 삼각함수의 값의 부호

우리는 위의 삼각함수의 정의에서 동경 $\mathrm{OP} = r$ 은 $r = \sqrt{x^2 + y^2}$ 이므로 어느 사분면에 있든 관계없이 항상 양($r > 0$)으로 하고, x, y는 예제 1-43, 1-44와 같이 그 좌표의 부호를 따른다고 약속하면, 각 사분면에서 삼각함수의 값의 부호는 표 1-4와 같다.

〈표 1-4〉 삼각함수 값의 부호

함수 \ 사분면	1	2	3	4
$\sin\theta$	+	+	−	−
$\cos\theta$	+	−	−	+
$\tan\theta$	+	−	+	−

아울러, $\sin\theta$와 $\mathrm{cosec}\theta$, $\cos\theta$와 $\sec\theta$, $\tan\theta$와 $\cot\theta$는 서로 역수관계가 있으므로 $\mathrm{cosec}\theta$, $\sec\theta$, $\cot\theta$의 부호는 $\sin\theta$, $\cos\theta$, $\tan\theta$의 부호와 서로 일치한다.

참고로, 각 사분면에서 양(+)인 삼각함수만을 나타낸 그림 1-21에서 화살표 방향을 따르면 다음과 같이 된다.

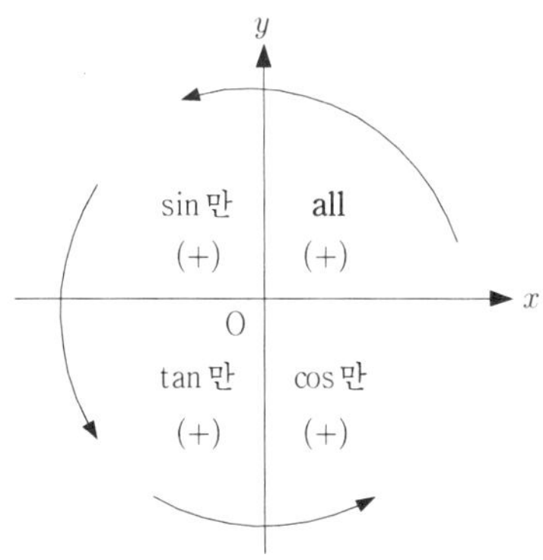

그림 1-21

all, sin, tan, cos ⇨ 올싼타크로우스
또는 얼사안고

[예제 1-45] 150°와 −30°에 대한 삼각함수의 값의 부호를 조사하여라.

〈풀이〉 150°는 제2사분면의 각이므로

$$\sin 150° > 0,\ \cos 150° < 0,\ \tan 150° < 0$$

−30°는 제4사분면의 각이므로

$$\sin(-30°) < 0,\ \cos(-30°) > 0,\ \tan(-30°) < 0$$

(4) 삼각함수 사이의 관계

좌표평면 위에서 원점을 중심으로 하고, 반지름의 길이가 1인 **단위원**(unit circle)과 동경의 교점을 그림 1-22와 같이 $\mathrm{P}(x, y)$라 하면

$$\sin\theta = y,\ \cos\theta = x$$

이므로

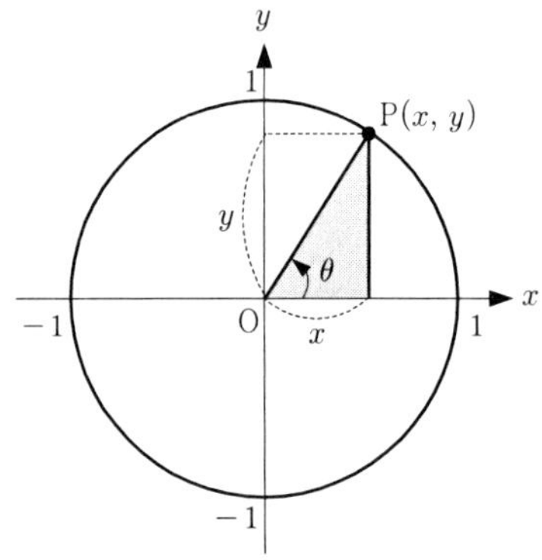

그림 1-22

$$\tan\theta = \frac{y}{x} = \frac{\sin\theta}{\cos\theta}$$

$$\cot\theta = \frac{1}{\tan\theta} = \frac{\cos\theta}{\sin\theta}$$

또한, 점 P(x, y)는 단위원 위의 점이므로, 피타고라스(Pythagoras)의 정리에 의하여

$$x^2 + y^2 = 1$$

이므로

$$\sin^2\theta + \cos^2\theta = 1$$

이 등식의 양변을 $\cos^2\theta$로 나누면

$$\frac{\sin^2\theta}{\cos^2\theta} + 1 = \frac{1}{\cos^2\theta}$$

$$1 + \tan^2\theta = \sec^2\theta$$

같은 방법으로

$$1 + \cot^2\theta = \operatorname{cosec}^2\theta$$

이상을 정리하면

■ 상제관계

$$\tan\theta = \frac{\sin\theta}{\cos\theta}$$

$$\cot\theta = \frac{\cos\theta}{\sin\theta}$$

■ 제곱관계

$$\sin^2\theta + \cos^2\theta = 1$$

$$1 + \tan^2\theta = \sec^2\theta$$

$$1 + \cot^2\theta = \mathrm{cosec}^2\theta$$

참고로, 위에서 $(\sin\theta)^2$은 $\sin^2\theta$로 쓰고, 사인 제곱 θ로 읽는다. 다른 제곱 삼각함수도 물론 마찬가지이다.

[예제 1-46] θ가 제3사분면의 각이고 $\cos\theta = -\frac{3}{5}$일 때, $\sin\theta$, $\tan\theta$의 값을 구하여라.

〈풀이〉 $\cos\theta = -\frac{3}{5}$, $\sin^2\theta + \cos^2\theta = 1$에서

$$\sin^2\theta = 1 - (-\frac{3}{5})^2 = \frac{16}{25} = \frac{4}{5}$$

$$\therefore \sin\theta = \pm\frac{4}{5}$$

그런데, θ가 제3사분면의 각이므로

$$\sin\theta = -\mathbf{\frac{4}{5}}$$

$$\tan\theta = \frac{\sin\theta}{\cos\theta} = -\frac{4}{5} \Big/ -\frac{3}{5} = \mathbf{\frac{4}{3}}$$

(5) 삼각함수의 그래프

1) 주기함수

이를테면

$$\sin(x+360°)=\sin x$$
$$\cos(x+360°)=\cos x$$
$$\tan(x+180°)=\tan x$$

에서와 같이

$$f(x+p)=f(x) \quad (p\text{는 0이 아닌 상수})$$

를 만족하는 함수 $f(x)$를 **주기함수**(periodic function)라고 한다.

p가 주기일 때 $np(n=\pm1, \pm2, \pm3, \cdots)$도 주기이다.

주기 중에서 최소의 양수를 **기본주기**라 하는데, 보통의 경우 주기라 하면 기본주기를 뜻한다. 따라서 $\sin x$, $\cos x$의 기본주기는 360°(2π)이고, $\tan x$의 기본주기는 180°(π)이다.

[예제 1-47] $f(x+3)=f(x)$를 만족하는 함수 $f(x)$의 주기를 말하여라.

〈풀이〉 $f(x)$의 주기는 $\cdots, -6, -3, 3, 6, 9, \cdots$ 등이다. 그런데, 주기 중에서 최소의 양수 3을 기본주기라 하고, 주기라 할 경우 기본주기를 뜻하므로 구하는 주기는 **3**이다.

2) $y=\sin\theta$, $y=\cos\theta$의 그래프

그림 1-23과 같이 각 θ를 나타내는 동경과 단위원과의 교점 P의 좌표를 (x, y)라 하면

$$\sin\theta=y, \ \cos\theta=x$$

그러므로 두 함수

$$y=\sin\theta, \ y=\cos\theta$$

의 값의 변화를 보려면 각각 점 P의 y좌표, x좌표의 변화를 살피면 된다.

단위원에서의 θ의 각각의 값에 y 또는 x의 값을 대응시킴으로써 그림 1-24와 같은 $y=\sin\theta$, 그림 1-25와 같은 $y=\cos\theta$의 그래프를 그릴 수 있다.

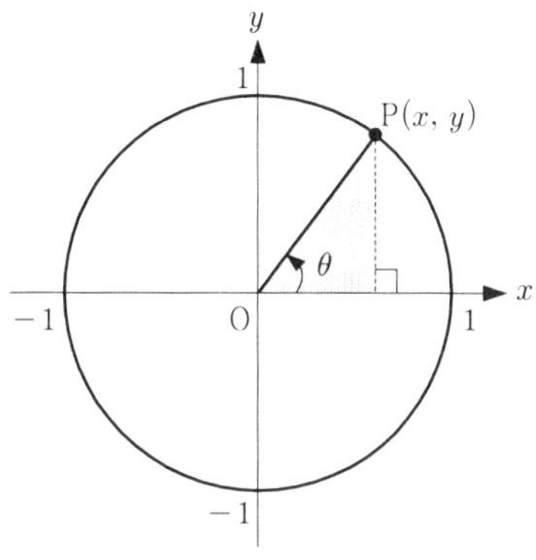

그림 1-23

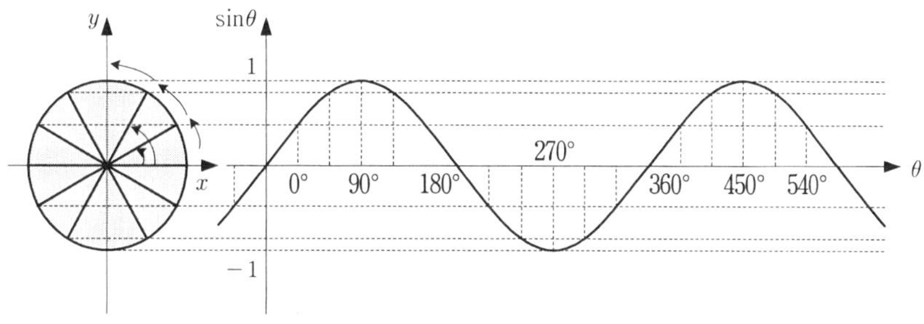

최대값 1, 최소값 -1, 곧 $-1 \leqq \sin x \leqq 1$

주기 360°, 기함수

그림 1-24

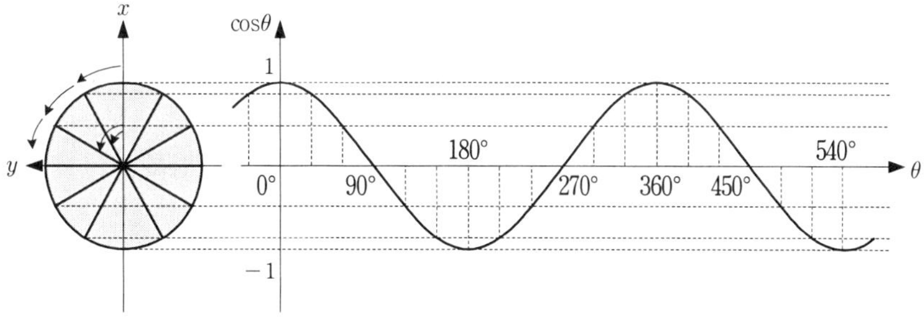

최대값 1, 최소값 -1, 곧 $-1 \leqq \cos x \leqq 1$

주기 360°, 우함수

그림 1-25

[예제 1-48] 다음 함수의 최대값, 최소값 및 주기를 구하여라.

① $y = 2\sin 2\theta$

② $y = \frac{1}{2}\cos(3\theta - 60°)$

〈풀이〉 $y = A\sin(\omega x + \theta)$, $y = A\cos(\omega x + \theta)$에서 최대값 A, 최소값 $-A$, 주기 $360 \div |\omega|$이므로

① 최대값 **2**, 최소값 **−2**, 주기 $\frac{360°}{2} = \mathbf{180°}$

② 최대값 $\mathbf{\frac{1}{2}}$, 최소값 $-\mathbf{\frac{1}{2}}$, 주기 $\frac{360°}{3} = \mathbf{120°}$

3) $y = \tan\theta$의 그래프

그림 1-26과 같이 점 $(1, 0)$에서의 단위원의 접선과 각 θ를 나타내는 동경의 교점을 $T(1, y)$라 하면 $\tan\theta$의 값은 T의 y 좌표와 같다. 즉

$$y = \tan\theta$$

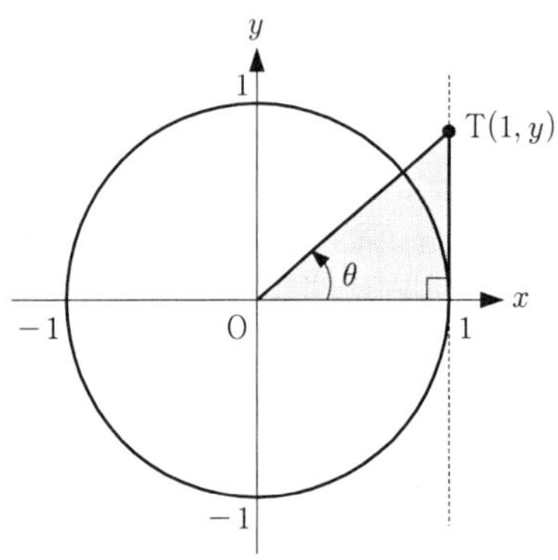

그림 1-26

단위원에서의 θ의 각각의 값에 y의 값을 대응시킴으로써 그림 1-27과 같은 $y = \tan\theta$의 그래프를 그릴 수 있다.

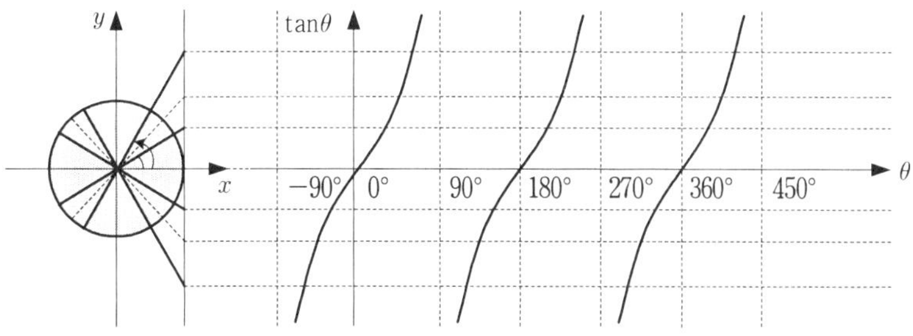

최대값, 최소값은 없다.
주기 180°, 기함수

그림 1-27

[예제 1-49] $y=\dfrac{1}{2}\tan 3x$ 의 최대값, 최소값 및 주기를 구하여라.

〈풀이〉 $y=A\tan(\omega x+\theta)$는 최대값, 최소값은 없고

주기는 $180\div|\omega|=\dfrac{180°}{3}=60°$

4) 함수의 대칭

삼각함수의 그래프에서 $\sin\theta$와 $\tan\theta$는 원점에 대칭인 **기함수(홀함수)**이고 $\cos\theta$는 y축에 대칭인 **우함수(짝함수)**이므로 기함수와 우함수의 성질에 의하여 음각의 삼각함수는 다음과 같은 관계가 성립한다.

■ 음각의 성질

$$\sin(-\theta)=-\sin\theta$$
$$\cos(-\theta)=\cos\theta$$
$$\tan(-\theta)=-\tan\theta$$

[예제 1-50] $\sin(-45°)$, $\cos(-45°)$, $\tan(-45°)$의 값은 얼마인가?

〈풀이〉 $\sin 45°=\dfrac{1}{\sqrt{2}}=\dfrac{\sqrt{2}}{2}$, $\cos 45°=\dfrac{\sqrt{2}}{2}$, $\tan 45°=1$이므로

$\sin(-45°)=-\dfrac{\sqrt{2}}{2}$

$$\cos(-45°) = \frac{\sqrt{2}}{2}$$

$$\tan(-45°) = -1$$

(6) 삼각함수의 정리 및 공식

삼각함수 문제를 풀이할 때와 미적분법에서 흔히 사용되는 정리와 공식을 유도 과정을 생략하고 나열하면 다음과 같다.

■ **덧셈정리**

① $\sin(\alpha \pm \beta) = \sin\alpha \cos\beta \pm \cos\alpha \sin\beta$

② $\cos(\alpha \pm \beta) = \cos\alpha \cos\beta \pm \sin\alpha \sin\beta$

③ $\tan(\alpha \pm \beta) = \dfrac{\tan\alpha \pm \tan\beta}{1 \mp \tan\alpha \tan\beta}$

[예제 1-51] 덧셈정리를 이용하여 다음의 값을 구하여라.

① $\sin 75°$ ② $\cos 135°$ ③ $\tan 15°$

〈풀이〉 ① $\sin 75° = \sin(30° + 45°) = \sin 30° \cos 45° + \cos 30° \sin 45°$

$$= \frac{1}{2} \times \frac{\sqrt{2}}{2} + \frac{\sqrt{3}}{2} \times \frac{\sqrt{2}}{2} = \frac{\sqrt{2}}{4} + \frac{\sqrt{6}}{4} = \frac{\sqrt{2} + \sqrt{6}}{4}$$

② $\cos 135° = \cos(90° + 45°) = \cos 90° \cos 45° - \sin 90° \sin 45°$

$$= 0 \times \frac{1}{\sqrt{2}} - 1 \times \frac{1}{\sqrt{2}} = -\frac{1}{\sqrt{2}}$$

③ $\tan 15° = \tan(45° - 30°) = \dfrac{\tan 45° - \tan 30°}{1 + \tan 45° \tan 30°}$

$$= \frac{1 - \frac{1}{\sqrt{3}}}{1 + \frac{1}{\sqrt{3}}} = \frac{3 - \sqrt{3}}{3 + \sqrt{3}} = 2 - \sqrt{3}$$

■ **배각의 공식**

① $\sin 2\alpha = 2\sin\alpha \cos\alpha$

② $\cos 2\alpha = \cos^2\alpha - \sin^2\alpha$

$$= 1 - 2\sin^2\alpha$$

$$= 2\cos^2\alpha - 1$$

③ $\tan 2\alpha = \dfrac{2\tan\alpha}{1 - \tan^2\alpha}$

■ 제곱의 공식

④ $\sin^2\alpha = \dfrac{1}{2}(1 - \cos 2\alpha)$

⑤ $\cos^2\alpha = \dfrac{1}{2}(1 + \cos 2\alpha)$

⑥ $\tan^2\alpha = \dfrac{1 - \cos 2\alpha}{1 + \cos 2\alpha}$

[예제 1-52] $\sin\alpha = 0.6$ 에서 α가 예각일 때 $\sin 2\alpha$, $\cos 2\alpha$, $\tan 2\alpha$의 값을 구하여라.

〈풀이〉 $\sin^2\alpha + \cos^2\alpha = 1$에서 $\cos^2\alpha = 1 - 0.6^2 = 0.64$이고, α가 예각이므로

$\cos\alpha = 0.8$, $\tan\alpha = \dfrac{\sin\alpha}{\cos\alpha} = \dfrac{0.6}{0.8} = 0.75$

$\therefore\ \sin 2\alpha = 2\sin\alpha\cos\alpha = 2 \times 0.6 \times 0.8 = \mathbf{0.96}$

$\therefore\ \cos 2\alpha = \cos^2\alpha - \sin^2\alpha = 0.8^2 - 0.6^2 = \mathbf{0.28}$

$\therefore\ \tan 2\alpha = \dfrac{2\tan\alpha}{1 - \tan^2\alpha} = \dfrac{2 \times 0.75}{1 - 0.75^2} = \dfrac{1.5}{0.4375} = \mathbf{3.429}$

■ 곱을 합, 차로 바꾸는 공식

① $\sin\alpha\cos\beta = \dfrac{1}{2}\{\sin(\alpha + \beta) + \sin(\alpha - \beta)\}$

② $\cos\alpha\sin\beta = \dfrac{1}{2}\{\sin(\alpha + \beta) - \sin(\alpha - \beta)\}$

③ $\cos\alpha\cos\beta = \dfrac{1}{2}\{\cos(\alpha + \beta) + \cos(\alpha - \beta)\}$

④ $\sin\alpha\sin\beta = -\dfrac{1}{2}\{\cos(\alpha + \beta) - \cos(\alpha - \beta)\}$

■ **합, 차를 곱으로 바꾸는 공식**

① $\sin A + \sin B = 2\sin\dfrac{A+B}{2}\cos\dfrac{A-B}{2}$

② $\sin A - \sin B = 2\cos\dfrac{A+B}{2}\sin\dfrac{A-B}{2}$

③ $\cos A + \cos B = 2\cos\dfrac{A+B}{2}\cos\dfrac{A-B}{2}$

④ $\cos A - \cos B = -2\sin\dfrac{A+B}{2}\sin\dfrac{A-B}{2}$

[예제 1-53] $\dfrac{\sin 55°\sin 35°}{\cos 80° + \cos 40°}$의 값을 구하여라.

〈풀이〉 $\dfrac{\sin 55°\sin 35°}{\cos 80° + \cos 40°} = \dfrac{-\dfrac{1}{2}\{\cos(55°+35°) - \cos(55°-35°)\}}{2\cos\dfrac{80°+40°}{2}\cos\dfrac{80°-40°}{2}}$

$$= -\frac{\cos 90° - \cos 20°}{4\cos 60°\cos 20°}$$

$$= \frac{\cos 20°}{4\cdot\dfrac{1}{2}\cos 20°}$$

$$= \frac{1}{2}$$

(7) 역삼각함수

삼각함수 $y = \sin\theta$에서 θ를 y의 **역사인함수**(inverse sine function)라 하고, 기호는

$$\theta = \sin^{-1}y \qquad \text{또는} \qquad \theta = \arcsin y$$

로 나타내고 **아크**(arc) $\sin y$라 읽는다.

예컨대, $\sin 30° = \dfrac{1}{2}$에 대해서는

$$30° = \sin^{-1}\frac{1}{2}$$

똑같이, $y=\cos\theta$, $y=\tan\theta$에 대한 역코사인함수, 역탄젠트함수는

$$\theta=\cos^{-1}y,\ \theta=\tan^{-1}y$$

로 표시된다.

그런데, 주어진 각 θ에 대한 그 사인값 y는 보통 1개밖에 없는데 반대로 주어진 y에 대한 각 θ는 무수히 많다. 이와 같이 무수히 많은 역삼각함수의 각 중에서 절대값이 최소인 값은 주값(principle value)이라 하고 일반값과 구별하기 위하여 일반적으로 $\mathrm{Sin}^{-1}y$와 같이 첫 자를 대문자로 표시한다.

[예제 1-54] 다음 값을 구하여라.

① $\mathrm{Sin}^{-1}1$　　② $\mathrm{Cos}^{-1}\frac{1}{2}$

③ $\mathrm{Tan}^{-1}\left(-\frac{1}{\sqrt{3}}\right)$　　④ $\mathrm{Sin}^{-1}\left(-\frac{1}{2}\right)$

〈풀이〉 ① $\mathrm{Sin}^{-1}1=90°$　　② $\mathrm{Cos}^{-1}\frac{1}{2}=60°$

③ $\mathrm{Tan}^{-1}\left(-\frac{1}{\sqrt{3}}\right)=-30°$　　④ $\mathrm{Sin}^{-1}\left(-\frac{1}{2}\right)=-30°$

■ 연습문제 3 ■

3-1 다음 각들을 호도법으로 고쳐라.

① 23.5°　　② 80.4°

③ 120°　　④ $3\frac{1}{2}$회전

3-2 다음 각들을 60분법으로 고쳐라.

① 0.1rad　　② 4.3rad

③ $\frac{\pi}{3}$rad　　④ 4πrad

3-3 다음 각은 몇 사분면의 각인가?

① $150°$　　② $-75°$

③ $\frac{14}{3}\pi$　　④ $-\frac{7}{4}\pi$

3-4 반지름 10cm, 호의 길이가 15cm인 부채꼴에서 그 중심각 θ 및 면적 S를 구하여라.

3-5 θ가 제3사분면의 각이고, $\sin\theta = -\frac{2}{3}$일 때, $\cos\theta$, $\tan\theta$의 값을 구하여라.

3-6 θ가 예각이고 $\cos\theta = 0.6$일 때, $\sin\theta$, $\tan\theta$의 값을 구하여라.

3-7 $\sin^2 27° + \sin^2 63°$의 값을 구하여라.

3-8 다음 함수의 그래프를 그리고 최대값, 최소값, 주기를 구하여라.

① $y = 4\sin\left(2x - \frac{\pi}{3}\right)$　　② $y = \sin x + \cos\left(x + \frac{\pi}{6}\right)$

3-9 $\sin 105°$, $\cos 105°$, $\tan 105°$의 값을 구하여라.

3-10 $\cos\alpha = \frac{1}{3}$(단, $0 < \alpha < \frac{\pi}{2}$)일 때, $\cos 2\alpha$, $\cos\frac{\alpha}{2}$의 값을 구하여라.

3-11 $\tan x = t$라 할 때, $\sin 2x$, $\cos 2x$, $\tan 2x$를 t의 식으로 나타내어라.

3-12 곱을 합·차로 바꾸는 공식을 써서 다음 식의 값을 구하여라.

① $\sin 75° \cos 15°$　　② $\cos 75° \sin 15°$

③ $\cos 75° \cos 15°$　　④ $\sin 75° \sin 15°$

3-13 합·차를 곱으로 바꾸는 공식을 써서 다음 식의 값을 구하여라.

① $\sin 105° + \sin 15°$　　② $\sin 105° - \sin 15°$

③ $\cos 105° + \cos 15°$　　④ $\cos 105° - \cos 15°$

3-14 다음 각 값을 구하여라.

① $\mathrm{Sin}^{-1}(-1)$　　② $\mathrm{Sin}^{-1}\left(\frac{1}{2}\right)$

③ $\mathrm{Cos}^{-1}(-1)$　　④ $\mathrm{Cos}^{-1}\left(\frac{1}{2}\right)$

⑤ $\mathrm{Tan}^{-1}(-1)$　　⑥ $\mathrm{Tan}^{-1}\left(\frac{1}{\sqrt{3}}\right)$

CHAPTER

2

미 분 법

2-1 함수의 극한

함수 $f(x)$에서 x가 a와 다른 값을 취하면서 한없이 a에 가까워질 때, $f(x)$의 값이 일정한 값 b에 한없이 가까워지면, $f(x)$는 b에 **수렴한다**라 하고 α를 함수 $f(x)$의 **극한값**(limit value) 또는 **극한**이라고 한다.

이것을

$$x \to a \text{ 일 때 } f(x) \to b$$

또는 보편적인 기호로 다음과 같이 나타낸다.

$$\lim_{x \to a} f(x) = b$$

참고로, lim은 라틴어 limes(극한의 뜻)를 약한 기호이며, limit이라고 읽는다.

이를테면, 함수 $f(x) = x + 1$에서 다음과 같은 변화를 생각할 수 있다.

x	1.9	1.99	1.999	1.9999	…→	2
$f(x)$	2.9	2.99	2.999	2.9999	…→	3

(a)

x	2.1	2.01	2.001	2.0001	…→	2
$f(x)$	3.1	3.01	3.001	3.0001	…→	3

(b)

(a), (b)의 경우에서 보는 바와 같이 x의 값이 한없이 2에 가까워질 때 x는 2에 수렴한다고 말하고 $x \to 2$로 나타낸다. 좀더 구체적으로 말하자면, (a)의 경우와 같이 x의 값이 2보다 작은 값을 취하면서 2에 수렴할 때는 $x \to 2-0$로 나타내고, (b)의 경우와 같이 2보다 큰 값을 취하면서 2에 수렴할 때는 $x \to 2+0$로 나타내며, (a), (b)의 경우를 통틀어서 $x \to 2$로 나타내는 것이다.

따라서 x의 값이 2에 수렴할 때 위의 (a), (b)의 경우에서와 같이 $f(x)$의 값이 한없이 3에 가까워지면 x가 2에 수렴할 때 $f(x)$의 극한값은 3이다고 말하고, 이것을

$$x \to 2 \text{ 일 때 } f(x) \to 3$$

또는

$$\lim_{x \to 2} f(x) = 3$$

좀더 구체적으로 말해서 (a), (b)의 경우는 각각

$$\lim_{x \to 2-0} f(x) = 3$$

$$\lim_{x \to 2+0} f(x) = 3$$

이라 할 수 있고, 이들을 통틀어

$$\lim_{x \to 2} f(x) = 3$$

으로 나타낸다.

일반적으로, $\lim_{x \to a-0} f(x)$를 **좌극한값**(왼쪽 극한값), $\lim_{x \to a+0} f(x)$를 **우극한값**(오른쪽 극한값)이라 하며

$$\lim_{x \to a-0} f(x) = \lim_{x \to a+0} = \alpha$$

일 때

$$\lim_{x \to a} f(x) = \alpha$$

로 나타내고, **극한값은 존재한다**고 한다. 또

$$\lim_{x \to a-0} f(x) \neq \lim_{x \to a+0} = f(x)$$

일 때는 **극한값은 없다**고 말한다.

[예제 2-1] 다음 극한값을 구하여라.

① $\lim_{x \to 3} 7$　　　　② $\lim_{x \to 2} (x^2 + 1)$

〈풀이〉 ① $\lim_{x \to 3} 7 = \mathbf{7}$

② $\lim_{x \to 2} (x^2 + 1) = 2^2 + 1 = \mathbf{5}$

2-2 극한값의 계산

(1) 극한값의 성질

수열의 극한값을 계산할 때와 같이 함수의 극한값을 계산할 때에도 극한값의 성질을 이용하면 편리한다.

■ **극한값의 성질**

① $\lim_{x \to a} kf(x) = k\lim_{x \to a} f(x)$ (k는 상수)

② $\lim_{x \to a} \{f(x) \pm g(x)\} = \lim_{x \to a} f(x) \pm \lim_{x \to a} g(x)$ (복호동순)

③ $\lim_{x \to a} \{f(x) \cdot g(x)\} = \lim_{x \to a} f(x) \cdot \lim_{x \to a} g(x)$

④ $\lim_{x \to a} \dfrac{f(x)}{g(x)} = \dfrac{\lim_{x \to a} f(x)}{\lim_{x \to a} g(x)}$ $(\lim_{x \to a} g(x) \neq 0)$

⑤ $f(x) < g(x)$이면, $\lim_{x \to a} f(x) < \lim_{x \to a} g(x)$

[예제 2-2] 다음 극한값을 구하여라.

① $\lim_{x \to 1} (4x)$ ② $\lim_{x \to -1} (x^2 + 2x)$

③ $\lim_{x \to 2} x(4x + 1)$ ④ $\lim_{x \to -2} \dfrac{x^2}{x + 1}$

〈풀이〉 ① $\lim_{x \to 1} (4 \cdot 1) = \mathbf{4}$

② $\lim_{x \to -1} (x^2 + 2x) = (-1)^2 + 2(-1) = 1 - 2 = \mathbf{-1}$

③ $\lim_{x \to 2} x(4x+1) = 2 \times (4 \cdot 2+1) = \mathbf{18}$

④ $\lim_{x \to -2} \frac{x^2}{x+1} = \frac{(-2)^2}{-2+1} = \frac{4}{-1} = \mathbf{-4}$

[예제 2-3] 다음 극한값을 구하여라.

① $\lim_{x \to 0} (1+\sqrt{1-x})$　　② $\lim_{x \to \infty} 2^x$

〈풀이〉 ① $\lim_{x \to 0} (1+\sqrt{1-x}) = 1+\sqrt{1-0} = \mathbf{2}$

② $\lim_{x \to \infty} 2^x = 2^\infty = \infty$

(2) 부정형의 극한값

함수 $f(x)$에 대하여 $x \to a$ 또는 $x \to \pm\infty$ 일 때 $f(x)$의 극한이

$$\frac{0}{0},\ \frac{\infty}{\infty},\ \infty-\infty,\ 0\times\infty$$

꼴로 주어질 때, 이를 **부정형**이라 한다. 부정형의 극한값은 다음과 같이 식을 변형하여 극한값을 구한다.

■ **부정형의 극한값**

① $\frac{0}{0}$꼴은 인수분해 또는 유리화한다.

② $\frac{\infty}{\infty}$꼴은 분모의 최고차항으로 나눈다.

③ $\infty-\infty$꼴은 유리화 또는 최고차항으로 묶는다.

④ $0\times\infty$꼴은 $\frac{0}{0}$ 또는 $\frac{\infty}{\infty}$꼴로 고친다.

[예제 2-4] 다음 극한값을 구하여라.

① $\lim_{x \to 2} \frac{x^2-4}{x-2}$　　② $\lim_{x \to 1} \frac{x^2+x-2}{x^2-1}$

③ $\lim\limits_{x \to 0} \dfrac{x}{\sqrt{x+1}-1}$　　④ $\lim\limits_{x \to 2} \dfrac{\sqrt{x^2+5}-3}{x-2}$

〈풀이〉 ① 준식$=\lim\limits_{x \to 2} \dfrac{(x-2)(x+2)}{x-2} = \lim\limits_{x \to 2}(x+2) = 2+2 = \mathbf{4}$

② 준식$=\lim\limits_{x \to 1} \dfrac{(x+2)(x-1)}{(x+1)(x-1)} = \lim\limits_{x \to 1} \dfrac{x+2}{x+1} = \mathbf{\dfrac{3}{2}}$

③ 준식$=\lim\limits_{x \to 0} \dfrac{x(\sqrt{x+1}+1)}{(\sqrt{x+1}-1)(\sqrt{x+1}+1)}$

$=\lim\limits_{x \to 1} \dfrac{x(\sqrt{x+1}+1)}{x}$

$=\lim\limits_{x \to 0}(\sqrt{x+1}+1) = 1+1 = \mathbf{2}$

④ 준식$=\lim\limits_{x \to 2} \dfrac{(\sqrt{x^2+5}-3)(\sqrt{x^2+5}+3)}{(x-2)(\sqrt{x^2+5}-3)}$

$=\lim\limits_{x \to 2} \dfrac{(x+2)(x-2)}{(x-2)(\sqrt{x^2+5}+3)}$

$=\lim\limits_{x \to 2} \dfrac{x+2}{\sqrt{x^2+5}+3} = \mathbf{\dfrac{2}{3}}$

[예제 2-5] 다음 극한값을 구하여라.

① $\lim\limits_{x \to -\infty} (x^3-3x^2-5x)$　　② $\lim\limits_{x \to \infty} (3x^2+2x-3)$

③ $\lim\limits_{x \to \infty} \dfrac{2x^2+3x-1}{x^2+1}$　　④ $\lim\limits_{x \to \infty} (\sqrt{x^2-x}-x)$

〈풀이〉 ① 준식 $= \lim\limits_{x \to -\infty} x^3\left(1-\dfrac{3}{x}-\dfrac{5}{x^2}\right) = (-\infty)\cdot 1 = -\infty$

② 준식 $= \lim\limits_{x \to \infty} x^2\left(3+\dfrac{2}{x}-\dfrac{3}{x^2}\right) = \infty \cdot 3 = \infty$

③ 준식 $= \lim\limits_{x \to \infty} \dfrac{2+\dfrac{3}{x}-\dfrac{1}{x^2}}{1+\dfrac{1}{x^2}} = \dfrac{2+0-0}{1+0} = \mathbf{2}$

④ 준식 $= \lim\limits_{x \to \infty} \dfrac{x^2-x-x^2}{\sqrt{x^2-x}+x} = \lim\limits_{x \to \infty} \dfrac{-x}{\sqrt{x^2-x}+x}$

$= \lim\limits_{x \to \infty} \dfrac{-x}{x\sqrt{1-\dfrac{1}{x}}+1} = \lim\limits_{x \to \infty} \dfrac{-1}{\sqrt{1-\dfrac{1}{x}}+1} = \mathbf{-\dfrac{1}{2}}$

분수함수의 극한에서는

$$\lim_{x \to a} \frac{f(x)}{g(x)} = \alpha \quad (\alpha \text{는 실수})$$

이고, 분모가 $g(x) \to 0$이면 극한값이 존재하기 위해서는 분자도 반드시 $f(x) \to 0$이다.

[예제 2-6] $\lim_{x \to 1} \frac{a\sqrt{x}+b}{x-1} = 1$이 성립하도록 상수 a, b의 값을 구하여라.

〈풀이〉 $\lim_{x \to 1}(x-1) = 0$이므로 극한값이 존재하기 위하여는

$$\lim_{x \to 1}(a\sqrt{x}+b) = 0 \qquad \therefore a+b=0$$

주어진 식의 좌변에 $b=-a$를 대입하여 계산하면

$$\lim_{x \to 1} \frac{a\sqrt{x}+b}{x-1} = \lim_{x \to 1} \frac{a(\sqrt{x}-1)}{(\sqrt{x}+1)(\sqrt{x}-1)} = \lim_{x \to 1} \frac{a}{\sqrt{x}+1} = \frac{a}{2}$$

따라서, $\frac{a}{2} = 1$, $\therefore a=2$

$a=2$를 $a+b=0$에 대입하면 $b=-2$

$\therefore$ $\mathbf{a=2,\ b=-2}$

2-3 초월함수의 극한

어떤 함수에서 독립변수 x와 상수 사이에 덧셈, 뺄셈, 곱셈만으로 이루어진 식에 의하여 표시되는 **정함수**(integral function)와 **분수함수**(fractional function)를 합쳐 **유리함수**(rational function)라 한다. 또 유리함수와 **무리함수**(irrational function)를 합쳐 **대수함수**(algebraic function)라 한다.

대수함수가 아닌 모든 함수를 **초월함수**(transendental function)라 부르며, 대수함수와 무리함수를 통틀어서 **초등함수**(elementary function)라 부르는데 이것을 분류하여 정리하면 다음과 같다.

■ **초등함수의 분류**

- 초등함수
  - 대수함수
    - 유리함수
      - 정함수(ax^2+bx+c)
      - 분수함수$\left(\dfrac{2x}{1-x^2}\right)$
    - 무리함수($\sqrt{1-x^2}$)
  - 초월함수
    - 지수함수(a^x+1, e^x+e^{-x}, $e^{-\frac{R}{L}t}$)
    - 로그함수($\log_2 x$, $\log_{10} x$, $\log_e x$)
    - 삼각함수($\sin x$, $\cos x$, $\tan x$)
    - 역삼각함수($\sin^{-1} x$, $\cos^{-1} x$, $\tan^{-1} x$)
    - 쌍곡선함수($\sinh x$, $\cosh x$, $\tanh x$)
    - 역쌍곡선함수($\sinh^{-1} x$, $\cosh^{-1} x$, $\tanh^{-1} x$)
    - 기타

(1) $\dfrac{\sin x}{x}$의 극한

삼각함수에 관한 극한값 중에 다음은 앞으로 배우게 될 삼각함수의 미분법에서 기본이 되는 중요한 정리이다.

$$\lim_{x \to 0} \frac{\sin x}{x} = 1 \quad (x\text{는 라디안})$$

이 극한을 증명하여 보자.

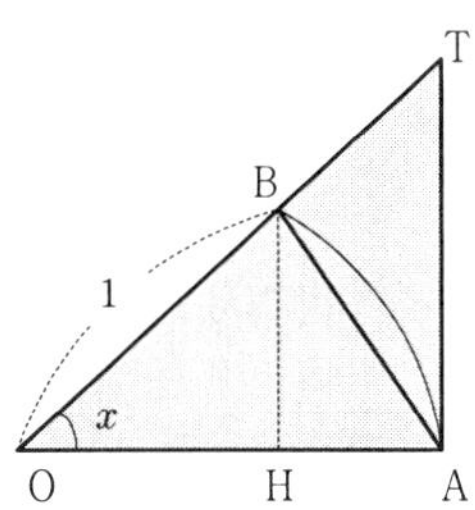

그림 2-1

그림 2-1과 같이 중심각의 크기가 $0 < x < \frac{\pi}{2}$인 $x$rad이고 반지름의 길이가 1인 부채꼴(▽) OAB에서, 점 A에서의 접선이 직선 OB와 만나는 점을 T라고 하면,

$$\triangle \mathrm{OAB} < \triangledown \mathrm{OAB} < \triangle \mathrm{OAT}$$

여기서

$$\triangle \mathrm{OAB} = \frac{1}{2}\mathrm{OA} \cdot \mathrm{BH} = \frac{1}{2}\mathrm{OA} \cdot \mathrm{OB}\sin x = \frac{1}{2}\sin x$$

$$\triangledown \mathrm{OAB} = \frac{1}{2}\mathrm{OA}^2 x = \frac{1}{2}x$$

$$\triangle \mathrm{OAT} = \frac{1}{2}\mathrm{OA} \cdot \mathrm{AT} = \frac{1}{2}\mathrm{OA} \cdot \mathrm{OA}\tan x = \frac{1}{2}\tan x = \frac{1}{2}\frac{\sin x}{\cos x}$$

이므로,

$$\sin x < x < \frac{\sin x}{\cos x}$$

그런데, $\sin x > 0$ 이므로 각 변을 $\sin x$ 로 나누면

$$1 < \frac{x}{\sin x} < \frac{1}{\cos x}$$

이고, 이 식의 각 변은 양수이므로 역수를 택하면

$$\cos x < \frac{\sin x}{x} < 1$$

그런데, $\lim_{x \to 0} \cos x = 1$ 이므로

$$\boldsymbol{\lim_{x \to 0} \frac{\sin x}{x} = 1}$$

[예제 2-7] 다음 극한값을 구하여라.

① $\lim_{x \to 0} \frac{\sin 3x}{x}$　　② $\lim_{x \to 0} \frac{\sin 2x}{3x}$

③ $\lim_{x \to 0} \frac{\tan x}{x}$　　④ $\lim_{x \to 0} \frac{\tan 4x}{\tan 5x}$

〈풀이〉 ① $\dfrac{\sin 3x}{x}=3\cdot\dfrac{\sin 3x}{3x}$ 이므로, 여기서 $3x=\theta$ 로 놓으면 $x\to 0$ 일 때 $\theta\to 0$ 이므로

$$\lim_{x\to 0}\frac{\sin 3x}{x}=\lim_{x\to 0}3\cdot\frac{\sin 3x}{3x}=\lim_{\theta\to 0}3\cdot\frac{\sin\theta}{\theta}=3\times 1=\mathbf{3}$$

② $\displaystyle\lim_{x\to 0}\frac{\sin 2x}{3x}=\lim_{x\to 0}\frac{\sin 2x}{2x}\cdot\frac{2}{3}=1\cdot\frac{2}{3}=\mathbf{\frac{2}{3}}$

③ $\displaystyle\lim_{x\to 0}\frac{\tan x}{x}=\lim_{x\to 0}\frac{\sin x}{x\cos x}=\lim_{x\to 0}\frac{\sin x}{x}\cdot\frac{1}{\cos x}=1\cdot 1=\mathbf{1}$

④ $\displaystyle\lim_{x\to 0}\frac{\tan 4x}{\tan 5x}=\lim_{x\to 0}\frac{\frac{\tan 4x}{4x}\cdot 4x}{\frac{\tan 5x}{5x}\cdot 5x}=\frac{\lim_{x\to 0}\frac{\tan 4x}{4x}}{\lim_{x\to 0}\frac{\tan 5x}{5x}}\times\frac{4}{5}=\mathbf{\frac{4}{5}}$

(2) 극한값 e 의 정의

이제, 극한값 $\displaystyle\lim_{x\to 0}(1+x)^{\frac{1}{x}}$ 에 대하여 알아보자.

마클로우린(Maclaurin) 급수 전개식

$$\begin{aligned}(1+x)^n &= x^0+n\,C_1x+n\,C_2x^2+n\,C_3x^3+\cdots\cdots\\&=1+nx+\frac{n(n-1)}{2!}x^2+\frac{n(n-1)(n-2)}{3!}x^3+\cdots\cdots\end{aligned}$$

에서 $n=\dfrac{1}{x}$ 을 대입하면

$$\begin{aligned}(1+x)^{\frac{1}{x}} &= 1+\frac{1}{x}\cdot x+\frac{1}{2!}\frac{1}{x}\left(\frac{1}{x}-1\right)x^2+\frac{1}{3!}\frac{1}{x}\left(\frac{1}{x}-1\right)\left(\frac{1}{x}-2\right)x^3+\cdots\cdots\\&=1+1+\frac{1-x}{2!}+\frac{(1-x)(1-2x)}{3!}+\cdots\cdots\end{aligned}$$

가 되므로

$$\begin{aligned}\lim_{x\to 0}(1+x)^{\frac{1}{x}} &= 1+\frac{1}{1!}+\frac{1}{2!}+\frac{1}{3!}+\frac{1}{4!}+\cdots\cdots\\&=2.7182818\cdots\cdots\end{aligned}$$

인 무리수이다. 이 값을 e 로 나타낸다. 즉,

$$e = \lim_{x \to 0}(1+x)^{\frac{1}{x}} = 2.7182818 \cdots\cdots$$

특히, 로그의 밑이 e일 때, 곧 $\log_e x$를 $\ln x$로 나타내고 이를 **자연로그**(natural logarithm) 또는 **자연대수**라 하고 e를 자연로그의 **밑**(base)이라 한다.

참고로, 다음을 암기하고 있으면 유용하다.

$$\log_e 2 = \ln 2 \fallingdotseq 0.6931$$

$$\log_e 3 = \ln 3 \fallingdotseq 1.0986$$

[예제 2-8] $\lim_{x \to \infty}\left(1+\frac{1}{x}\right)^x$를 계산하여라.

〈풀이〉 주어진 식에서 $\frac{1}{x}=h$로 놓으면, $x \to 0$일 때 $h \to \infty$이므로

$$\lim_{x \to \infty}\left(1+\frac{1}{x}\right)^x = \lim_{h \to 0}(1+h)^{\frac{1}{h}} = e$$

$$\therefore \lim_{x \to \infty}\left(1+\frac{1}{x}\right)^x = e$$

[예제 2-9] 다음 극한값을 구하여라.

① $\lim_{x \to 0}(1+3x)^{\frac{1}{x}}$ ② $\lim_{x \to \infty}\left(1+\frac{1}{x}\right)^{2x}$

〈풀이〉 ① 준식 $= \lim_{x \to 0}\left\{(1+3x)^{\frac{1}{3x}}\right\}^3 = e^3$

② 준식 $= \lim_{x \to \infty}\left\{\left(1+\frac{1}{x}\right)^x\right\}^2 = e^2$

2-4 함수의 연속성

(1) 함수의 연속조건

함수 $f(x) = x+2$에서 a가 임의의 실수이면 $f(a) = a+2$는 실수이고,

$$\lim_{x \to a} f(x) = \lim_{x \to a} (x+2) = a+2$$

이므로 다음 식이 성립한다.

$$\lim_{x \to a} f(x) = f(a)$$

그러나, 함수 $g(x) = \dfrac{x^2 - 4}{x - 2}$에서

$$\lim_{x \to 2} g(x) = \lim_{x \to 2} (x+2) = 4$$

이지만, $g(2)$는 정의되어 있지 않으므로

$$\lim_{x \to 2} g(x) \neq g(2)$$

이다.

일반적으로, 함수 $y = f(x)$가 다음 조건을 만족하면 함수 $f(x)$는 $x = a$의 근방에서 끊어지지 않으므로 **연속**(continuous)이라고 한다.

■ **연속조건**

① $\boldsymbol{f(a)}$가 정의되고

② $\displaystyle\lim_{x \to a} \boldsymbol{f(x)}$가 존재하며

③ $\displaystyle\lim_{x \to a} \boldsymbol{f(x) = f(a)}$

함수 $y = f(x)$가 어떤 구간의 모든 점에서 연속이면, 이 함수는 이 구간에서 연속 또는 **연속함수**(continuous function)라고 한다.

함수 $y = f(x)$가 $x = a$에서 연속이 아니면, 이 함수는 $x = a$에서 **불연속**(discontinuous)이라고 한다. 즉, 위의 연속조건 ①, ②, ③ 중에서 어느 하나라도 성립하지 않으면 이 함수는 $x = a$에서 불연속이다.

[예제 2-10] 다음 함수의 주어진 값에서 연속성을 조사하여라.

① $f(x) = x^2 \ (x = 2)$

② $f(x)=\dfrac{x^2-1}{x+1}\ (x=-1)$

〈풀이〉 ① 연속조건을 살펴보면

$f(2)=2^2=4,\ \lim\limits_{x\to 2}x^2=2^2=4,\ \lim\limits_{x\to 2}x^2=f(2)$

이 성립하므로 $f(x)$는 $x=2$에서 연속이다.

② $f(-1)$의 값이 존재하지 않으므로 함수 $f(x)=\dfrac{x^2-1}{x+1}$은 $x=-1$에서 불연속이다.

(2) 연속함수의 성질

일반적으로, 함수 $f(x)$, $g(x)$가 어떤 구간에서 연속이면, 함수의 극한의 성질을 이용하면 이 구간에서 다음과 같은 함수도 연속함수임을 알 수 있다.

■ **연속함수의 성질**

① $cf(x)$ (c는 상수)

② $f(x)\pm g(x)$

③ $f(x)g(x)$

④ $\dfrac{f(x)}{g(x)}$ (단, $g(x)\neq 0$)

폐구간 $[a, b]$에서 연속인 함수

$$y=f(x)\quad (a\leq x\leq b)$$

가 그 구간에서 가장 큰 값 또는 가장 작은 값을 가지면 그 값을 각각 그 구간에서의 최대값 또는 최소값이라고 한다.

일반적으로, 연속함수에 대하여 다음과 같은 정리가 성립한다.

■ **최대값과 최소값 정리**

함수 $f(x)$가 폐구간 $[a, b]$에서 연속이면 $f(x)$는 이 구간에서 반드시 최대값과 최소값을 가진다.

■ **중간값의 정리**

함수 $f(x)$가 폐구간 $[a, b]$에서 연속이고, $f(a) \neq f(b)$이면, $f(a)$와 $f(b)$ 사이에 있는 임의의 값을 k라고 하면 $f(c) = k$가 되는 점 c가 개구간 (a, b)에 적어도 하나 존재한다.

[예제 2-11] 폐구간 $[0, 3]$에서 함수 $f(x) = x^2 - 2x - 1$의 최대값과 최소값을 구하여라.

〈풀이〉 $f(x) = x^2 - 2x - 1 = (x-1)^2 - 2$에서 $x = 1$은 그림과 같이 $[0, 3]$ 안에 있으므로 주어진 함수는 $x = 1$에서 최소값 -2를 가진다. 그런데 $f(0) = -1$, $f(3) = 2$이므로 $x = 3$에서 최대값 **2**를 가진다.

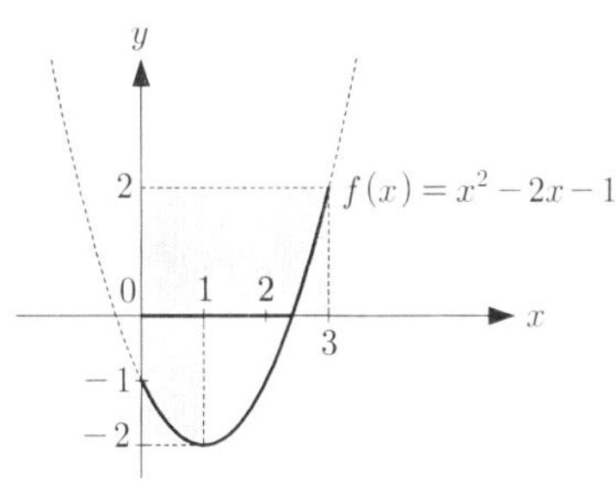

[예제 2-12] 중간값 정리를 이용하여 폐구간 $[3, 5]$에서 방정식 $x^2 - 3x - 4 = 0$이 실근을 가짐을 밝혀라.

〈풀이〉 $f(x) = x^2 - 3x - 4$라 하면 $f(3) = -4$, $f(5) = 6$이므로 중간값 정리에 의해 $f(k) = 0$이고 $3 < k < 5$인 k가 존재한다.
이때, k는 방정식 $x^2 - 3x - 4 = 0$의 근이다.

2-5 변화율과 도함수

(1) 평균변화율

그림 2-2와 같이 함수 $y = f(x) = x^2$에서 x의 값이 1부터 2까지 변하면 이에

따라 y의 값은 1에서 4까지 3만큼 변한다.

이때, x의 변화량 $2-1=1$을 x의 **증분**(increment)이라 하고, Δx로 나타낸다. 여기서 y의 증분 Δy와 x의 증분 Δx와의 비, 즉

$$\frac{\Delta y}{\Delta x}=\frac{4-1}{2-1}=3$$

을 구간 [1, 2]에서의 y의 **평균변화율**(average rate of change)이라 한다. 그리고 이 평균변화율의 값은 두 점 P(1, 1), Q(2, 4)를 잇는 **활선** PQ의 기울기와 같다.

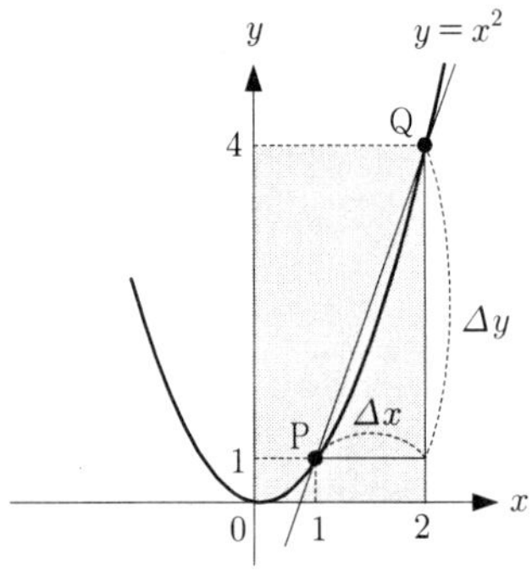

그림 2-2

만일 그림 2-2에서 x축이 시간 t (hour), y축이 위치인 거리 s (km)를 나타낼 때, 어느 물체가 직선 위를 $s=t^2$의 시간과 거리의 함수관계로 움직이고 있을 1시부터 2시까지 이 물체의 평균속도 $\bar{v}$ (v bar)는 다음과 같다.

$$\bar{v}=\frac{\Delta s}{\Delta t}=\frac{4-1}{2-1}=3[\mathrm{km/hour}]$$

이제, 일반적으로 그림 2-3과 같이 x의 함수 $y=f(x)$에서 x가 x_1에서 x_2까지 변할 때, 함수값은 $f(x_1)$에서 $f(x_2)$까지 변한다. 이때,

$$\boldsymbol{\frac{\Delta y}{\Delta x}=\frac{f(x_2)-f(x_1)}{x_2-x_1}=\frac{f(x_1+\Delta x)-f(x_1)}{\Delta x}}$$

을 구간 $[x_1, x_2]$에서의 **평균변화율**이라고 한다.

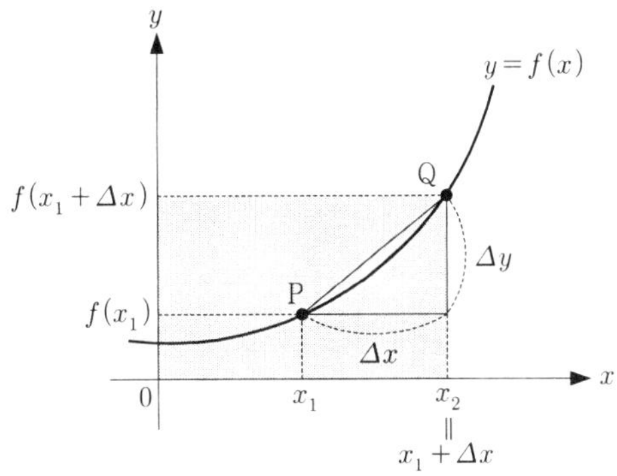

그림 2-3

참고로, Δx 에서 Δ 는 영어의 d 에 해당되는 그리스 문자로 델타(delta)라고 읽는다. x 의 증분이라는 의미에서 Δx 를 쓰지만, 실제 계산에서는 h, t 등의 문자를 써도 좋다.

위에서 독립변수 x 가 시간 t, 종속변수 y 가 위치 s 일 때 $s=f(t)$ 인 함수 관계에서 구간 $[t_1, t_2]$ 에서의 평균속도 $\bar{v}$ 는 다음과 같다.

$$\bar{v}=\frac{\Delta s}{\Delta t}=\frac{f(t_2)-f(t_1)}{t_2-t_1}=\frac{f(t_1+\Delta t)-f(t_1)}{\Delta t}$$

[예제 2-13] 그림은 직선상을 운동하는 7개의 서로 다른 물체의 시간대 위치를 그린 것이다. 다음 물음에 답하여라.

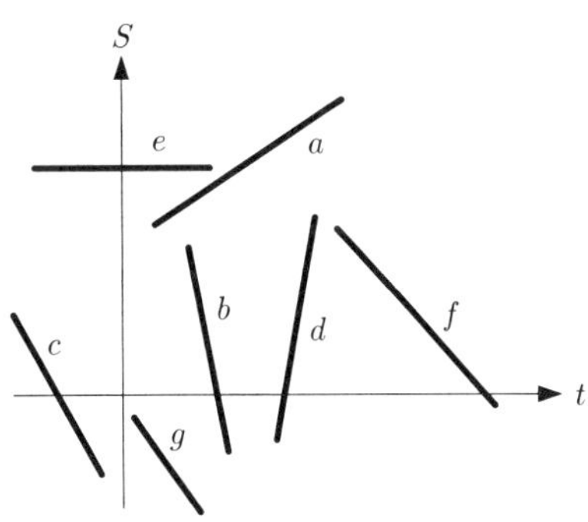

① 그 물체 중 가장 빠른 속도로 전진하는 것은?
② 그 물체 중 가장 빠른 속도로 후진하는 것은?
③ 정지한 것은?
④ 빠르기 속도가 같은 것은?

〈풀이〉 ① 양(+)의 기울기는 시간에 대해서 거리가 증가하는 것을 의미하고, 속도가 양임을 나타내고 가장 빠른 속도는 양의 기울기가 가장 큰 d이다.
② 음(-)의 기울기 중 가장 큰 b이다.
③ 기울기가 0인 e이다.
④ 기울기가 같은 c와 g이다.

[예제 2-14] 다음 함수의 주어진 구간에서의 평균변화율을 구하여라.

① $y=3x+2 \quad [2, 5]$ ② $y=\sqrt{x} \quad [4, 9]$

〈풀이〉 ① $\dfrac{\Delta y}{\Delta x}=\dfrac{f(5)-f(2)}{5-2}=\dfrac{(3\times5+2)-(3\times2+2)}{3}=\dfrac{9}{3}=3$

② $\dfrac{\Delta y}{\Delta x}=\dfrac{f(9)-f(4)}{9-4}=\dfrac{\sqrt{9}-\sqrt{4}}{5}=\dfrac{1}{5}$

[예제 2-15] x축 위를 움직이는 점 P의 좌표 x와 시각 t 사이에 $x=t^3+3t+2$인 관계가 있을 때 $t=1$에서 $t=3$까지의 평균속도를 구하여라.

〈풀이〉 $\dfrac{\Delta x}{\Delta t}=\dfrac{f(3)-f(1)}{3-1}=\dfrac{38-6}{2}=16$

(2) 순간변화율(미분계수)

그림 2-2와 같이 $y=x^2$에서 구간 $[1, 1+\Delta x)$에서의 평균변화율은

$$\frac{\Delta y}{\Delta x}=\frac{(1+\Delta x)^2-1^2}{(1+\Delta x)-1}=\frac{1+2\Delta x+\Delta x^2-1}{\Delta x}=\frac{(2+\Delta x)\Delta x}{\Delta x}=2+\Delta x$$

여기서, x의 증분 Δx가 $\Delta x=0.1, 0.01, \cdots\cdots, 0.00001, \cdots\cdots$ 등과 같이 Δx가 0에 가까운 값을 가질 때의 평균변화율은 다음과 같이 된다.

$\Delta x=0.1$일 때, $\dfrac{\Delta y}{\Delta x}=2+\Delta x=2+0.1=2.1$

$\Delta x = 0.01$일 때, $\dfrac{\Delta y}{\Delta x} = 2 + \Delta x = 2 + 0.01 = 2.01$

$\Delta x = 0.00001$일 때, $\dfrac{\Delta y}{\Delta x} = 2 + \Delta x = 2 + 0.00001 = 2.00001$

이와 같이, $|\Delta x|$를 무한히 작게 했을 때, 곧 $\Delta x \to 0$일 때의 y의 평균변화율을 생각하면

$$\lim_{\Delta x \to 0} \frac{\Delta y}{\Delta x} = \lim_{\Delta x \to 0} (2 + \Delta x) = 2$$

가 된다. 이때, $y = x^2$의 $x = 1$에서의 **미분계수**(differential coefficient), **순간변화율**(instantaneous rate of change) 또는 간단히 **변화율**(rate of change)이라 하고, $\left.\dfrac{dy}{dx}\right|_{x=1} = 2$ 또는 $f'(1) = 2$로 나타낸다.

이 변화율 값 2는 $x = 1$인 점 P에서 곡선 $y = x^2$에 그은 **접선** T의 기울기와 같다.

이제, 일반적으로 그림 2-3과 같이 함수 $y = f(x)$에서 x가 x_1에서 $x_1 + \Delta x$까지 변할 때의 평균변화율

$$\frac{\Delta y}{\Delta x} = \frac{f(x_1 + \Delta x) - f(x_1)}{\Delta x}$$

에서 $\Delta x \to 0$일 때의 극한값

$$\lim_{\Delta x \to 0} \frac{\Delta y}{\Delta x} = \lim_{\Delta x \to 0} \frac{f(x_1 + \Delta x) - f(x_1)}{\Delta x}$$

이 존재하면, 이때의 극한값을 $x = x_1$에서의 **미분계수**, **(순간)변화율**이라고 하며, 기호로

$$f'(x_1), \left.\frac{dy}{dx}\right|_{x = x_1}$$

등으로 나타낸다.

특히, 함수 $f(x)$가 어떤 구간 안의 모든 점에서 미분계수를 가지면, 이 함수는 그 구간에서 미분 가능하다고 한다.

위에서 x가 시간 t, y가 위치 s일 때 시각 $t=t_1$에서의 (순간)속도 v는 다음과 같다.

$$v=\lim_{\Delta t \to 0}\frac{\Delta s}{\Delta t}=\lim_{\Delta t \to 0}\frac{f(t_1+\Delta t)-f(t_1)}{\Delta t}$$

[예제 2-16] 다음 함수의 주어진 x의 값에서의 미분계수를 구하여라.

① $y=x^2\ (x=2)$ ② $y=x^2+3\ (x=5)$

〈풀이〉 ① $f'(2)=\lim_{\Delta x \to 0}\frac{(2+\Delta x)^2-2^2}{\Delta x}=\lim_{\Delta x \to 0}\frac{4+4\Delta x+\Delta x^2-4}{\Delta x}$

$$=\lim_{x \to 0}\frac{(4+\Delta x)\Delta x}{\Delta x}=\lim_{\Delta x \to 0}(4+\Delta x)=\mathbf{4}$$

② $f'(5)=\lim_{\Delta x \to 0}\frac{\{(5+\Delta x)^2+3\}-(5^2+3)}{\Delta x}=\lim_{\Delta x \to 0}\frac{10\Delta x+\Delta x^2}{\Delta x}$

$$=\lim_{\Delta x \to 0}(10+\Delta x)=\mathbf{10}$$

(3) 도 함 수

이제, 함수 $f(x)=x^2$의 $x=x_1$에서 미분계수는

$$f'(x_1)=\lim_{\Delta x \to 0}\frac{(x_1+\Delta x)^2-(x_1)^2}{\Delta x}$$
$$=\lim_{\Delta x \to 0}(2x_1+\Delta x)$$
$$=2x_1$$

지금, $x_1=1, 2, 3, \cdots\cdots$ 등을 $f'(x_1)=2x_1$에 대입하면

$$f'(1)=2,\ f'(2)=4,\ f'(3)=6,\ \cdots\cdots$$

가 된다.

이때, 함수 $y=f(x)$에서 $x=x_1$일 때의 미분계수 $f'(x_1)$는 x_1를 변수로 보면 x_1의 함수이다. 따라서 $f'(x_1)$에서 x_1 대신 x를 대입한 $f'(x)$는 x의 함수이므로 $f'(x)$는 $f(x)$의 **도함수**(derivative function)라고 한다.

따라서 도함수를 집합의 대응관계로 나타내면 다음과 같다.

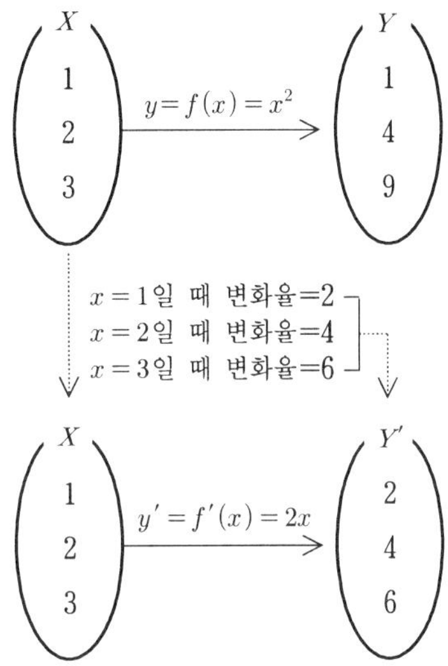

그림 2-4

그림 2-4에서 $y'=2x$를 함수 $y=x^2$의 **도함수**라고 한다. 즉,

$$f'(x)=\lim_{\Delta x \to 0}\frac{\Delta y}{\Delta x}=\lim_{\Delta x \to 0}\frac{f(x+\Delta x)-f(x)}{\Delta x}$$

를 x에 관한 y의 도함수라 하고, 기호로

$$y',\quad f'(x),\quad \frac{dy}{dx},\quad \frac{d}{dx}f(x)$$

등으로 나타낸다.

또, 함수 $f(x)$에서 도함수 $f'(x)$를 구하는 것을 $f(x)$를 x에 관해 **미분**한다고 말하고, 그 계산법을 **미분법**(differentiation)이라고 한다.

지금까지 공부한 평균변화율, 미분계수, 도함수의 정의 및 그래프 상의 의미를 정리해 보면 다음과 같다.

■ 평균변화율, 미분계수, 도함수

함수 $y=f(x)$에서

① 평균변화율

$$\frac{\Delta y}{\Delta x}=\frac{f(x_1+\Delta x)-f(x_1)}{\Delta x}$$

$y=f(x)$의 $\{x_1 f(x_1)\}$과 $\{(x_1+\Delta x), f(x_1+\Delta x)\}$인 점을 지나는 직선의 기울기

② 순간변화율 또는 미분계수

$$f'(x_1)=\lim_{\Delta x \to 0}\frac{\Delta y}{\Delta x}=\lim_{\Delta x \to 0}\frac{f(x_1+\Delta x)-f(x_1)}{\Delta x}$$

$y=f(x)$의 $x_{1,} f(x+\Delta x)$인 점에서의 접선의 기울기

③ 도함수

$$\frac{dy}{dx}=f'(x)=\lim_{\Delta x \to 0}\frac{\Delta y}{\Delta x}=\lim_{\Delta x \to 0}\frac{f(x+\Delta x)-f(x)}{\Delta x}$$

x가 임의의 점일 때 $x, f(x+\Delta x)$인 점에서의 접선의 기울기

[예제 2-17] 다음 함수의 그래프를 그리고, 곡선 상의 몇 개의 점에서 그 점에 접하는 접선의 기울기에 따라, 도함수의 그래프를 그려라.

① $y=|2x|$ ② $y=\sin x$

③ $y=\cos x$ ④ $x^2+y^2=4$

〈풀이〉 주어진 함수와 그 함수의 도함수는 그림과 같다.

①

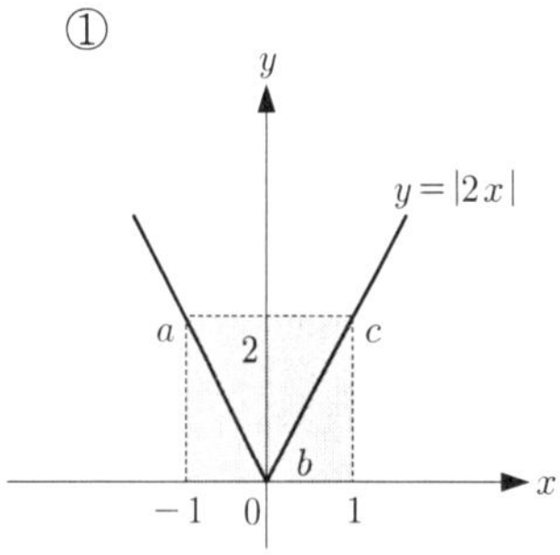

②

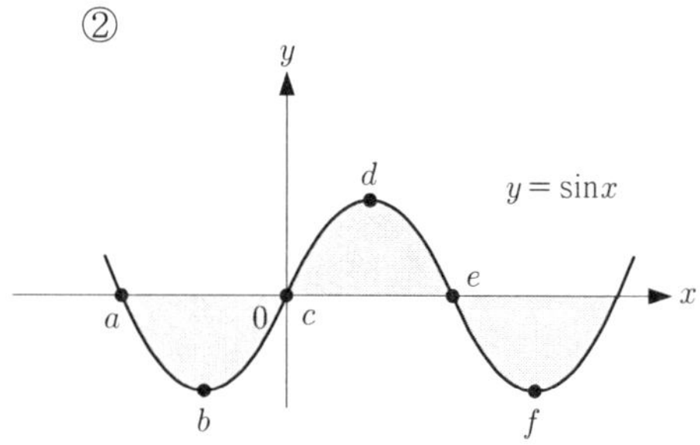

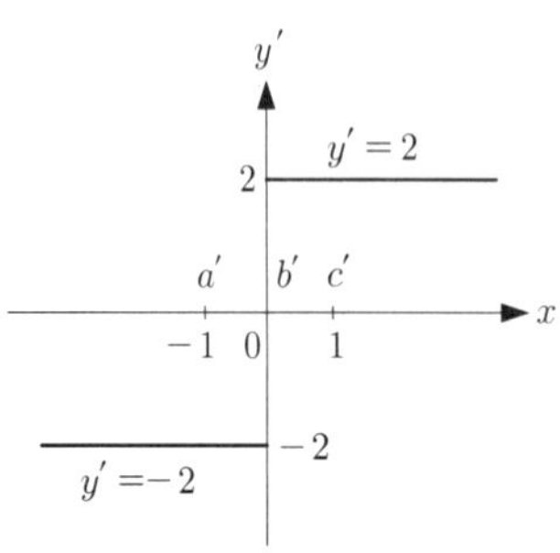

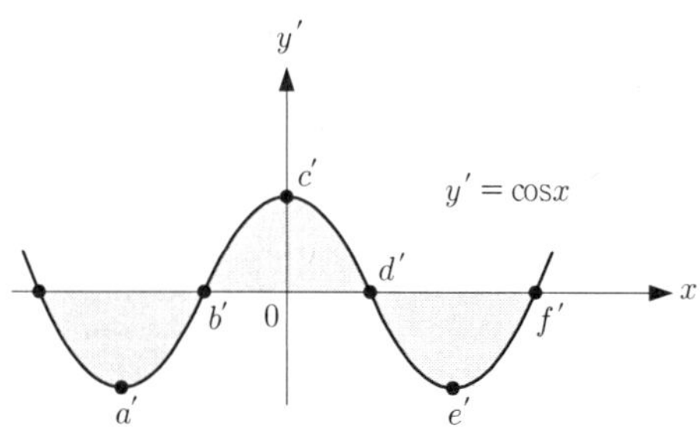

③

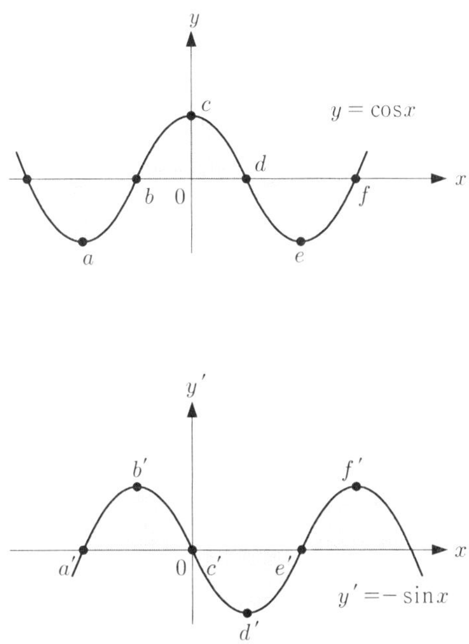

④

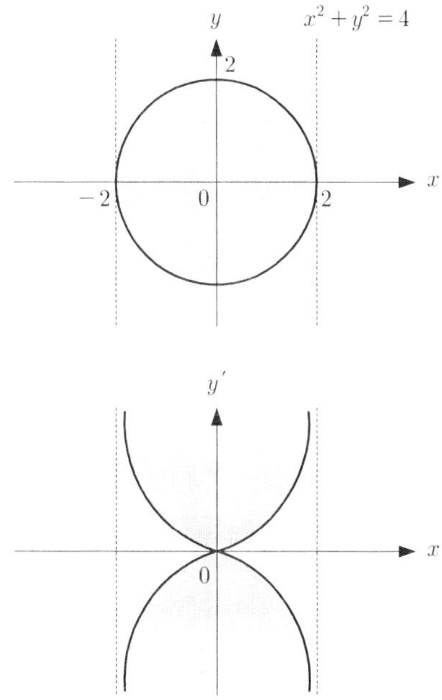

[예제 2-18] 다음 함수를 도함수의 정의에 의해서 구하고, $x=2$ 에서의 미분계수를 구하여라.

① $f(x)=x^2+x$　　　　② $f(x)=\dfrac{1}{x}$

〈풀이〉 ① $f'(x)=\lim_{\Delta x\to 0}\dfrac{f(x+\Delta x)-f(x)}{\Delta x}$

$$=\lim_{\Delta x\to 0}\frac{\{(x+\Delta x)^2+(x+\Delta x)\}-(x^2+x)}{\Delta x}$$

$$=\lim_{\Delta x\to 0}\frac{(\Delta x)^2+2x(\Delta x)+\Delta x}{\Delta x}$$

$$=\lim_{\Delta x\to 0}(\Delta x+2x+1)=2x+1$$

$f'(x)=2x+1$이므로 $f'(2)=2\times 2+1=5$

② $f'(x)=\lim_{\Delta x\to 0}\dfrac{f(x+\Delta x)-f(x)}{\Delta x}$

$$=\lim_{\Delta x\to 0}\frac{\dfrac{1}{x+\Delta x}-\dfrac{1}{x}}{\Delta x}$$

$$= \lim_{\Delta x \to 0} \frac{-\Delta x}{\Delta x(x+\Delta x)x}$$

$$= \lim_{\Delta x \to 0} \frac{-1}{(x+\Delta x)x} = -\frac{1}{x^2}$$

$f'(x) = -\frac{1}{x^2}$ 이므로 $f'(2) = -\frac{1}{2^2} = -\mathbf{\frac{1}{4}}$

[예제 2-19] x축 위를 움직이는 점 P의 좌표 x와 시각 t 사이에 $x = t^2 + 3t$ 인 관계가 있을 때 $t = 2$에서의 속도를 구하여라.

〈풀이〉 $x'(t) = \frac{dx}{dt} = \lim_{\Delta t \to 0} \frac{(t+\Delta t)^2 - 3(t+\Delta t) - (t^2+3t)}{\Delta t}$

$$= \lim_{\Delta t \to 0} \frac{(2t+3+\Delta t)}{\Delta t} = 2t+3$$

따라서, $t=2$에서의 속도는

$x'(2) = \left.\frac{dx}{dt}\right|_{t=2} = 2 \cdot 2 + 3 = \mathbf{7}$

■ 연습문제 4 ■

4-1 다음 극한값을 구하여라.

① $\lim_{x \to 0} (x^2 - 3x + 4)$

② $\lim_{x \to 1} \frac{x^2 - 2}{x + 1}$

③ $\lim_{x \to 2} \frac{x^2 - 5}{2x + 3}$

④ $\lim_{x \to 3} \frac{x^3 + x - 5}{x^2 + 1}$

⑤ $\lim_{x \to 0} \frac{x^2 + 5x}{x^2 + 3x}$

⑥ $\lim_{x \to 2} \frac{x^2 - 4}{x - 2}$

⑦ $\lim_{x \to 1} \frac{x^3 - 1}{x - 1}$

⑧ $\lim_{x \to 0} \frac{1 - \sqrt{1 - x}}{x}$

⑨ $\lim_{x \to 1} \frac{x - 1}{\sqrt{x + 3} - 2}$

⑩ $\lim_{x \to \infty} (\sqrt{x^2 + x} - x)$

⑪ $\lim_{x \to \infty} \frac{3x^2 - 1}{x^2 - x + 1}$

⑫ $\lim_{x \to \infty} \frac{-2x^2 + 7x}{x^2 + 3}$

4-2 다음 극한값을 구하여라.

① $\lim_{t \to 0} \frac{(a+t)^2 - a^2}{t}$　　② $\lim_{t \to \infty} \frac{t + \sin t}{t + \cos t}$

③ $\lim_{\theta \to 0} \theta \tan \frac{4}{\theta}$　　④ $\lim_{\theta \to 0} \frac{\cot\theta - \csc\theta}{\theta}$

4-3 다음 극한값을 구하여라.

① $\lim_{x \to 0} \frac{x}{\sin x}$　　② $\lim_{x \to 0} \frac{x}{\tan x}$

③ $\lim_{x \to 0} \frac{\sin 3x}{2x}$　　④ $\lim_{x \to 0} \frac{\tan 2x}{x}$

⑤ $\lim_{x \to 0} \frac{\sin 4x^2}{9x^2}$　　⑥ $\lim_{x \to 0} \frac{\tan 5x}{\tan 2x}$

⑦ $\lim_{h \to \infty} \left(1 + \frac{2}{h}\right)^{3h}$　　⑧ $\lim_{h \to \infty} \left(\frac{h}{h+1}\right)^{h}$

⑨ $\lim_{x \to \infty} x \tan \frac{1}{x}$　　⑩ $\lim_{x \to \pi} \frac{\sin x}{\pi - x}$

4-4 다음 등식이 성립하도록 상수 a, b의 값을 구하여라.

① $\lim_{x \to -1} \frac{ax^2 - 2x + b}{x+1} = -4$

② $\lim_{x \to -1} \frac{x-1}{\sqrt{x+a} - b} = 6$

4-5 다음 함수의 연속성을 조사하여라.

① $y = \frac{1}{x}$　　② $y = \frac{x^2 - 4}{x - 2}$

4-6 다음 함수의 주어진 구간에서의 평균변화율을 구하여라.

① $y = x^2 + 1$ $[0, 2]$　　② $y = x^2 - 5x + 4$ $[1, 3]$

4-7 함수 $f(x) = x^2 + 2x$의 구간 $[a, a+2]$에서의 평균변화율이 6일 때, a의 값을 구하여라.

4-8 다음 함수를 도함수의 정의에 따라 미분하고, x값에서의 미분계수를 구하여라.

① $y=2x\ (x=2)$ ② $y=\sqrt{x}\ (x=1)$

③ $y=-3x+2\ (x=2)$ ④ $y=x^2+3\ (x=3)$

4-9 다음 곡선 위의 주어진 점에서의 접선의 기울기를 구하여라.

① $y=x^2+x\quad(-2,\ 2)$ ② $y=x^3-1\quad(1,\ 0)$

4-10 $y=3x^2+2x-1$의 $x=k$에서 $x=k+1$까지의 평균변화율이 -1이 되게 하는 k의 값을 구하여라.

4-11 직선궤도 위를 달리는 열차가 제동을 건 다음 t초 경과한 사이에 달린 거리를 x[m]이라고 할 때, $x=6t-0.15t^2$인 관계가 있을 때 다음을 구하여라.

① 이 열차는 제동을 건 후 몇 초 후에 정지하는가?

② 달린 거리는 얼마인가?

2-6 미분법의 공식

주어진 함수의 도함수를 구하고자 할 때, 일일이 정의에 의한다는 것은 여러 가지로 번거로움이 따른다. 따라서 이와 같은 번거로움을 줄이기 위해 미분법의 공식을 기억해 두고서, 실제문제에 이용한다면 훨씬 능률적인 계산을 할 수 있을 것이다.

(1) 미분법의 기본공식

도함수를 구하는 데 필요한 기본공식을 알아보면 다음과 같다.

1) 상수의 미분

상수함수 $y=c$의 도함수를

$$y'=\frac{dy}{dx}=\lim_{\Delta x\to 0}\frac{\Delta y}{\Delta x}$$

의 정의에 의하여 구하면

$$\frac{\Delta y}{\Delta x}=\frac{f(x+\Delta x)-f(x)}{\Delta x}=\frac{c-c}{\Delta x}=\frac{0}{\Delta x}=0$$

이므로 상수의 미분은 다음과 같다.

$$\boldsymbol{y=c\Rightarrow y'=0}$$

여기서, $y'=0$이므로 x에 의한 y의 그래프는 기울기가 0이다.

[예제 2-21] 다음 상수함수의 도함수를 구하여라.

① $y=3$ ② $f(x)=0$

③ $\frac{d}{dx}(\sqrt{2})$ ④ $g(t)=-\frac{3}{2}$

〈풀이〉 ① $y'=\frac{dy}{dx}=0$ ② $f'(x)=0$

③ $\frac{d}{dx}(\sqrt{2})=0$ ④ $g'(t)=0$

2) 멱함수의 미분

예를 들어, $y=x$, $y=x^2$, $y=x^3$, $y=x^4$, … 등의 도함수를

$$y=f(x)\Rightarrow y'=\lim_{\Delta x\to 0}\frac{f(x+\Delta x)-f(x)}{\Delta x}$$

에 의하여 각각 구하여 보면 다음과 같다.

$$y=x\Rightarrow y'=x^0=1$$
$$y=x^2\Rightarrow y'=2x^1$$

$$y = x^3 \Rightarrow y' = 3x^2$$
$$y = x^4 \Rightarrow y' = 4x^3$$

이때, 원함수와 도함수의 계수 및 지수를 비교해 보면 멱함수의 미분은 다음과 같다.

$$\boldsymbol{y = x^n \Rightarrow y' = nx^{n-1}}$$

[예제 2-22] 다음 함수의 도함수를 구하여라.

① $y = x^9$ ② $y = -x^{-4}$

③ $y = \sqrt{x}$ ④ $y = \dfrac{1}{x}$

〈풀이〉 ① $y' = 9x^{9-1} = \boldsymbol{9x^8}$

② $y' = 4x^{-4-1} = \boldsymbol{4x^{-5}}$

③ $y' = \dfrac{1}{2}x^{\frac{1}{2}-1} = \dfrac{1}{2}x^{-\frac{1}{2}} = \boldsymbol{\dfrac{1}{2\sqrt{x}}}$

④ $y' = -x^{-1-1} = -x^{-2} = \boldsymbol{-\dfrac{1}{x^2}}$

[예제 2-23] 그림에서 접선 (a), (b), (c)의 기울기를 구하여라.

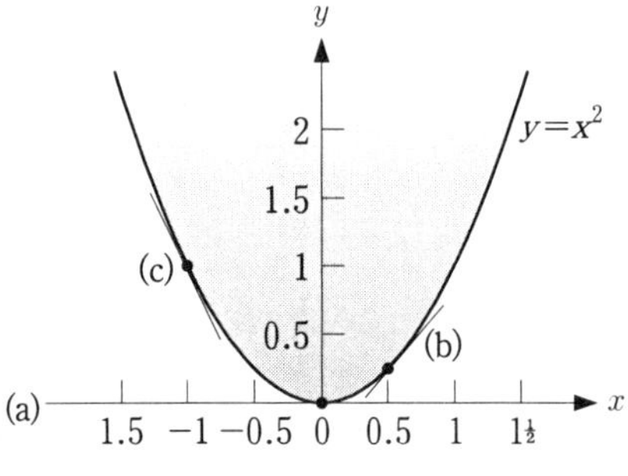

〈풀이〉 그래프 $y = x^2$의 도함수는

$$y' = 2x$$

이므로

(a)의 접선은 원점에 접하므로 기울기는 $2x = 2 \times (0) = \mathbf{0}$이다.

(b)의 접선은 $x=0.5$인 점에 접하므로 기울기는 $2\times(0.5)=\mathbf{1}$이다.
(c)의 접선은 $x=-1$인 점에 접하므로 기울기는 $2\times(-1)=\mathbf{-2}$이다.

3) 상수곱의 미분

상수곱인 함수 $y=cx$의 도함수를 구하면

$$f(x)=cx$$
$$f(x+\Delta x)=c(x+\Delta x)=cx+c\Delta x$$
$$\Delta y=f(x+\Delta x)-f(x)=(cx+c\Delta x)-cx=c\Delta x$$

그러므로

$$y'=\lim_{\Delta x\to 0}\frac{\Delta y}{\Delta x}=\lim_{\Delta x\to 0}\frac{c\Delta x}{\Delta x}=c$$

이와 같이 상수곱의 미분은 다음과 같다.

$$\boldsymbol{y=cf(x)\Rightarrow y'=cf'(x)}$$

[예제 2-24] 다음 함수의 도함수를 구하여라.

① $y=2x^{-3}$　　② $y=-5x^4$

〈풀이〉 ① $y'=2(x^{-3})'=2(-3x^{-3-1})=-6x^{-4}=\boldsymbol{-\frac{6}{x^4}}$

② $y'=-5(x^4)'=-5(4x^{4-1})=\boldsymbol{-20x^3}$

4) 합의 미분

합의 함수를 $y=f(x)+g(x)$라 놓으면

$$\begin{aligned}y'=\frac{dy}{dx}&=\lim_{\Delta x\to 0}\frac{f(x+\Delta x)+g(x+\Delta x)-f(x)-g(x)}{\Delta x}\\&=\lim_{\Delta x\to 0}\frac{f(x+\Delta x)-f(x)}{\Delta x}+\lim_{\Delta x\to 0}\frac{g(x+\Delta x)-g(x)}{\Delta x}\\&=f(x)+g(x)\end{aligned}$$

따라서, 합의 미분은 다음과 같다.

$$y=f(x)\pm g(x)\Rightarrow y'=f'(x)\pm g'(x) \quad \text{(복호동순)}$$

[예제 2-25] 다음 함수를 미분하여라.

① $y=x^3-4x^2+2x-5$

② $y=3(x^2-x+1)$

〈풀이〉 "미분하여라"는 "도함수를 구하여라"와 같은 뜻이다.

① $y'=(x^3)'-(4x^2)'+(2x)'-(5)'$

$\quad =\mathbf{3x^2-8x+2}$

② $y'=3(x^2)'-3(x)'+3(1)'$

$\quad =\mathbf{6x-3}$

5) 곱의 미분

곱의 함수를 $y=f(x)g(x)$라 놓으면

$$\begin{aligned} y' &= \lim_{\Delta x\to 0}\frac{f(x+\Delta x)g(x+\Delta x)-f(x)g(x)}{\Delta x} \\ &= \lim_{\Delta x\to 0}\frac{f(x+\Delta x)g(x+\Delta x)-f(x)g(x+\Delta x)+f(x)g(x+\Delta x)-f(x)g(x)}{\Delta x} \\ &= \lim_{\Delta x\to 0}\frac{g(x+\Delta x)\{f(x+\Delta x)-f(x)\}}{\Delta x}+\lim_{\Delta x\to 0}\frac{f(x)\{g(x+\Delta x)-g(x)\}}{\Delta x} \\ &= g(x)f'(x)+f(x)g'(x) \end{aligned}$$

따라서 곱의 미분은 다음과 같다.

$$y=f(x)g(x)\Rightarrow y'=f'(x)g(x)+f(x)g'(x)$$

[예제 2-26] 다음 함수를 미분하여라.

① $y=x^2(1-x^3)$

② $y=(x+2)(x^2+3x-1)$

③ $y=(x^2+1)(2x+1)(3x+1)$

〈풀이〉 ① $y' = (x^2)'(1-x^3) + x^2(1-x^3)'$

$= 2x(1-x^3) + x^2(-3x^2)$

$= \mathbf{2x - 5x^4}$

② $y' = (x+2)'(x^2+3x-1) + (x+2)(x^2+3x+1)'$

$= 1(x^2+3x-1) + (x+2)(2x+3)$

$= \mathbf{3x^2 + 10x + 5}$

③ $y' = (x^2+1)'(2x+1)(3x+1) + (x^2+1)(2x+1)'(3x+1)$

$+ (x^2+1)(2x+1)(3x+1)'$

$= 2x(2x+1)(3x+1) + (x^2+1) \cdot 2 \cdot (3x+1) + (x^2+1)(2x+1) \cdot 3$

$= \mathbf{24x^3 + 15x^2 + 14x + 5}$

6) 몫의 미분

몫의 함수를 $y = \dfrac{f(x)}{g(x)}$ 라 놓으면 곱의 미분과 같이 도함수의 정의를 적용하면 몫의 미분은 다음과 같다.

$$y = \frac{f(x)}{g(x)} \Rightarrow y' = \frac{f'(x)g(x) - f(x)g'(x)}{\{g(x)\}^2}$$

[예제 2-27] 다음 함수를 미분하여라.

① $y = \dfrac{x}{x^2+1}$

② $y = \dfrac{1}{2x+3}$

③ $y = \dfrac{x-1}{2x^2+x+1}$

〈풀이〉 ① $y' = \dfrac{(x)'(x^2+1) - x(x^2+1)'}{(x^2+1)^2} = \dfrac{x^2+1-2x^2}{(x^2+1)^2}$

$= \mathbf{\dfrac{1-x^2}{(x^2+1)^2}}$

② $y' = \dfrac{0 \cdot (2x+3) - 1 \cdot (2x+3)'}{(2x+3)^2} = \mathbf{\dfrac{-2}{(2x+3)^2}}$

$$③\ y' = \frac{(x-1)'(2x^2+x+1)-(x-1)(2x^2+x+1)'}{(2x^2+x+1)^2}$$
$$= \frac{(2x^2+x+1)-(x-1)(4x+1)}{(2x^2+x+1)^2}$$
$$= \frac{-2x^2+4x+2}{(2x^2+x+1)^2}$$

이상으로 미분법의 기본공식을 정리하면 다음과 같다.

■ **미분법의 기본공식**

① 상수의 미분

$y=c \Rightarrow y'=0$ (c는 상수)

② 멱함수의 미분

$y=x^n \Rightarrow y'=nx^{n-1}$

③ 상수곱의 미분

$y=cf(x) \Rightarrow y'=cf'(x)$ (c는 상수)

④ 합의 미분

$y=f(x)\pm g(x) \Rightarrow y'=f'(x)\pm g'(x)$ (복호동순)

⑤ 곱의 미분

$y=f(x)g(x) \Rightarrow y'=f'(x)g(x)+f(x)g'(x)$

⑥ 몫의 미분

$$y=\frac{f(x)}{g(x)} \Rightarrow y'=\frac{f'(x)g(x)-f(x)g'(x)}{\{g(x)\}^2} \quad (g(x)\neq 0)$$

(2) 합성함수의 미분법

함수 $y=(3x^2+2)^3$에서 $3x^2+2=u$로 놓으면, $y=u^3$이 되므로, 두 함수

$$y=f(u)=u^3, \qquad u=3x^2+2$$

의 합성함수(함수의 함수)이다.

이와 같은 합성함수의 미분법에는 다음과 같은 공식이 성립한다.

■ 합성함수의 미분법

$y=f(u)$, $u=g(x)$가 미분 가능할 때, 합성함수 $y=f(g(x))$의 도함수는

$$\frac{dy}{dx}=\frac{dy}{du}\cdot\frac{du}{dx}=f'(u)\cdot g'(x)$$

[예제 2-28] 다음 함수를 미분하여라.

① $y=(1-2x)^4$　　② $y=(3x^2+2)^3$

③ $y=\sqrt{2x+1}$　　④ $y=\dfrac{1}{(2-3x)^2}$

〈풀이〉 ① $y=u^4$, $u=(1-2x)$로 놓으면

$$\frac{dy}{dx}=\frac{dy}{du}\cdot\frac{du}{dx}=4u^3\cdot(-2)=-8u^3$$

$$=\mathbf{-8(1-2x)^3}$$

② $y'=3(3x^2+2)^{3-1}(3x^2+2)'=3(3x^2+2)^2\cdot 6x$

$$=\mathbf{18x(3x^2+2)^2}$$

③ $y=\sqrt{u}=u^{\frac{1}{2}}$, $u=2x+1$로 놓으면

$$\frac{dy}{dx}=\frac{dy}{du}\cdot\frac{du}{dx}=\frac{1}{2}u^{-\frac{1}{2}}\cdot 2=u^{-\frac{1}{2}}=\frac{1}{\sqrt{u}}$$

$$=\mathbf{\frac{1}{\sqrt{2x+1}}}$$

④ $y=\dfrac{1}{(2-3x)^2}=(2-3x)^{-2}$이므로

$$y'=-2(2-3x)^{-2-1}\cdot(2-3x)'=-2(2-3x)^{-3}(-3)$$

$$=6(2-3x)^{-3}=\mathbf{\frac{6}{(2-3x)^3}}$$

[예제 2-29] 다음 함수를 미분하여라.

① $y=(1+x)^2(2-x)^5$

② $y=(x^2+x+1)(2x-1)^2$

〈풀이〉 ① $y'=2(1+x)(1+x)'(2-x)^5+(1+x)^2\cdot 5(2-x)^4(2-x)'$

$$=2(1+x)(2-x)^5-5(1+x)^2(2-x)^4$$

$$=\mathbf{-(1+x)(7x+1)(2-x)^4}$$

$$\begin{aligned} ② \ y' &= \{(x^2+x+1)^2\}'(2x-1)^2+(x^2+x+1)^2\{(2x-1)^2\}' \\ &= 2(x^2+x+1)(2x+1)(2x-1)^2+(x^2+x+1)^2 \cdot 2(2x-1)2 \\ &= 2(x^2+x+1)(2x-1)\{(2x+1)(2x-1)+2(x^2+x+1)\} \\ &= \mathbf{2(2x-1)(x^2+x+1)(6x^2+2x+1)} \end{aligned}$$

(3) 음함수의 미분법

x의 함수 y가 $f(x, y)=0$의 꼴인 음함수로 주어졌을 때, **양함수** $y=f(x)$의 꼴로 고치지 않고, 합성함수의 미분법을 이용하여 직접 도함수 y'를 구할 수 있다.

이를테면, 합성함수의 미분법에서

$$\frac{d}{dx}\{f(x)\}^n = n\{f(x)\}^{n-1}f'(x)$$

에서 $f(x)=y$로 놓으면

$$\frac{d}{dx}y^n = ny^{n-1}\frac{dy}{dx}$$

이며, 이것은 y^n을 x에 관하여 미분할 때에는, 먼저 y^n을 y에 관하여 미분하고, 여기에다 y를 x로 미분한 $\frac{dy}{dx}$를 곱한 것임을 보이고 있다. 이를 정리하면 다음과 같다.

■ **음함수의 미분법**

x의 함수 y가 **음함수** $f(x, y)=0$의 꼴일 때 다음 성질을 이용한다.

$$\frac{d}{dx}y^n = \frac{d}{dy}y^n \cdot \frac{dy}{dx} = ny^{n-1}\frac{dy}{dx}$$

[예제 2-30] 다음 음함수의 도함수 $\frac{dy}{dx}$를 구하여라.

① $x^2+y^2-1=0$ ② $2x^2+3y^2=6$

③ $y^2=4x$ ④ $x^3+y^3-3xy=0$

〈풀이〉 ① 양변을 x에 관하여 미분하면

$2x+2y\dfrac{dy}{dx}=0 \quad \therefore \dfrac{dy}{dx}=-\dfrac{x}{y}$

② $4x+6yy'=0 \quad \therefore y'=\dfrac{dy}{dx}=-\dfrac{2x}{3y}$

③ $2y \cdot y'=4 \quad \therefore y'=\dfrac{2}{y}$

④ 각 항을 x에 관하여 미분하면

$3x^2+3y^2 \cdot \dfrac{dy}{dx}-\left(3y+3x \cdot \dfrac{dy}{dx}\right)=0$

이 식을 정리하면

$(y^2-x)\dfrac{dy}{dx}=y-x^2$

따라서, $y^2-x \neq 0$일 때

$\dfrac{dy}{dx}=\dfrac{y-x^2}{y^2-x}$

(4) 역함수의 미분법

함수 $y=f(x)$가 미분 가능하고, 역함수가

$$x=f(y)$$

일 때 양변을 x에 관하여 미분하면, 음함수의 미분법을 적용하여

$$1=f'(y)\frac{dy}{dx}$$

$$\therefore \frac{dy}{dx}=\frac{1}{f'(y)}=\frac{1}{\dfrac{dx}{dy}}$$

이다.

이와 같이 역함수는 다음과 같은 방법으로 도함수를 구한다.

■ 역함수의 미분법

$y=f(x)$의 역함수가 $x=f(y)$일 때 $\dfrac{dy}{dx}$는

$$\frac{dy}{dx}=\frac{1}{\dfrac{dx}{dy}}=\frac{1}{f'(y)} \quad (\text{단, } f'(y)\neq 0)$$

[예제 2-31] 다음 함수에서 $\dfrac{dy}{dx}$를 구하여라.

① $x = y^2 - 2y$ ② $x = \dfrac{y}{y^2 - 1}$

〈풀이〉 ① $\dfrac{dx}{dy} = 2y - 2$

$\therefore \dfrac{dy}{dx} = \dfrac{1}{\dfrac{dx}{dy}} = \mathbf{\dfrac{1}{2y-2}}$

② $\dfrac{dx}{dy} = \dfrac{(y^2-1) - 2y \cdot y}{(y^2-1)^2} = -\dfrac{y^2+1}{(y^2-1)^2}$

$\therefore \dfrac{dy}{dx} = -\mathbf{\dfrac{(y^2-1)^2}{y^2+1}}$

(5) 매개변수함수의 미분법

$x = f(t)$이고, $y = g(t)$로 x와 y가 매개변수 t의 함수일 때, y는 t를 매개변수로 하는 x의 **매개변수함수**라 한다.

이때, 매개변수함수의 도함수 $\dfrac{dy}{dx}$는 다음과 같다.

■ 매개변수함수의 미분법

$x = f(t)$, $y = g(t)$가 미분 가능할 때 $\dfrac{dy}{dx}$는

$$\frac{dy}{dx} = \frac{\dfrac{dy}{dt}}{\dfrac{dx}{dt}} = \frac{g'(t)}{f'(t)} \quad (\text{단, } f'(t) \neq 0)$$

[예제 2-32] $x = 2t + 1$, $y = t^2 + 4t + 3$일 때, $\dfrac{dy}{dx}$를 구하여라.

〈풀이〉 $\dfrac{dy}{dx} = \dfrac{dy}{dt} \Big/ \dfrac{dx}{dt} = \dfrac{2t+4}{2} = t + 2$

$= \mathbf{\dfrac{1}{2}x + \dfrac{3}{2}}$

[예제 2-33] $x=\dfrac{1}{1+t}$, $y=\dfrac{t}{1+t}$ 일 때, $\dfrac{dy}{dx}$ 를 구하여라.

〈풀이〉 $\dfrac{dx}{dt}=\dfrac{-1}{(1+t)^2}$, $\dfrac{dy}{dt}=\dfrac{1+t-t}{(1+t)^2}=\dfrac{1}{(1+t)^2}$

$$\therefore\ \frac{dy}{dx}=\frac{1}{(1+t)^2}\bigg/\frac{-1}{(1+t)^2}=\mathbf{-1}$$

2-7 삼각함수의 도함수

삼각함수는 대단히 많은 분야의 응용에서 나오기 때문에 그것의 도함수를 알아 둔다는 것은 유익한 일이다.

이제 삼각함수의 도함수를 유도하여 보자.

1) $y=\sin x$

$$y'=\lim_{\Delta x\to 0}\frac{\Delta y}{\Delta x}=\lim_{\Delta x\to 0}\frac{\sin(x+\Delta x)-\sin x}{\Delta x}$$

$$=\lim_{\Delta x\to 0}\frac{2\cos\left(\dfrac{2x+\Delta x}{2}\right)\sin\dfrac{\Delta x}{2}}{\Delta x}$$

$$=\lim_{\Delta x\to 0}\cos\left(x+\frac{\Delta x}{2}\right)\lim_{\Delta x\to 0}\frac{\sin\left(\dfrac{\Delta x}{2}\right)}{\dfrac{\Delta x}{2}}$$

$$=\cos x\cdot 1=\mathbf{\cos x}$$

2) $y=\cos x$

$$y'=\frac{d}{dx}\cos x=\frac{d}{dx}\sin\left(x+\frac{\pi}{2}\right)$$

$$=\cos\left(x+\frac{\pi}{2}\right)=\mathbf{-\sin x}$$

3) $y = \tan x$

$$y' = (\tan x)' = \left(\frac{\sin x}{\cos x}\right)'$$
$$= \frac{(\sin x)'\cos x - \sin x(\cos x)'}{\cos^2 x}$$
$$= \frac{\cos^2 x + \sin^2 x}{\cos^2 x} = \frac{1}{\cos^2 x} = \sec^2 x$$

4) $y = \sec x$

$$y' = (\sec x)' = \left(\frac{1}{\cos x}\right)' = \frac{0 - 1 \cdot (-\sin x)}{\cos^2 x} = \frac{\sin x}{\cos^2 x}$$
$$= \frac{1}{\cos x} \cdot \frac{\sin x}{\cos x} = \sec x \tan x$$

5) $y = \mathrm{cosec}\, x$

$$y' = \left(\frac{1}{\sin}\right)' = \frac{0 - 1 \cdot \cos x}{\sin^2 x} = \frac{-\cos x}{\sin^2 x}$$
$$= -\mathrm{cosec}\, x \cot x$$

6) $y = \cot x$

$$y' = (\cot x)' = \left(\frac{\cos x}{\sin x}\right)' = \frac{-\sin x \sin x - \cos x \cos x}{\sin^2 x}$$
$$= -\frac{1}{\sin^2 x} = -\mathrm{cosec}^2 x$$

이상의 삼각함수의 도함수를 정리하면 다음과 같다.

■ **삼각함수의 도함수**

① $y = \sin x$ ⇨ $y' = \cos x$

② $y = \cos x$ ⇨ $y' = -\sin x$

③ $y = \tan x$ ⇨ $y' = \sec^2 x$

④ $y = \sec x \quad \Rightarrow \quad y' = \sec x \tan x$

⑤ $y = \mathrm{cosec}\, x \Rightarrow y' = -\mathrm{cosec}\, x \cot x$

⑥ $y = \cot x \quad \Rightarrow \quad y' = -\mathrm{cosec}^2 x$

[예제 2-34] $y = \sin x$ 의 그래프를 그리고 그래프에서 접선의 기울기 변화에 따라 $y' = (\sin x)'$ 의 그래프를 그려라.

〈풀이〉 $\sin x$ 의 기울기가 가장 큰 곳은 0과 2π 에서이고, 그곳에서 $(\sin x)'$ 는 가장 큰 값을 갖는다. 더욱이 $\sin x$ 의 기울기가 0인, $x = \frac{\pi}{2}$, $\frac{3}{2}\pi$ 에서 $(\sin x)'$ 의 값은 0이다. 따라서 그래프는 그림과 같으며, $(\sin x)' = \cos x$ 임을 알 수 있다.

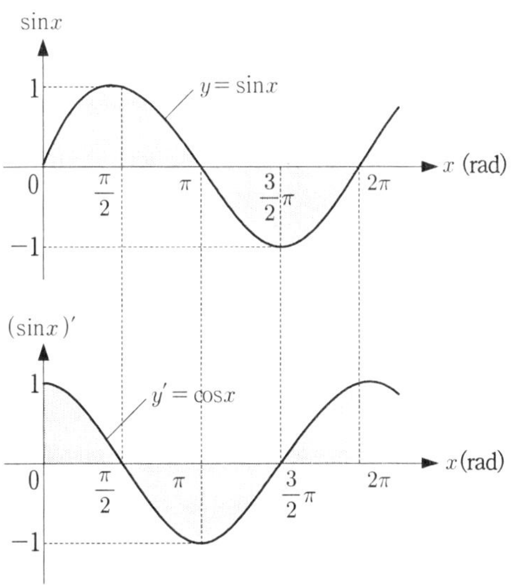

[예제 2-35] 다음 함수를 미분하여라.

① $y = \sin 7x$ ② $y = \mathrm{cosec}\, 3x$

③ $y = \cos 4x + \tan 5x$ ④ $y = \sin^2 x$

〈풀이〉 ① $y' = \cos 7x \cdot (7x)' = 7\cos 7x$

② $y' = -\mathrm{cosec}\, 3x \cot 3x\, (3x)' = -3\mathrm{cosec}\, 3x \cot 3x$

③ $y' = -4\sin 4x + 5\sec^2 x$

④ $y' = 2\sin x\, (\sin x)' = 2\sin x \cos x$

[예제 2-36] 다음 함수를 미분하여라.

① $y=(\sin x+\cos x)^3$ ② $y=\tan(1+x^2)$

③ $y=\cos\left(\frac{\pi}{3}-2x\right)$ ④ $y=\frac{\sin x}{2+\cos x}$

〈풀이〉 ① $y'=3(\sin x+\cos x)^2(\sin x+\cos x)'$

$=\mathbf{3(\sin x+\cos x)^2(\cos x-\sin x)}$

② $y'=\sec^2(1+x^2)\cdot(1+x^2)'=\mathbf{2x\sec^2(1+x^2)}$

③ $y'=-\sin\left(\frac{\pi}{3}-2x\right)\left(\frac{\pi}{3}-2x\right)'=\mathbf{2\sin\left(\frac{\pi}{3}-2x\right)}$

④ $y'=\frac{\cos x(2+\cos x)-(-\sin x)\sin x}{(2+\cos x)^2}$

$=\mathbf{\frac{2\cos x+1}{(2+\cos x)^2}}$

2-8 로그함수와 지수함수의 도함수

로그 및 지수함수의 도함수를 구하면 다음과 같다.

1) $y=\ln x$

$$y'=\lim_{\Delta x\to 0}\frac{\ln(x+\Delta x)-\ln x}{\Delta x}$$

$$=\lim_{\Delta x\to 0}\frac{1}{\Delta x}\ln\left(\frac{x+\Delta x}{x}\right)$$

$$=\lim_{\Delta x\to 0}\frac{1}{x}\cdot\frac{x}{\Delta x}\ln\left(1+\frac{\Delta x}{x}\right)$$

$$=\frac{1}{x}\lim_{\Delta x\to 0}\ln\left(1+\frac{\Delta x}{x}\right)^{\frac{x}{\Delta x}}$$

$$=\frac{1}{x}\lim_{\Delta x\to 0}\ln e=\mathbf{\frac{1}{x}}$$

2) $y = \log_a x$

$y = \log_a x = \dfrac{\ln x}{\ln a}$ 이므로

$$y' = \frac{1}{x} \cdot \frac{1}{\ln a} = \frac{1}{x \ln a}$$

3) $y = e^x$

$x = \log_e y$ 이므로

$$y' = \frac{1}{\frac{dx}{dy}} = \frac{1}{\frac{1}{y}} = y = e^x$$

4) $y = a^x$

$x = \log_a y$ 이므로

$$y' = \frac{dy}{dx} = \frac{1}{\frac{dx}{dy}} = \frac{1}{\frac{1}{y \ln a}} = y \ln a = a^x \ln a$$

이상의 지수함수와 로그함수의 도함수를 정리하면 다음과 같다.

■ 지수함수와 로그함수의 도함수

① $y = e^x$ ⇨ $y' = e^x$

② $y = a^x$ ⇨ $y' = a^x \ln a$

③ $y = \ln x$ ⇨ $y' = \dfrac{1}{x}$

④ $y = \log_a x$ ⇨ $y' = \dfrac{1}{x} \cdot \dfrac{1}{\ln a}$

[예제 2-37] 다음 함수의 도함수를 구하여라.

① $y = e^{-2x}$　　② $y = 3^{2x}$

③ $y = \ln 2x$　　④ $y = \log_3 (2x+1)$

〈풀이〉 ① $y' = e^{-2x}(-2x)' = \boldsymbol{-2e^{-2x}}$

② $y' = 3^{2x} \cdot \ln 3 \cdot (2x)' = \boldsymbol{2\ln 3 \cdot 3^{2x}}$

③ $y' = \dfrac{1}{2x}(2x)' = \dfrac{2}{2x} = \boldsymbol{\dfrac{1}{x}}$

④ $y' = \dfrac{1}{(2x+1)\ln 3}(2x+1)' = \boldsymbol{\dfrac{2}{(2x+1)\ln 3}}$

[예제 2-38] 다음 함수의 도함수를 구하여라.

① $y = x^2 e^x$ ② $y = e^x \ln x$

③ $y = x\ln x - x$ ④ $y = \dfrac{\ln x}{e^x}$

〈풀이〉 ① $y' = (x^2)' e^x + x^2 (e^x)' = 2xe^x + x^2 e^x = \boldsymbol{xe^x(x+2)}$

② $y' = (e^x)' \ln x + e^x (\ln x)' = e^x \ln x + e^x \cdot \dfrac{1}{x} = \boldsymbol{e^x\left(\ln x + \dfrac{1}{x}\right)}$

③ $y' = (x)' \ln x + x(\ln x)' - 1 = \ln x + x \cdot \dfrac{1}{x} - 1 = \boldsymbol{\ln x}$

④ $y' = \dfrac{(\ln x)' e^x - (\ln x)(e^x)'}{(e^x)^2} = \dfrac{\dfrac{1}{x} \cdot e^x - \ln x \cdot e^x}{(e^x)^2} = \boldsymbol{\dfrac{1}{e^x}\left(\dfrac{1}{x} - \ln x\right)}$

2-9 고계도함수

함수 $y = f(x)$의 도함수 $f'(x)$는 x의 함수이므로 이것이 미분 가능할 때 그의 도함수

$$\lim_{\Delta x \to 0} \frac{f'(x+\Delta x) - f'(x)}{\Delta x}$$

가 생각되고, 이것은 $f(x)$를 2회 미분하여 얻어진 함수로서 $f(x)$의 **2계도함수** (derivative of 2nd order)라 하고 다음과 같은 기호로 나타낸다.

$$y'', \quad f''(x), \quad \frac{d^2y}{dx^2}, \quad \frac{d^2}{dx^2}f(x)$$

마찬가지로, 함수 $y=f(x)$를 3회 미분하여 얻어진 함수를 **3계도함수**라 하고 기호는

$$y''',\quad f'''(x),\quad \frac{d^3y}{dx^3},\quad \frac{d^3}{dx^3}f(x)$$

등으로 나타낸다.

일반적으로, 함수 $y=f(x)$를 n회 미분하여 얻어진 함수를 **n계도함수**라 하고

$$y^{(n)},\quad f^{(n)}(x),\quad \frac{d^ny}{dx^n},\quad \frac{d^n}{dx^n}f(x)$$

등으로 표시한다.

2계, 3계 등의 도함수에 대하여 $y'=f'(x)$를 **1계(차)도함수**라고 할 때도 있다.

그리고 2계 이상의 도함수를 총칭하여 **고계도함수**(higher derivative)라 한다.

더욱이, $x=x_1$에 있어서 **n계미분계수**(n-th differential coefficient)를

$$y^{(n)}_{x=x_1},\quad f^{(n)}(x_1),\quad \left.\frac{d^ny}{dx^n}\right|_{x=x_1}$$

등으로 표시한다.

[예제 2-39] 다음 함수의 2계도함수를 구하여라.

① $y=x^4+2x^2$ ② $y=\cos 3x$

③ $y=e^{2x}$ ④ $y=x^2\ln x$

〈풀이〉 ① $y'=4x^3+4x$, $y''=\mathbf{12x^2+4}$

② $y'=-3\sin 3x$, $y''=\mathbf{-9\cos 3x}$

③ $y'=e^{2x}(2x)'=2e^{2x}$, $y''=2e^{2x}\cdot(2x)'=\mathbf{4e^{2x}}$

④ $y'=2x\ln x+x^2\cdot\dfrac{1}{x}=2x\ln x+x$

$y''=2\ln x+2x\cdot\dfrac{1}{x}+1=\mathbf{2\ln x+3}$

[예제 2-40] 수직선 위를 움직이는 물체의 시각 t에서의 위치 x가

$$x=t^3-3t^2-9t$$

로 주어질 때, 다음을 구하여라.

① $t=4$일 때의 물체의 속도와 가속도

② 물체가 운동의 방향을 바꾸는 시각

〈풀이〉 t초 후의 속도 v, 가속도 α는

$$v=\frac{dx}{dt}=3t^2-6t-9$$

$$\alpha=\frac{dv}{dt}=6t-6$$

① $v(4)=3\cdot 4^2-6\cdot 4-9=\mathbf{15}$

$\alpha(4)=6\cdot 4-6=\mathbf{18}$

② $v=0$에서 $3t^2-6t-9=0$

$3(t-3)(t+1)=0$

$\therefore\ \boldsymbol{t=3}\quad (\because\ t>0)$

■ 연습문제 5 ■

5-1 다음 함수의 도함수를 구하여라.

① $y=4x$ ② $y=-6x^5$

③ $y=-\dfrac{2}{x^5}$ ④ $y=\sqrt{x}+3x^2$

⑤ $y=x(\sqrt{x}-1)$ ⑥ $y=3x^4-5x^3+2x^2-7$

5-2 다음 함수를 미분하여라.

① $y=(x^2+2)(x-1)$ ② $y=(x+1)(x+2)(x+3)$

③ $y=(x^2+3)(x^3+2x+5)$ ④ $y=\dfrac{1-x}{x^2+2}$

⑤ $y=\dfrac{x+2}{x^2+2x+3}$ ⑥ $y=\dfrac{(x+3)(x^2+2)}{2x+1}$

5-3 다음 함수를 미분하여라.

① $y=3(3x+1)^4$ ② $y=\sqrt{2x+1}$

③ $y=(2x^2+5x)^{\frac{3}{2}}$　④ $y=(x+1)^3(x^2+2)^4$

⑤ $y=\frac{1}{(1-x^2)^3}$　⑥ $y=\frac{x^3}{(x+1)^2}$

5-4 다음 함수의 도함수를 구하여라.

① $4x^2+9y^2=16$　② $y^2-8x=4$

③ $x^2+3xy+2y^2=1$　④ $\frac{y}{x}+\frac{x}{y}=3$

⑤ $x=y\sqrt{1+y}$　⑥ $x=\frac{y}{y^2-1}$

5-5 다음 매개변수함수에서 $\frac{dy}{dx}$를 구하여라.

① $x=2t,\ y=t^2+t+1$　② $x=\frac{1+t}{1-t},\ y=\frac{2}{1-t}$

③ $x=3t,\ y=t^2+4t+3$　④ $x=t^2-2t,\ y=t+\frac{1}{t}$

5-6 다음 함수를 미분하여라.

① $y=\sin x-\sqrt{3}\cos x$　② $y=\sin x\tan x$

③ $y=\cot^2 x$　④ $y=(\csc x+\cot x)^2$

⑤ $y=(2x^2+1)\sin 2x$　⑥ $y=\frac{1+\sin x}{\cos x}$

⑦ $y=\cos(\sin x)$　⑧ $y=\sin^3 x\cos 3x$

5-7 다음 함수를 미분하여라.

① $y=e^{2x}$　② $y=\log_2 x$

③ $y=\ln(x^2+1)$　④ $y=x^2\ln x$

⑤ $y=e^{-x}\cos x$　⑥ $y=\frac{1}{2}\ln\frac{1+x}{1-x}$

5-8 다음 함수의 2계도함수를 구하여라.

① $y=x^5+2x^3$　② $y=\cos x$

③ $y=e^x\sin x$　④ $y=x^3\ln x$

5-9 다음 함수의 n 계도함수를 구하여라.

① $y = e^x$ ② $y = \cos x$ ③ $y = \ln x$

5-10 지면에 똑바로 위를 향하여 처음 속도 15[m/s]로 던진 물체의 t 초 후의 높이를 x[m]라 하면, $x = 15t - 5t^2$으로 나타내어진다고 한다. 이때, 다음을 구하여라.

① 시각 t 에서의 속도 v 와 가속도 α

② 물체가 최고 높이에 도달할 때까지의 시간

③ 물체가 다시 지면에 떨어지는 순간의 속도

5-11 지상 30[m]의 높이에서 초속 25[m]로 똑바로 위로 던진 물체의 t 초 후의 지상으로부터의 높이를 $S(t)$ 라 하면, $S(t) = 30 + 25t - 5t^2$[m]인 관계가 있을 때, 다음을 구하여라.

① 3초 후의 속도와 가속도

② 물체가 도달하는 최고의 높이

CHAPTER

3 도함수의 응용

3-1 곡선의 접선과 법선

곡선 $y=f(x)$ 위의 한 점 $\mathrm{P}(x_1, y_1)$에 있어서의 **접선**(tangent)의 기울기는 이미 공부한 바와 같이 그림 3-1에서

$$f'(x_1)=\tan\alpha$$

따라서, 점 (x_1, y_1)을 지나고 기울기가 m인 직선의 방정식은

$$y-y_1=m(x-x_1)$$

이므로, 곡선 $y=f(x)$ 위의 점 (x_1, y_1)에서의 접선의 방정식은

$$\boldsymbol{y-y_1=f'(x_1)(x-x_1)}$$

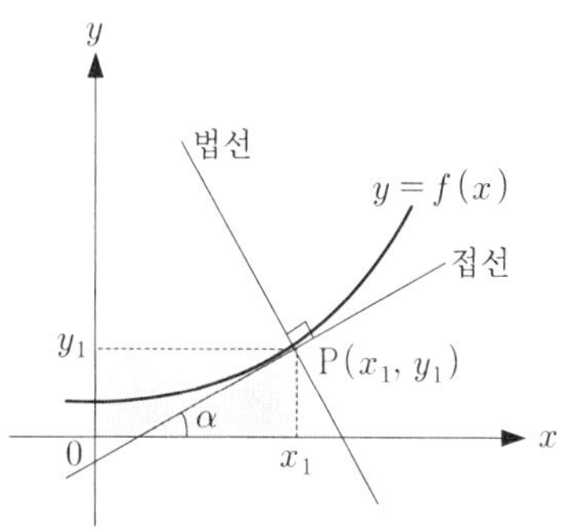

그림 3-1

또, 이 점에서 접선에 직교하는 **법선**(normal)의 기울기는 $-\dfrac{1}{f'(x)}$이므로 법선의 방정식은

$$\boldsymbol{y-y_1=-\frac{1}{f'(x_1)}(x-x_1)}$$

이 된다.

이상을 정리하면 다음과 같다.

■ 접선과 법선의 방정식

곡선 $y = f(x)$ 위의 점 (x_1, y_1)에서

① 접선의 기울기는 $\tan\alpha = f'(x_1)$

② 접선의 방정식은 $y - y_1 = f'(x_1)(x - x_1)$

③ 법선의 기울기는 $\tan(90° - \alpha) = -\dfrac{1}{f'(x_1)}$

④ 법선의 방정식은 $y - y_1 = -\dfrac{1}{f'(x)}(x - x_1)$

[예제 3-1] 포물선 $y = x^2$ 위의 점 $(1, 1)$에서 접선과 법선의 방정식을 구하여라.

〈풀이〉 점 $(1, 1)$에서 접선의 기울기는 $f'(1) = 2x|_{x=1} = 2$이므로 접선의 방정식은

$$y - 1 = 2(x - 1) \text{에서 } y = 2x - 1$$

또한, 법선의 방정식은

$$y - 1 = -\frac{1}{2}(x - 1) \text{에서 } y = -\frac{1}{2}x + \frac{3}{2}$$

[예제 3-2] 곡선 $y = 8x - 3x^2$에서 기울기가 2인 접선의 방정식을 구하여라.

〈풀이〉 $f(x) = 8x - 3x^2$에서 $f'(x) = 8 - 6x$이고, 접점을 $(a, 8a - 3a^2)$이라고 하자. 그러면 기울기가 2이므로

$$f'(a) = 8 - 6a = 2 \quad \therefore a = 1$$

따라서 접점은 $(1, 5)$이고, 구하는 접선의 방정식은

$$y - 5 = 2(x - 1) \text{에서 } y = 2x + 3$$

3-2 함수의 극값

(1) 함수의 증감

함수 $y=f(x)$가 어떤 구간의 임의의 두 수 x_1, x_2에 대하여

$$x_1 < x_2 \text{일 때 } f(x_1) < f(x_2)$$

이면, $f(x)$는 그 구간에서 증가한다 또는 **증가함수**라 하고

$$x_1 > x_2 \text{일 때 } f(x_1) > f(x_2)$$

이면, $f(x)$는 그 구간에서 감소한다 또는 **감소함수**라 한다.

이제, 함수의 증가, 감소와 미분계수의 관계는 다음과 같다.

■ 함수의 증감

주어진 구간의 모든 x에 대하여

① $f'(x) > 0$이면 $f(x)$는 그 구간에서 증가한다.
② $f'(x) < 0$이면 $f(x)$는 그 구간에서 감소한다.

[예제 3-3] 함수 $f(x)=x^3-3x+2$의 증가, 감소를 조사하여라.

〈풀이〉 $f'(x)=3x^2-3=3(x-1)(x+1)$이므로
$x \leftarrow 1$, $x>1$에서는 $f'(x)>0$, 곧 $f(x)$는 증가한다.
$-1<x<1$에서는 $f'(x)<0$, 곧 $f(x)$는 감소한다.

(2) 함수의 극대·극소

일반적으로, 함수 $y=f(x)$가 $x=a$에 연속이고, x가 증가하면서 a를 지날 때, 함수값 $f(x)$가 증가상태에서 감소상태로 변하면, $f(x)$는 $x=a$에서 **극대**

(maximal)가 된다고 하고, 그 때의 함수값 $f(a)$를 **극대값**(maximal value)이라고 한다.

또, x가 증가하면서 a를 지날 때, $f(x)$가 감소상태에서 증가상태로 변하면, $f(x)$는 $x=a$에서 **극소**(minimal)가 된다고 하고, 그 때의 함수값 $f(a)$를 **극소값**(minimal value)이라고 한다. 이때 극대값과 극소값을 통틀어 **극값**(extreme value)이라고 하며, 미분계수와 극값과의 관계는 다음과 같다.

■ **$f(x)$의 극대, 극소**

함수 $f(x)$가 $x=a$에 미분 가능하고, $f'(a)=0$일 때

① $f'(a)$가 증가(+)에서 감소(−)로 변하면 $x=a$에서 극대이고, 극대값은 $f(a)$

② $f'(a)$가 감소(−)에서 증가(+)로 변하면 $x=a$에서 극소이고, 극소값은 $f(a)$

[예제 3-4] 함수 $f(x)=2x^3-9x^2+12x$의 극값을 구하여라.

〈풀이〉 $f'(x)=6x^2-18x+12=6(x-1)(x-2)$이고, $f'(x)=0$일 때 $x=1, 2$이므로 $f'(x)$의 부호에 의하여 증감을 살펴보면 표와 같다. 따라서,

극대값 $f(1)=2-9+12=5$

극소값 $f(2)=2\times 2^3-9\times 2^2+12\times 2=4$

x	......	1	......	2	......
$f'(x)$	+	0	−	0	+
$f(x)$	↗	극대	↘	극소	↗

[예제 3-5] 함수 $f(x)=3x^4-4x^3+1$의 극값을 구하고, 그 그래프를 그려라.

〈풀이〉 $f'(x)=12x^3-12x^2=12x^2(x-1)$, $f'(x)=0$에서 $x=0$, $x=1$

따라서, 표 3-2에서 $x=1$일 때 극소값 $f(0)=0$이고, 구하는 그래프는 그림과 같다.

x	……	0	……	1	……
$f'(x)$	$-$	0	$-$	0	$+$
$f(x)$	↘	1	↘	극소	↗

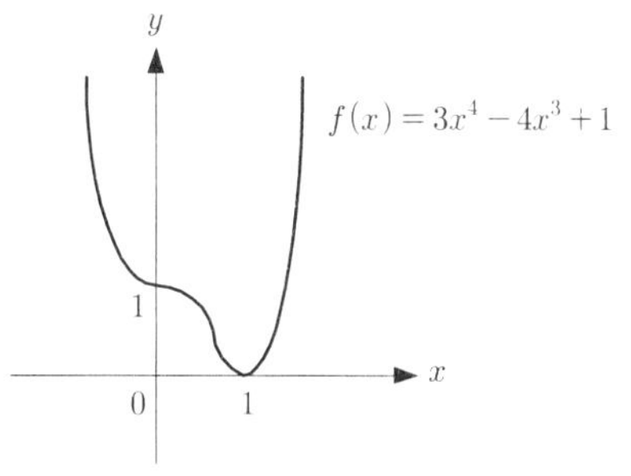

[예제 3-6] 구간 $[-2, 1]$에서 함수 $f(x)=x^4-2x^3-3$의 최대값과 최소값을 구하여라.

〈풀이〉 $f'(x)=4x^3-4x=4x(x^2-1)=4x(x-1)(x+1)$
$f'(x)=0$이라고 놓으면 $x=-1$, $x=0$, $x=1$
구간 $[-2, 1]$에서의 함수 $f(x)$의 증감은 표와 같다.

x	-2	……	-1	……	0	……	1
$f'(x)$		$-$	0	$+$	0	$-$	0
$f(x)$	5	↘	극소	↗	극대	↘	-4

따라서
$x=-2$일 때 최대값 $f(-2)=5$
$x=-1$ 또는 1일 때 최소값 $f(1)=f(-1)=-4$

3-3 부정형의 극한값

함수 $f(x)$와 $g(x)$에서

$$\frac{f(x)}{g(x)},\ f(x)\cdot g(x),\ f(x)\pm g(x),\ \cdots\cdots$$

가 극한값 $x\to a$를 취할 때

$$\frac{0}{0},\ \frac{\infty}{\infty},\ \infty-\infty,\ 0^0,\ 0^{\infty},\ \cdots\cdots$$

의 어느 하나를 취하면 **부정형**이라 하며, 극한값이 존재할 때 다음과 같은 정리로 구할 수 있으며, 평균값의 정리 확장인 **코오시**(cauchy)**의 정리**는 프랑스의 수학자 **코오시**(Cauchy ; 1789～1857)에 의한 것이다.

■ **코오시의 정리**

함수 $f(x)$, $g(x)$가 구간 $[a, b]$에서 연속이고 미분 가능하면

$$\frac{f(b)-f(a)}{g(b)-g(a)}=\frac{f'(c)}{g'(c)} \quad (g(b)\neq g(a),\ a< c< b)$$

인 c가 적어도 하나 존재한다.

위의 정리를 증명하면, 평균값 정리에 의하여

$$\frac{f(b)-f(a)}{b-a}=f'(c) \qquad \text{(a)}$$

$$\frac{g(b)-g(a)}{b-a}=g'(c) \qquad \text{(b)}$$

이므로 식 (a)를 식 (b)로 나누면

$$\boldsymbol{\frac{f(b)-f(a)}{g(b)-g(a)}=\frac{f'(c)}{g'(c)}}$$

가 성립한다.

함수 $f'(x)$, $g'(x)$가 $x=a$를 포함하는 구간에서 코오시의 정리를 만족하면 다음과 같은 **로피탈(L'Hospital)의 정리**가 성립하는데, 이 정리는 프랑스의 수학자 로피탈(L'Hospital ; 1661~1704)의 이름을 따서 불리고 있다.

■ 로피탈의 정리

함수 $f(x)$, $g(x)$에서 $f(a)=g(a)=0$이고, $g(x)\neq 0$이면

$$\lim_{x\to a}\frac{f(x)}{g(x)}=\lim_{x\to a}\frac{f'(x)}{g'(x)}$$

또한, $f(a)=g(a)=0$이고, $f'(a)=g'(a)=0$이면

$$\lim_{x\to a}\frac{f'(x)}{g'(x)}=\lim_{x\to a}\frac{f''(x)}{g''(x)}$$

위의 정리를 증명하면, $f(a)=g(a)=0$이므로 코오시의 정리에 의해서

$$\frac{f(x)-f(a)}{g(x)-g(a)}=\frac{f'(x_1)}{g'(x_1)}\quad (a< x_1 < x)$$

가 된다. 위의 관계식에서 $x\to a$일 때, $x_1\to a$가 되어야 하므로

$$\lim_{x\to a}\frac{f(x)}{g(x)}=\lim_{x\to a}\frac{f(x)-f(a)}{g(x)-g(a)}=\lim_{x\to a}\frac{f'(x)}{g'(x)}$$

가 성립하며

$$\lim_{x\to a}\frac{f'(x)}{g'(x)}=\lim_{x\to a}\frac{f''(x)}{g''(x)}$$

도 같은 방법으로 증명이 된다.

[예제 3-7] 다음의 극한값을 구하여라.

① $\lim_{x\to 2}\frac{x^2+x-6}{x^2-4}$ ② $\lim_{x\to 0}\frac{e^x-1}{x}$

③ $\lim_{x\to 0}\frac{x-\sin x}{x^3}$ ④ $\lim_{x\to \infty}\frac{e^{2x}}{x^3}$

〈풀이〉 ① 준식$=\lim\limits_{x\to 2}\dfrac{2x+1}{2x}=\dfrac{5}{4}$

② 준식$=\lim\limits_{x\to 0}\dfrac{e^x}{1}=e^0=1$

③ 준식$=\lim\limits_{x\to 0}\dfrac{1-\cos x}{3x^2}=\lim\limits_{x\to 0}\dfrac{\sin x}{6x}=\lim\limits_{x\to 0}\dfrac{\cos x}{6}=\dfrac{1}{6}$

④ 준식$=\lim\limits_{x\to \infty}\dfrac{2e^{2x}}{3x^2}=\lim\limits_{x\to \infty}\dfrac{4e^{2x}}{6x}=\lim\limits_{x\to \infty}\dfrac{8e^{2x}}{6}=\infty$

[예제 3-8] 다음의 극한값을 구하여라.

① $\lim\limits_{x\to 1}\dfrac{\ln x}{x-1}$ ② $\lim\limits_{x\to 0}\dfrac{x-\ln(1+x)}{x^2}$

③ $\lim\limits_{x\to 0}\dfrac{1-\cos x}{x\sin x}$ ④ $\lim\limits_{x\to 0}\dfrac{e^x-e^{-x}-2x}{x-\sin x}$

〈풀이〉 ① 준식 $=\lim\limits_{x\to 1}\dfrac{(\ln x)'}{(x-1)'}=\lim\limits_{x\to 1}\dfrac{1/x}{1}=\dfrac{1}{1}=1$

② 준식 $=\lim\limits_{x\to 0}\dfrac{1-\dfrac{1}{1+x}}{2x}=\lim\limits_{x\to 0}\dfrac{1}{2(1+x)}=\dfrac{1}{2}$

③ 준식$=\lim\limits_{x\to 0}\dfrac{1-\cos x}{x\sin x}$

$=\lim\limits_{x\to 0}\dfrac{\sin x}{\sin x+x\cos x}$

$=\lim\limits_{x\to 0}\dfrac{\cos x}{\cos x+\cos x-x\sin x}$

$=\dfrac{1}{2}$

④ 준식$=\lim\limits_{x\to 0}\dfrac{e^x+e^{-x}-2}{1-\cos x}$

$=\lim\limits_{x\to 0}\dfrac{e^x-e^{-x}}{\sin x}$

$=\lim\limits_{x\to 0}\dfrac{e^x+e^{-x}}{\cos x}=2$

3-4 마클로우린 급수와 테일러 급수

(1) 마클로우린 급수

급수에 변수 x가 포함된 항으로 나타나는

$$\sum_{n=0}^{\infty} a_n x^n = a_0 + a_1 x + a_2 x^2 + \cdots + a_n x^n + \cdots$$

와 같은 꼴의 급수를 **멱급수**(power series)라 한다.

이제, 함수 $f(x)$가 멱급수 함수

$$f(x) = a_0 + a_1 x + a_2 x^2 + a_3 x^3 + \cdots + a_n x^n + \cdots$$

로 전개되고, 계속적으로 미분 가능하다고 하면

$$f'(x) = a_1 + 2a_2 x + 3a_3 x^2 + \cdots + na_n x^{n-1} + \cdots$$
$$f''(x) = 2a_2 + 3 \cdot 2a_3 x + \cdots + n(n-1)a_n x^{n-2} + \cdots$$
$$f'''(x) = 3 \cdot 2a_3 + 4 \cdot 3 \cdot 2a_4 x + \cdots + n(n-1)(n-2)a_n x^{n-3} + \cdots$$
$$\vdots$$
$$f^{(n)}(x) = n(n-1)(n-2) \cdots\cdots a_n = n!\,a_n$$

이다. 위의 식들에 $x=0$을 대입하면

$$a_0 = f(0),\ a_1 = f'(0),\ a_2 = \frac{f''(0)}{2!},\ \cdots\cdots,\ a_n = \frac{f^{(n)}(0)}{n!}$$

이므로, 멱급수 함수 $f(x)$는 다음과 같은 **마클로우린 급수**(Maclaurin series)로 전개된다.

■ **마클로우린 급수**

$$f(x) = f(0) + f'(0)x + \frac{f''(0)}{2!}x^2 + \cdots\cdots + \frac{f^{(n)}(0)}{n!}x^n + \cdots\cdots$$

이는 스코틀랜드의 수학자 마클로우린(Maclaurin ; 1698～1746)의 이름을 딴 것이다.

[예제 3-9] 다음 함수를 마클로우린 급수로 전개하여라.

① $f(x)=e^x$ ② $f(x)=\ln(1+x)$ (단, $-1 \leqq x \leqq 1$)

〈풀이〉 ① $f(x)=e^x$ 에서

$f(x)=e^x$ $f(0)=e^0=1$

$f'(x)=e^x$ $f'(0)=e^0=1$

$f''(x)=e^x$ $f''(0)=e^0=1$

$f'''(x)=e^x$ $f'''(0)=e^0=1$

………………………………

이므로 구하는 e^x 의 마클로우린 급수는

$$f(x)=e^x=f(0)+f'(0)x+\frac{f''(0)}{2!}x^2+\cdots\cdots+\frac{f^{(n)}(0)}{n!}x^n+\cdots\cdots$$

$$=\mathbf{1}+\boldsymbol{x}+\frac{\mathbf{1}}{\mathbf{2!}}\boldsymbol{x}^2+\frac{\mathbf{1}}{\mathbf{3!}}\boldsymbol{x}^3+\cdots\cdots+\frac{\mathbf{1}}{\boldsymbol{n}!}\boldsymbol{x}^n+\cdots\cdots$$

② $f(x)=\ln(1+x)$에서

$f(x)=\ln(1+x)$ $f(0)=0$

$f'(x)=\dfrac{1}{1+x}$ $f'(0)=1$

$f''(x)=\dfrac{-1}{(1+x^2)}$ $f''(0)=-1$

$f'''(x)=\dfrac{2!}{(1+x)^3}$ $f'''(0)=-1$

………………………………

이므로 구하는 $\ln(1+x)$의 마클로우린 급수는

$$\boldsymbol{f(x)=x-\frac{x^2}{2}+\frac{x^3}{3}-\cdots\cdots+(-1)^{n-1}\frac{x^n}{n}+\cdots\cdots}$$

[예제 3-10] 다음 삼각함수를 마클로우린 급수로 전개하여라.

① $f(x)=\sin x$ ② $f(x)=\cos x$

〈풀이〉 ① $f(x)=\sin x$ 에서

$f(x)=\sin x$ $f(0)=\sin 0=0$

$$f'(x) = \cos x \qquad f'(0) = \cos 0 = 1$$
$$f''(x) = -\sin x \qquad f''(0) = -\sin 0 = 0$$
$$f'''(x) = -\cos x \qquad f'''(0) = -\cos 0 = -1$$
………………………………

이므로 구하는 $\sin x$ 의 마클로우린 급수는

$$f(x) = \sin x = x - \frac{x^3}{3!} + \frac{x^5}{5!} - \cdots\cdots$$

② $f(x) = \cos x$ 에서

$$f(x) = \cos x \qquad f(0) = 1$$
$$f'(x) = -\sin x \qquad f'(0) = 0$$
$$f''(x) = -\cos x \qquad f''(0) = -1$$
$$f'''(x) = \sin x \qquad f'''(0) = 0$$
………………………………

이므로 구하는 $\cos x$ 의 마클로우린 급수는

$$f(x) = \cos x = 1 - \frac{x^2}{2!} + \frac{x^4}{4!} - \cdots\cdots$$

(2) 오일러의 정리

앞의 예제에서 나타난 e^x 의 마클로우린 급수는 x 가 모든 실수에 대하여 성립한다. 지금 e^x 의 급수전개식에서 x 를 $j\theta$ 로 바꾸어 놓은 식은

$$e^{j\theta} = 1 + j\theta + \frac{(j\theta)^2}{2!} + \frac{(j\theta)^3}{3!} + \frac{(j\theta)^4}{4!} + \frac{(j\theta)^5}{5!} + \cdots\cdots$$
$$= \left(1 - \frac{\theta^2}{2!} + \frac{\theta^4}{4!} - \cdots\cdots\right) + j\left(\theta - \frac{\theta^3}{3!} + \frac{\theta^5}{5!} - \cdots\cdots\right)$$

로 되므로, 이 실수부와 허수부에 앞의 예제에서 구한 $\sin x$ 와 $\cos x$ 의 마클로우린 급수를 적용하면 다음과 같은 **오일러(Euler)의 정리**가 얻어진다.

■ 오일러의 정리

$$e^{j\theta} = \cos\theta + j\sin\theta$$

지수계산에서는 $(e^{j\theta})^n = e^{jn\theta}$로 나타내지만 이것을 오일러의 정리에 적용한 다음 식을 드 무아브르(De Moivre)의 정리라고 부른다.

■ **드 무아브르의 정리**

$$(\cos\theta + j\sin\theta)^n = \cos n\theta + j\sin n\theta$$

(3) 테일러 급수

함수 $f(x)$가 $(x-a)$의 멱급수 함수

$$f(x) = c_0 + c_1(x-a) + c_2(x-a)^2 + \cdots\cdots + c_n(x-a)^n + \cdots\cdots$$

로 전개되고, 계속적으로 미분 가능하다고 하면, 마클로우린 급수 유도식과 같은 방법으로 위 식을 계속 미분한 도함수에 $x = a$를 대입하여 상수 c_0, c_1, c_2, …… 등을 구하면 다음과 같은 **테일러 급수**(Taylor series)로 전개된다.

■ **테일러 급수**

$$f(x) = f(a) + f'(a)(x-a) + \frac{f''(a)}{2!}(x-a)^2 + \frac{f'''(a)}{3!}(x-a)^3 + \cdots\cdots$$
$$+ \frac{f^{(n)}(a)}{n!}(x-a)^n + \cdots\cdots$$

이것은 영국의 수학자 **테일러**(Taylor ; 1685~1731)의 이름을 딴 것이다.

[예제 3-11] $f(x) = x^3 + 3x^2 + 2x + 1$을 $(x-1)$의 멱급수로 전개하여라.

〈풀이〉 $f(x) = f(1) + f'(1)(x-1) + \frac{f''(1)}{2!}(x-1)^2 + \frac{f'''(1)}{3!}(x-1)^3 + \cdots\cdots$

에서 $f(1)$, $f'(1)$, $f''(1)$, $f'''(1)$, ……을 구하면

$f(x) = x^3 + 3x^2 + 2x + 1$ $\quad f(1) = 7$

$f'(x) = 3x^2 + 6x + 2$ $\quad f'(1) = 11$

$f''(x) = 6x + 6$ $\quad f''(1) = 12$

$f'''(x) = 6$ $\quad f'''(1) = 6$

$$f^{(4)}(x)=0 \qquad\qquad f^{(4)}(1)=0$$

이므로 구하는 테일러 급수는

$$\begin{aligned} f(x) &= 7+11(x-1)+\frac{12}{2!}(x-1)^2+\frac{6}{3!}(x-1)^3 \\ &= (x-1)^3+6(x-1)^2+11(x-1)+7 \end{aligned}$$

3-5 편도함수

(1) 다변수함수

지금까지 우리가 다룬 함수는 그 형태가 $y=f(x)$의 꼴이었다. 이때, x를 독립변수, y를 종속변수라 하였다.

이러한 개념을 확장하여 보기로 하자.

2개의 독립변수 x, y에 대하여 종속변수 z의 값이 정하여지는 f가 있을 때 z를 x, y의 함수라 하고

$$z=f(x, y)$$

라 쓴다.

일반적으로, 독립변수 x_1, x_2, $\cdots$, x_n에 대하여 종속변수 y의 값이 정해지는 f가 있을 때,

$$y=f(x_1, x_2, \cdots, x_n)$$

으로 나타낸다.

여기서 독립변수가 1개, 2개, $\cdots$, n개인 함수를 **1변수함수**, **2변수함수**, $\cdots$, **n변수함수**라 하고, 2변수함수 이상을 **다변수함수**라 한다.

2변수함수 $f(x, y)$에서 x가 a에, y가 b에 가까워질 때, $f(x, y)$의 값이 일정한 값 c에 한없이 가까워지면, $f(x, y)$는 c에 **수렴한다**라고 하고 c를 $f(x, y)$의 극한값 또는 극한이라고 한다.

이것을 기호로

$$\lim_{\substack{x \to a \\ y \to b}} f(x, y) = \lim_{(x,y) \to (a,b)} f(x, y) = c$$

또는

$$x \to a, y \to b \text{일 때 } f(x, y) = c$$

로 나타낸다.

또한, 2변수함수 $z = f(x, y)$가 $x = a$, $y = b$에서 함수값 $f(a, b)$가 존재하고 $\lim_{\substack{x \to a \\ y \to b}} f(x, y)$가 유한확정값을 가지며, $f(a, b) = \lim_{\substack{x \to a \\ y \to b}} f(x, y)$일 때 z는 $x = a$, $y = b$에서 연속이라 하고, 연속함수의 성질은 다음과 같다.

■ **연속함수의 성질**

$f(x, y)$, $g(x, y)$가 연속함수라 하면

① $f(x, y) \pm g(x, y)$, $f(x, y) \cdot g(x, y)$, $\dfrac{f(x, y)}{g(x, y)}$ (단, $g(x, y) \neq 0$)는 모두 연속함수이다.

② 연속함수의 연속함수도 연속함수이다.

[예제 3-12] $x = 1$, $y = 2$에서 $f(x, y) = x^2 + y^2$의 값을 구하여라.

〈풀이〉 $f(1, 2) = 1^2 + 2^2 = 5$

[예제 3-13] 함수 $f(x, y) = \sqrt{1 - x^2 - y^2}$의 정의역을 구하여라.

〈풀이〉 $1 - x^2 - y^2 \geq 0 \quad \therefore x^2 + y^2 \leqq 1$ (단위원의 내부)

[예제 3-14] 다음 극한값을 구하여라.

① $\lim_{\substack{x \to 1 \\ y \to 2}} xy$ ② $\lim_{\substack{x \to 0 \\ y \to 1}} \dfrac{x - xy + 4}{x^2 y + 3xy - 2y}$

〈풀이〉 ① $\lim_{\substack{x \to 1 \\ y \to 2}} 1 \cdot 2 = \mathbf{2}$

② $\lim_{\substack{x \to 0 \\ y \to 1}} \frac{x - xy + 4}{x^2 y + 3xy - 2y} = \frac{4}{-2} = \mathbf{-2}$

(2) 편도함수

2변수함수 $z = f(x, y)$에서 y를 어떤 상수로 고정시키면 1변수함수와 같은 x만의 함수가 된다. 따라서, x에 관한 도함수를 생각할 수 있게 된다.

y를 고정시키고 x의 증분을 Δx라 할 때

$$\lim_{\Delta x \to 0} \frac{f(x + \Delta x, y) - f(x, y)}{\Delta x}$$

의 극한값이 존재하면, 이것을

$$\frac{\partial z}{\partial x}, \quad \frac{\partial}{\partial x} f(x, y), \quad f_x(x, y), \quad z_x$$

등으로 나타내고, $z = f(x, y)$의 x에 관한 **편도함수**(portial derivative)라 한다.

또, x를 고정시키고 y의 증분 Δy라 할 때

$$\lim_{\Delta y \to 0} \frac{f(x, y + \Delta y) - f(x, y)}{\Delta y}$$

의 극한값이 존재하면, 이것을

$$\frac{\partial z}{\partial y}, \quad \frac{\partial}{\partial y} f(x, y), \quad f_y(x, y), \quad z_y$$

등으로 나타내고, $z = f(x, y)$의 y에 관한 편도함수라 한다.

이상을 정리하면 다음과 같다.

■ 편도함수와 편미분계수

2변수함수 $z = f(x, y)$와 한 점 (a, b)에서의

① x에 관한 편도함수와 편미분계수

$$\frac{\partial z}{\partial x}=\lim_{\Delta x\to 0}\frac{f(x+\Delta x,\ y)-f(x,\ y)}{\Delta x}$$

$$f_x(a,\ b)=\left.\frac{\partial z}{\partial x}\right|_{\substack{x=a\\ y=b}}$$

② y에 관한 편도함수와 편미분계수

$$\frac{\partial y}{\partial x}=\lim_{\Delta x\to 0}\frac{f(x,\ y+\Delta y)-f(x,\ y)}{\Delta y}$$

$$f_y(a,\ b)=\left.\frac{\partial z}{\partial y}\right|_{\substack{x=a\\ y=b}}$$

[예제 3-15] 다음 함수의 편도함수를 구하여라.

① $z=2xy^3+x^2y-3xy+2$

② $z=e^x\ln(x^2+y^2+1)$

〈풀이〉 ① $\frac{\partial z}{\partial x}=\frac{\partial}{\partial x}(2xy^3+x^2y-3xy+2)=2y^3+2xy-3y$

$\frac{\partial z}{\partial y}=\frac{\partial}{\partial y}(2xy^3+x^2y-3xy+2)=6xy^2+x^2-3x$

② $\frac{\partial z}{\partial x}=e^x\ln(x^2+y^2+1)+e^x\cdot\frac{2x}{x^2+y^2+1}$

$\frac{\partial z}{\partial y}=e^x\cdot\frac{2y}{x^2+y^2+1}$

(3) 고계편도함수

2변수함수 $z=f(x,\ y)$의 편도함수 $\frac{\partial z}{\partial x}$, $\frac{\partial z}{\partial y}$를 x와 y로 편미분하면

$$\frac{\partial}{\partial x}\left(\frac{\partial z}{\partial x}\right),\ \frac{\partial^2 z}{\partial x^2},\ z_{xx},\ \frac{\partial}{\partial x}f_x(x,\ y)$$

$$\frac{\partial}{\partial y}\left(\frac{\partial z}{\partial y}\right),\ \frac{\partial^2 z}{\partial y^2},\ z_{yy},\ \frac{\partial}{\partial y}f_y(x,\ y)$$

$$\frac{\partial}{\partial x}\left(\frac{\partial z}{\partial y}\right),\ \frac{\partial^2 z}{\partial x\,\partial y},\ z_{yx},\ \frac{\partial}{\partial x}f_y(x,\ y)$$

$$\frac{\partial}{\partial y}\left(\frac{\partial z}{\partial x}\right),\ \frac{\partial^2 z}{\partial y\,\partial x},\ z_{xy},\ \frac{\partial}{\partial y}f_x(x, y)$$

가 되고, 이것들을 **2계편도함수**라 하고 2계 이상의 편도함수를 **고계편도함수**라 한다.

[예제 3-16] 다음 함수의 2계편도함수를 구하여라.

① $z = x^2 \sin y$ ② $z = xe^y + y\sin x$

〈풀이〉 ① $\frac{\partial z}{\partial x} = 2x\sin y$, $\frac{\partial z}{\partial y} = x^2\cos y$

$\frac{\partial^2 z}{\partial x^2} = 2\sin y$, $\frac{\partial^2 z}{\partial y^2} = -x^2\sin y$

$\frac{\partial^2 z}{\partial x\,\partial y} = 2x\cos y$, $\frac{\partial^2 z}{\partial y\,\partial x} = z_{xy} = 2x\cos y$

② $\frac{\partial z}{\partial x} = e^y + y\cos x$, $\frac{\partial z}{\partial y} = xe^y + \sin x$

$\frac{\partial^2 z}{\partial x^2} = -y\sin x$, $\frac{\partial^2 z}{\partial y^2} = xe^y$

$\frac{\partial^2 z}{\partial x\,\partial y} = e^y + \cos x$, $\frac{\partial^2 z}{\partial y\,\partial x} = e^y + \cos x$

3-6 전 미 분

함수 $z = f(x, y)$가 임의의 구간에서 연속이고, 또한 n계편도함수가 존재하는 함수이면 변수 x, y가 이 구간에서 한 조의 값 x, y에서 다른 한 조의 값 $x + \Delta x$, $x + \Delta y$로 변하였을 때 z가 하나의 값 z에서 $z + \Delta z$로 변하였다고 하면

$$\begin{aligned}\Delta z &= f(x+\Delta x,\ y+\Delta y) - f(x, y)\\ &= f(x+\Delta x,\ y+\Delta y) - f(x,\ y+\Delta y) + f(x,\ y+\Delta y) - f(x, y)\\ &= \frac{f(x+\Delta x,\ y+\Delta y) - f(x,\ y+\Delta y)}{\Delta x}\cdot\Delta x\\ &\quad + \frac{f(x,\ y+\Delta y) - f(x, y)}{\Delta y}\cdot\Delta y\end{aligned}$$

한편,

$$\lim_{\substack{\Delta x \to 0 \\ \Delta y \to 0}} \frac{f(x+\Delta x,\ y+\Delta y)-f(x,\ y+\Delta y)}{\Delta x} = f_x(x,\ y)$$

$$\lim_{\substack{\Delta x \to 0 \\ \Delta y \to 0}} \frac{f(x,\ y+\Delta y)-f(x,\ y)}{\Delta y} = f_y(x,\ y)$$

로 정의할 수 있으므로

$$\lim_{\substack{\Delta x \to 0 \\ \Delta y \to 0}} \Delta z = \lim_{\substack{\Delta x \to 0 \\ \Delta y \to 0}} \frac{f(x+\Delta x,\ y+\Delta y)-f(x,\ y+\Delta y)}{\Delta x} \cdot \lim_{\Delta x \to 0} \Delta x$$
$$+ \lim_{\Delta y \to 0} \frac{f(x,\ y+\Delta x)-f(x,\ y)}{\Delta y} \cdot \lim_{\Delta y \to 0} \Delta y$$

에서

$$\lim_{\substack{\Delta x \to 0 \\ \Delta y \to 0}} \Delta z = dz, \quad \lim_{\Delta x \to 0} \Delta x = dx, \quad \lim_{\Delta y \to 0} \Delta y = dy$$

라 하면 다음과 같은 **전미분**(total differential)이 정의된다.

■ 전 미 분

$z=f(x,\ y)$에서 전미분은

$$dz = \frac{\partial z}{\partial x}dx + \frac{\partial z}{\partial y}dy$$

[예제 3-17] 다음 함수를 전미분하여라.

① $z=2x^2+3y^2$ ② $z=\dfrac{y}{x}$

③ $z=r\cos\theta$ ④ $z=r\sin\theta$

〈풀이〉 ① $dz=\dfrac{\partial z}{\partial x}dx+\dfrac{\partial z}{\partial y}dy=4x\,dx+6y\,dy$

② $dz=-\dfrac{y}{x^2}dx+\dfrac{1}{x}dy=\dfrac{-y\,dx+x\,dy}{x^2}$

③ $dz=\dfrac{\partial z}{\partial r}dr+\dfrac{\partial z}{\partial \theta}d\theta=\cos\theta\,dr-r\sin\theta\,d\theta$

④ $dz=\sin\theta\,dr+r\cos\theta\,d\theta$

■ 연습문제 6 ■

6-1 곡선 $y=x^3$ 위의 점 $(2, 4)$에서의 접선과 법선의 방정식을 구하여라.

6-2 지수함수 $y=e^x$ 위의 점 $(1, e)$에서 법선의 방정식을 구하여라.

6-3 곡선 $f(x)=x^2+2x-3$에서 기울기가 2인 접선의 방정식을 구하여라.

6-4 다음 함수의 극값을 구하고, 그 그래프의 개형을 그려라.

① $y=x^3-12x+4$ ② $y=x^4-10x^2+9$

6-5 다음 함수의 주어진 구간에서 최대값과 최소값을 구하여라.

① $y=x^3-3x^2+10\quad[-2, 3]$ ② $y=x^4-2x^2-3\quad[-2, 1]$

6-6 한 변의 길이가 a인 정사각형의 종이를 네 귀퉁이를 잘라 뚜껑이 없는 상자를 만들고자 할 때 한 변의 길이를 얼마로 잘랐을 때 체적이 최대가 되는가?

6-7 다음 함수의 극한값을 구하여라.

① $\lim\limits_{x\to 4}\dfrac{x^2-16}{x^2+x-20}$ ② $\lim\limits_{x\to 0}\dfrac{e^x-1}{x^2}$

③ $\lim\limits_{x\to\infty}\dfrac{\sqrt{2+x^2}}{x}$ ④ $\lim\limits_{x\to 0}\dfrac{e^x-x+3}{x^2}$

⑤ $\lim\limits_{x\to\infty}\dfrac{x^2}{e^x}$ ⑥ $\lim\limits_{x\to 0}(\csc x-\cot x)$

⑦ $\lim\limits_{x\to 0}\sin 3x\cot 2x$ ⑧ $\lim\limits_{x\to\infty}\dfrac{\log(1+e^x)}{x}$

6-8 $f(x)=\ln(1+x)$를 마클로우린 급수로 전개하여라. 단, $-1<x\leqq x$

6-9 $f(x)=x^4-x^3+3x^2-3$을 $(x-2)$의 멱급수로 전개하여라.

6-10 $f(x)=\sin x$의 $x=\dfrac{\pi}{4}$에 관한 멱급수로 나타내어라.

6-11 $x=2,\ y=3$에서 다음 함수 $f(x, y)$의 값을 구하여라.

① $f(x, y) = x^2 + 2y$ ② $f(x, y) = \sqrt{x+y}$

6-12 함수 $f(x, y) = \sqrt{4-x^2} - \sqrt{9-y^2}$ 의 정의역을 구하여라.

6-13 다음 극한값을 구하여라.

① $\lim_{\substack{x \to 1 \\ y \to 1}} (x^2 + y^2)$ ② $\lim_{(x,y) \to (0,1)} \dfrac{2x^3 - 3xy + y^2}{x^4 + 2y^2 + y}$

6-14 다음 함수의 편도함수를 구하여라.

① $z = x^3y - xy^3$ ② $z = \sqrt{x^2 + y^2}$

③ $z = \dfrac{y}{x}$ ④ $z = \log\sqrt{x^2 + y^2}$

6-15 함수 $f(x, y) = y\sqrt{x^2 + y^2}$ 의 점 $(1, 2)$에서 x에 관한 편미분계수 및 점 $(0, 1)$에서 y에 관한 편미분계수를 구하여라.

6-16 $z = x^3 + 3x^2y - 2x^2y^2 - y^4 + 3xy$ 에서 다음을 구하여라.

① $\dfrac{\partial z}{\partial x}$ ② $\dfrac{\partial^2 z}{\partial x^2}$

③ $\dfrac{\partial^2 z}{\partial y\, \partial z}$ ④ $\dfrac{\partial z}{\partial y}$

⑤ $\dfrac{\partial^2 z}{\partial y^2}$ ⑥ $\dfrac{\partial^2 z}{\partial x\, \partial y}$

6-17 다음 함수를 전미분하여라.

① $z = 3xy^2 - 2x^3y^3$ ② $z = \sqrt{x^2 + y^2}$

③ $u = xy^2z^3$ ④ $u = x^2y + y^2z + z^2x$

CHAPTER

4

부정적분법

4-1 부정적분

(1) 적분의 정의와 부정적분

처음으로, 극한의 개념을 도입하여 넓이와 부피를 구한 수학자는 케플러(Keppler ; 1571～1630)이다. 이러한 극한의 구분구적법은 뉴턴(Newton ; 1642～1727)과 라이프니츠(Leibniz ; 1646～1716)에 의하여 적분으로 연결되었다.

우리는 2-5의 (3)에서 알고 있는 함수의 도함수를 구하는 문제를 알아보았다.

그런데 여기서는 반대로 어떤 함수의 도함수를 알고 있을 때 어떤 함수를 구하는 방법을 알아보기로 하자. 이때 구한 어떤 함수를 주어진 도함수의 **원시함수**(primitive function)라고 한다.

이를테면, x^2의 도함수를 구하면 $2x$가 되며, 이것을

x^2의 도함수는 (미분하면) $2x$이다.

라고 말하며, $\frac{d}{dx}x^2 = 2x$, $(x^2)' = 2x$ 등으로 나타내었다.

반대로, 도함수가 $2x$인 함수는 x^2이다 라는 것은 $2x$의 **원시함수는 (적분하면) x^2 이다** 라고 말한다.

일반적으로, 함수 $F(x)$의 도함수가 $f(x)$라 할 때, 즉

$$\frac{d}{dx}F(x) = f(x)$$

일 때, $F(x)$를 $f(x)$의 **원시함수**라고 한다.

그런데, 앞에서 $2x$의 원시함수는 x^2 하나만이 있는 것이 아니다. 예컨대,

$$x^2 - 1,\ x^2 + 1,\ x^2 + 2,\ x^2 + 5,\ \cdots\cdots$$

등을 미분하여도 모두 $2x$가 된다. 다시 말하면 위의 함수들은 모두 $2x$의 원시함수라고 말할 수 있다.

따라서, $F(x)$가 $f(x)$의 원시함수라고 하는 대신 $F(x)$를 $f(x)$의 **부정적분**(indefinite integral)이라 하고, 함수 $f(x)$의 원시함수의 하나를 $F(x)$라 할 때, $f(x)$의 임의의 원시함수는 $F(x)+C$(C는 임의의 상수)의 꼴로 나타내지며, 이것을 다음과 같이 표시한다.

$$\int f(x)dx = F(x) + C$$

예로서

$$\int 2xdx = x^2 + C$$

여기서 함수 $f(x)$를 **피적분함수**(integrand function), $F(x)$를 **특수적분**(particular integral), C를 **적분상수**(integration constant), x를 **적분변수**(integration variable)라 하고, $f(x)$의 부정적분을 구하는 것을 $f(x)$를 **적분한다**(integrate)고 하며, 그 계산법을 **적분법**(integration)이라고 한다.

참고로, 적분기호 $\int$은 Sum(합)의 머리글자를 길게 늘어뜨린 것으로 **인티그럴**(integral) 또는 **적분**이라고 읽는다. 그리고 dx는 x에 관하여 적분한다는 뜻이다.

이상으로, $f(x)$를 적분하면 $F(x)+C$이고, $F(x)+C$를 미분하면 $f(x)$가 된다. 다시 말해서, 미분의 반대계산이 적분이므로 미분과 적분 사이에는 다음과 같은 관계가 성립한다.

■ 미분과 적분의 관계

$\dfrac{d}{dx}F(x) = f(x)$일 때

① $\displaystyle\int f(x)dx = F(x) + C$ (C는 적분상수)

② $\displaystyle\frac{d}{dx}\left(\int f(x)dx\right) = f(x)$

③ $\displaystyle\int\left(\frac{d}{dx}f(x)\right)dx = f(x) + C$

[예제 4-1] 다음 $\boxed{}$ 안에 알맞는 식을 넣어라.

① $3x^2+1$은 $\boxed{}$의 부정적분이다.

② x^4-2는 $\boxed{}$의 부정적분이다.

〈풀이〉 ① $\dfrac{d}{dx}(3x^2+1)=6x$ 이므로 $3x^2+1$은 $\boxed{\mathbf{6x}}$의 부정적분이다.

② $\dfrac{d}{dx}(x^4-2)=4x^3$ 이므로 x^4-2는 $\boxed{\mathbf{4x^3}}$의 부정적분이다.

[예제 4-2] 다음 식을 간단히 하여라.

① $\dfrac{d}{dx}\left(\int x^2dx\right)$ ② $\int\left(\dfrac{d}{dx}x^3\right)dx$

〈풀이〉 ① $\dfrac{d}{dx}\left(\int x^2dx\right)=\dfrac{d}{dx}\left(\dfrac{1}{3}x^3+C\right)=\boldsymbol{x^2}$

② $\int\left(\dfrac{d}{dx}x^3\right)dx=\int 3x^2dx=\boldsymbol{x^3+C}$

[예제 4-3] 다음 함수의 원시함수를 구하여라.

① 0 ② k (임의의 상수)

③ x ④ x^2

〈풀이〉 ① $\int 0dx=\boldsymbol{C}$ ② $\int k\,dx=\boldsymbol{kx+C}$

③ $\int x\,dx=\boldsymbol{\dfrac{1}{2}x^2+C}$ ④ $\int x^2\,dx=\boldsymbol{\dfrac{1}{3}x^3+C}$

(2) 부정적분의 기본공식

적분은 미분의 반대계산이므로 미분법의 반대를 생각하면 다음과 같은 기본공식이 성립함을 알 수 있다.

■ 부정적분의 기본공식

① $\int \boldsymbol{k\,dx=kx+C}$ (k는 상수)

② $\int \boldsymbol{x^n\,dx=\dfrac{1}{n+1}x^{n+1}+C}$ ($n\neq-1$일 때)

특히, $n=-1$일 때에는 $\int x^{-1}dx = \int \frac{1}{x}dx = \ln|x| + C$

③ $\int kf(x)dx = k\int f(x)dx$ (k는 상수)

④ $\int \{f(x) \pm g(x)\}dx = \int f(x)dx \pm \int g(x)dx$ (복호동순)

이들 공식의 증명은 우변을 미분하여 좌변의 피적분함수가 됨을 밝히면 된다.

[예제 4-4] 다음 부정적분을 구하여라.

① $\int (-3)dx$ ② $\int dx$

③ $\int 5x^4 dx$ ④ $\int (-2t^3)dt$

〈풀이〉 ① $\int (-3)dx = \boldsymbol{-3x + C}$

② $\int dx = \int 1dx = \boldsymbol{x + C}$

③ $\int 5x^4 dx = 5 \cdot \frac{1}{4+1}x^{4+1} + C = \boldsymbol{x^5 + C}$

④ $\int (-2t^3)dt = -2 \cdot \frac{1}{3+1}t^{3+1} + C = \boldsymbol{-\frac{1}{2}t^4 + C}$

[예제 4-5] 다음 부정적분을 구하여라.

① $\int (3x^2 - 2x + 4)dx$ ② $\int (2x-3)(x+4)dx$

③ $\int \frac{1}{x^2}dx$ ④ $\int \frac{1}{\sqrt{x}}dx$

〈풀이〉 ① 준식 $= \int 3x^2 dx + \int (-2)xdx + \int 4dx$

$= 3\int x^2 dx - 2\int xdx + 4\int dx$

$= \boldsymbol{x^3 - x^2 + 4x + C}$

② 준식 $= \int (2x^2 + 5x - 12)dx$

$= \boldsymbol{\frac{2}{3}x^3 + \frac{5}{2}x^2 - 12x + C}$

③ $\int \frac{1}{x^2}dx = \int x^{-2}dx = \frac{1}{-2+1}x^{-2+1} + C$

$= -x^{-1} + C = -\frac{1}{x} + C$

④ $\int \frac{1}{\sqrt{x}}dx = \int x^{-\frac{1}{2}}dx = \frac{1}{-\frac{1}{2}+1}x^{-\frac{1}{2}+1} + C$

$= 2\sqrt{x} + C$

[예제 4-6] 다음 부정적분을 구하여라.

① $\int \frac{x^3+3x-1}{x}dx$ ② $\int 3x^3\sqrt{x}\,dx$

③ $\int \left(\frac{3}{x} - \frac{4}{x^2}\right)dx$ ④ $\int (x-1)^2(x+1)dx$

⑤ $\int (\sin\theta + \cos\theta)^2 d\theta + \int (\sin\theta - \cos\theta)^2 d\theta$

〈풀이〉 ① $\int \frac{x^3+3x-1}{x}dx = \int \left(x^2+3-\frac{1}{x}\right)dx = \frac{1}{3}x^3 + 3x - \ln|x| + C$

② $\int 3x^3\sqrt{x}\,dx = \int 3x^{\frac{4}{3}}dx = 3 \cdot \frac{1}{\frac{4}{3}+1}x^{\frac{4}{3}+1} + C = \frac{9}{7}x^{2}\sqrt[3]{x} + C$

③ $\int \left(\frac{3}{x} - \frac{4}{x^2}\right)dx = \int \left(\frac{3}{x} - 4 \cdot x^{-2}\right)dx = 3\ln|x| + \frac{4}{x} + C$

④ 준식 $= \int (x^3 - x^2 - x + 1)dx = \frac{x^4}{4} - \frac{x^3}{3} - \frac{x^2}{2} + x + C$

⑤ 준식$= \int \{(\sin\theta+\cos\theta)^2 + (\sin\theta-\cos\theta)^2\}d\theta = \int 2d\theta = 2\theta + C$

4-2 초월함수의 부정적분

앞에서 배운 초월함수의 미분법에서

$(\sin x)' = \cos x$, $(\cos x)' = -\sin x$

$(\tan x)' = \sec^2 x$, $(\cot x)' = -\csc^2 x$

$$(\sec x)' = \sec x \tan x, \quad (\csc x)' = -\csc x \cot x$$

$$(e^x)' = e^x, \qquad (a^x)' = a^x \ln a \quad (\text{단}, \ a > 0, \ a \neq 1)$$

가 성립하므로 다음과 같은 공식을 얻는다.

■ 초월함수의 부정적분

① 삼각함수의 부정적분

ⓐ $\int \sin x \, dx = -\cos x + C$ ⓑ $\int \cos x \, dx = \sin x + C$

ⓒ $\int \sec^2 x \, dx = \tan x + C$ ⓓ $\int \operatorname{cosec}^2 x \, dx = -\cot x + C$

ⓔ $\int \sec x \tan x = \sec x + C$ ⓕ $\int \operatorname{cosec} x \cot x \, dx = -\csc x + C$

ⓖ $\int \tan x \, dx = -\ln|\cos x| + C$ ⓗ $\int \cot x \, dx = \ln|\sin x| + C$

② 지수함수의 부정적분

ⓐ $\int e^x \, dx = e^x + C$

ⓑ $\int a^x \, dx = \dfrac{a^x}{\ln a} + C$ (단, $a > 0$, $a \neq 1$)

[예제 4-7] 다음 부정적분을 구하여라.

① $\int (2\sin x - \cos x) dx$ ② $\int \tan^2 x \, dx$

③ $\int \dfrac{1}{1 - \sin^2 x} dx$ ④ $\int \dfrac{\sin^2 x}{1 + \cos x} dx$

〈풀이〉 ① $\int (2\sin x - \cos x) dx = 2\int \sin x \, dx - \int \cos x \, dx$

$= -2\cos x - \sin x + C$

② $\int \tan^2 x \, dx = \int (\sec^2 x - 1) dx = \tan x - x + C$

③ $\int \dfrac{1}{1 - \sin^2 x} dx = \int \dfrac{1}{\cos^2 x} dx = \int \sec^2 x \, dx = \tan x + C$

④ $\int \dfrac{\sin^2 x}{1 + \cos x} dx = \int \dfrac{1 - \cos^2 x}{1 + \cos x} dx = \int (1 - \cos x) dx = x - \sin x + C$

[예제 4-8] 다음 부정적분을 구하여라.

① $\int \frac{\cos x}{\sin^2 x} dx$　　② $\int \cos^2 \frac{x}{2} dx$

③ $\int \cos 2x \sin x \, dx$　　④ $\int \frac{\sin^2 x - \cos^2 x}{\sin^2 x \cos^2 x}$

〈풀이〉 ① $\int \frac{\cos x}{\sin^2 x} dx = \int \frac{1}{\sin x} \cdot \frac{\cos x}{\sin x} dx$

$= \int \operatorname{cosec} x \cot x dx = -\operatorname{cosec} x + C$

② $\int \cos^2 \frac{x}{2} dx = \int \frac{1}{2}(1 + \cos x) dx = \frac{1}{2}(x + \sin x) + C$

③ $\int \cos 2x \sin x \, dx = \int \frac{1}{2}(\sin 3x - \sin x) dx$

$= \frac{1}{2}\left(-\frac{1}{3}\cos 3x + \cos x\right) + C$

$= -\frac{1}{6}\cos 3x + \frac{1}{2}\cos x + C$

④ $\int \frac{\sin^2 x - \cos^2 x}{\sin^2 x \cos^2 x} = \int \left(\frac{1}{\cos^2 x} - \frac{1}{\sin^2 x}\right) dx$

$= \int (\sec^2 x - \csc^2 x) \, dx$

$= \tan x + \cot x + C$

[예제 4-9] 다음 부정적분을 구하여라.

① $\int 2e^x dx$　　② $\int (e^x - 4x + 2) dx$

③ $\int e^{x-1} dx$　　④ $\int 10^{x+2} dx$

〈풀이〉 ① $\int 2e^x dx = 2\int e^x dx = 2e^x + C$

② $\int (e^x - 4x + 2) dx = e^x - 2x^2 + 2x + C$

③ $\int e^{x-1} dx = \int e^x \cdot e^{-1} dx = e^{-1}\int e^x dx = e^{-1}(e^x + C) = e^{x-1} + C$

④ $\int 10^{x+2} dx = \int 10^2 \cdot 10^x dx = 10^2 \cdot \frac{10^x}{\ln 10} + C = \frac{10^{x+2}}{\ln 10} + C$

4-3 치환적분법

합성함수와 같은 꼴의 부정적분에서 적분변수를 다른 변수로 치환하게 되면, 복잡한 부정적분 문제를 간단한 부정적분의 기본공식 형태로 변형시킬 수 있다.

(1) 치환적분법

이를테면, 부정적분 $\int (2x+1)^2 dx$ 를 전개하여 계산하면 다음과 같다.

$$\int (2x+1)^2 dx = \int (4x^2+4x+1)\,dx$$
$$= \frac{4}{3}x^3 + 2x^2 + x + C$$

또, 위의 적분에서 $2x+1$을 하나의 변수로 치환하여 간편하게 구할 수 있다. 즉, $2x+1=t$ 로 놓으면

$$x = \frac{t-1}{2}, \quad \frac{dx}{dt} = \frac{1}{2}, \quad dx = \frac{1}{2}dt$$

이므로

$$\int (2x+1)^2 dx = \int t^2 \cdot \frac{1}{2}dt = \frac{1}{2}\int t^2 dt$$
$$= \frac{1}{6}t^3 + C = \frac{1}{6}(2x+1)^3 + C$$

와 같이 부정적분이 구해진다.

일반적으로, $\int f(x)\,dx$ 에서 $x = g(t)$ 라 놓고 양변을 t 에 관하여 미분하면

$$dx = g'(t)\,dt$$

이므로

$$\int f(x)dx = \int f\{g(t)\}g'(t)dt$$

이것으로부터 다음과 같은 적분공식을 얻을 수 있으며, 이와 같은 적분법을 치환적분법(integration by substitution)이라고 한다.

■ 치환적분법

$y=f(x)$에서 $x=g(t)$로 놓으면 $dx=g'(t)dt$ 이므로

$$\int f(x)\,dx=\int f\{g(t)\}g'(t)\,dt$$

[예제 4-10] 다음 부정적분을 구하여라.

① $\int (2x+1)^5\,dx$　　② $\int \frac{1}{2x+1}dx$

③ $\int (x^2+1)^3 x\,dx$　　④ $\int \frac{x}{x^2+1}dx$

〈풀이〉 ① $2x+1=t$ 로 놓고 양변을 미분하면

$2dx=dt \qquad \therefore\ dx=\frac{1}{2}dt$

$$\int (2x+1)^5 dx=\int t^5\cdot\frac{1}{2}dt=\frac{1}{2}\int t^5 dt$$

$$=\frac{1}{2}\cdot\frac{1}{6}t^6+C=\frac{1}{12}(2x+1)^6+C$$

② $\int \frac{1}{2x+1}dx=\frac{1}{2}\int\frac{1}{t}dt=\frac{1}{2}\ln|t|+C=\frac{1}{2}\ln|2x+1|+C$

③ $x^2+1=t$ 로 놓고 양변을 미분하면

$2x\,dx=dt \qquad \therefore\ xdx=\frac{1}{2}dt$

$$\int (x^2+1)^3 x\,dx=\int t^3\cdot\frac{1}{2}dt=\frac{1}{2}\int t^3 dt$$

$$=\frac{1}{2}\cdot\frac{1}{4}t^4+C=\frac{1}{8}(x^2+1)^4+C$$

④ $\int \frac{x}{x^2+1}dx=\int\frac{1}{t}\cdot\frac{1}{2}dt=\frac{1}{2}\int\frac{1}{t}dt$

$$=\frac{1}{2}\ln|t|+C=\frac{1}{2}\ln(x^2+2)+C$$

[예제 4-11] 다음 부정적분을 구하여라.

① $\int \sin 3x\,dx$　　② $\int e^{3x}\,dx$

③ $\int \cos(3x+1)\,dx$　　　④ $\int (e^x+2)^2 e^x\,dx$

〈풀이〉 ① $3x=t$ 로 놓고 양변을 미분하면

$$3dx=dt \qquad \therefore\ dx=\frac{1}{3}dt$$

$$\int \sin 3x\,dx=\int \sin t\cdot\frac{1}{3}dt=-\frac{1}{3}\cos t+C$$

$$=-\frac{1}{3}\cos 3x+C$$

② $\int e^{3x}dx=\int e^t\cdot\frac{1}{3}dt=\frac{1}{3}e^t+C=\frac{1}{3}e^{3x}+C$

③ $3x+1=t$ 로 놓고 양변을 미분하면

$$3\,dx=dt \qquad \therefore\ dx=\frac{1}{3}dt$$

$$\int \cos(3x+1)\,dx=\frac{1}{3}\int \cos t\,dt=\frac{1}{3}\sin t+C$$

$$=\frac{1}{3}\sin(3x+1)+C$$

④ $e^x+2=t$ 로 놓고 양변을 미분하면

$$e^x\,dx=dt$$

$$\therefore\ \int (e^x+2)^2 e^x\,dx=\int t^2 dt=\frac{1}{3}t^3+C=\frac{1}{3}(e^x+2)^3+C$$

(2) 치환적분의 기본유형

주어진 부정적분이 $\int f\{g(x)\}g'(x)\,dx$ 인 경우 $g(x)=t$ 로 놓으면

$$g'(x)\,dx=dt$$

이므로, 치환적분법의 공식에 의하여 다음과 같이 주어진다.

$$\int f\{g(x)\}g'(x)\,dx=\int f(t)dt$$

또, 부정적분 $\int \frac{f'(x)}{f(x)}dx$ 에서 $f(x)=t$ 로 놓으면

$$f'(x)dx=dt$$

이므로

$$\int \frac{f'(x)}{f(x)}dx = \int \frac{1}{t}dt = \ln|t| + C$$

$$\therefore \int \frac{f'(x)}{f(x)}dx = \ln|f(x)| + C$$

이상으로 치환적분의 기본유형에 관한 부정적분은 다음과 같은 공식을 활용하면 쉽게 구할 수 있다.

■ 기본유형의 부정적분

① $g(x) = t$ 라 할 때 $g'(x)dx = dt$ 이므로

$$\int f\{g(x)\}g'(x)dx = \int f(t)dt$$

② $\displaystyle\int \frac{f'(x)}{f(x)}dx = \ln|f(x)| + C$

[예제 4-12] 다음 부정적분을 구하여라.

① $\displaystyle\int (2x-3)^3 dx$ ② $\displaystyle\int \frac{1}{3x-4}dx$

③ $\displaystyle\int \sin(5x+1)dx$ ④ $\displaystyle\int \sqrt{2x-3}\,dx$

〈풀이〉 ① $2x-3=t$ 로 놓으면 $2dx=dt$

$$\therefore \int (2x-3)^3 dx = \frac{1}{2}\int (2x-3)^3 \cdot 2dx = \frac{1}{2}\int t^3 dt$$

$$= \frac{1}{2}\cdot\frac{1}{4}t^4 + C = \frac{1}{8}(2x-3)^4 + C$$

② $3x-4=t$ 로 놓으면 $3dx=dt$

$$\therefore \int \frac{1}{3x-4}dx = \frac{1}{3}\int \frac{3}{3x-4}dx = \frac{1}{3}\int \frac{1}{t}dt$$

$$= \frac{1}{3}\ln|t| + C = \frac{1}{3}\ln|3x-4| + C$$

③ $5x+1=t$ 로 놓으면 $5dx=dt$

$$\therefore \int \sin(5x+1)dx = \frac{1}{5}\int \sin(5x+1)\cdot 5dx$$

$$= \frac{1}{5}\int \sin t\,dt = -\frac{1}{5}\cos t$$

$$= -\frac{1}{5}\cos(5x+1) + C$$

④ $2x-3=t$ 로 놓으면 $2dx=dt$

$$\therefore \int \sqrt{2x-3}\,dx = \frac{1}{2}\int (2x-3)^{\frac{1}{2}} \cdot 2\,dx = \frac{1}{2}\int t^{\frac{1}{2}}dt$$

$$= \frac{1}{2}\frac{1}{\frac{1}{2}+1}t^{\frac{1}{2}+1} + C = \frac{1}{3}t^{\frac{3}{2}} + C$$

$$= \mathbf{\frac{1}{3}(2x-3)^{\frac{3}{2}} + C}$$

[예제 4-13] 다음 부정적분을 구하여라.

① $\int x(x^2+1)^2 dx$ ② $\int 2x\sqrt{x^2+3}\,dx$

〈풀이〉 ① $x^2+1=t$ 로 놓으면 $2xdx=dt$

$$\therefore \int x(x^2+1)^2 dx = \frac{1}{2}\int (x^2+1)^2 2x\,dx = \frac{1}{2}\int t^2 dt$$

$$= \frac{1}{2}\cdot\frac{1}{3}t^3 + C = \mathbf{\frac{1}{6}(x^2+1)^3 + C}$$

② $x^2+3=t$ 로 놓으면 $2xdx=dt$

$$\therefore \int 2x\sqrt{x^2+3}\,dx = \int \sqrt{t}\,dt = \frac{1}{\frac{1}{2}+1}t^{\frac{1}{2}+1} + C$$

$$= \frac{2}{3}t^{\frac{3}{2}} + C = \frac{2}{3}(x^2+3)^{\frac{3}{2}} + C$$

$$= \mathbf{\frac{2}{3}(x^2+3)\sqrt{x^2+3} + C}$$

[예제 4-14] 다음 부정적분을 구하여라.

① $\int \frac{2x}{x^2+1}dx$ ② $\int \frac{e^x}{e^x+1}dx$

③ $\int \tan x\,dx$ ④ $\int \frac{\sin x}{1+\cos x}dx$

〈풀이〉 ① $x^2+1=t$ 로 놓으면 $2x\,dx=dt$

$$\therefore \int \frac{2x}{x^2+1}dx = \int \frac{1}{t}dt = \ln|t| + C = \ln|x^2+1| + C$$

$$= \mathbf{\ln(x^2+1) + C}$$

② $e^x+1=t$ 로 놓으면 $e^x dx=dt$

$$\therefore \int \frac{e^x}{e^x+1}dx = \int \frac{1}{t}\,dt = \ln|t| + C = \ln|e^x+1| + C$$
$$= \ln(e^x+1) + C$$

③ $\tan x = \dfrac{\sin x}{\cos x}$ 이므로 $\cos x = t$ 로 놓으면 $-\sin x\,dx = dt$

$$\therefore \int \tan x\,dx = \int \frac{\sin x}{\cos x}dx = \int \frac{-1}{t}dt = -\ln|t| + C$$
$$= -\ln|\cos x| + C$$

④ $$\int \frac{\sin x}{1+\cos x}dx = \int \frac{-(1+\cos x)'}{1+\cos x}dx$$
$$= -\ln(1+\cos x) + C$$

4-4 부분적분법

이제, 두 함수의 곱의 미분법을 이용하여, 두 함수의 곱의 적분법을 알아보자.

이를테면, 두 함수의 곱 xe^x 의 부정적분을 구하기 위하여 xe^x 를 미분하면

$$(xe^x)' = e^x + xe^x$$

이다. 이 식의 양변을 x 에 관하여 적분하면

$$\int (xe^x)'dx = \int e^x\,dx + \int xe^x\,dx$$

따라서,

$$\int xe^x\,dx = \int (xe^x)'dx - \int e^x\,dx = xe^x - e^x + C$$

와 같이 구할 수 있다.

일반 함수도 마찬가지로, 두 함수의 곱의 미분법에 의하여

$$\{f(x)g(x)\}' = f'(x)g(x) + f(x)g'(x)$$

이므로 양변을 다시 적분하면, 부정적분의 정의에 의하여

$$f(x)g(x) = \int f'(x)g(x)\,dx + \int f(x)g'(x)\,dx$$

$$\therefore \int f'(x)g(x)\,dx = f(x)g(x) - \int f(x)g'(x)\,dx$$

이와 같은 적분법을 **부분적분법**(integration by parts)이라고 한다.

■ 부분적분법의 공식

$$\boldsymbol{\int f'(x)g(x)\,dx = f(x)g(x) - \int f(x)g'(x)\,dx}$$

참고로, 부분적분을 구할 때

$$\int \underbrace{f'(x)g(x)\,dx}_{(\text{문제})} = \underbrace{f(x)g(x)}_{①} - \int \underbrace{f(x)g'(x)\,dx}_{②}$$

로 놓고

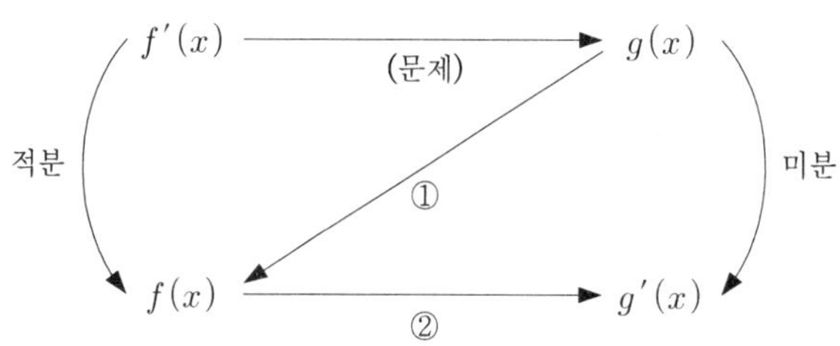

와 같이 암기하면 편리하다.

그리고, 대부분의 경우 다음과 같이 왼쪽의 것을 $g(x)$, 오른쪽의 것을 $f'(x)$로 적분하기 쉬운 쪽을 $f'(x)$로 놓는다.

$$\ln x,\ (1,\ x,\ x^2,\ \cdots\cdots),\ (\sin x,\ \cos x),\ e^x$$

$g(x)$ ⇦ ⇨ $f'(x)$

[예제 4-15] 다음 부정적분을 구하여라.

① $\int xe^x\,dx$　　② $\int x\cos x\,dx$

③ $\int x\ln x\,dx$　　④ $\int \ln x\,dx$

〈풀이〉 ① $f'(x)=e^x$, $g(x)=x$ 로 놓으면 $f(x)=e^x$, $g'(x)=1$이므로

$$\int xe^x dx = xe^x - \int e^x dx$$
$$= \boldsymbol{xe^x - e^x + C}$$

② $f'(x)=\cos x$, $g(x)=x$ 로 놓으면 $f(x)=\sin x$, $g'(x)=1$이므로

$$\int x\cos x\,dx = x\sin x - \int \sin x\,dx$$
$$= \boldsymbol{x\sin x + \cos x + C}$$

③ $f'(x)=x$, $g(x)=\ln x$ 로 놓으면 $f(x)=\frac{1}{2}x^2$, $g'(x)=\frac{1}{x}$ 이므로

$$\int x\ln x\,dx = \frac{1}{2}x^2\ln x - \frac{1}{2}\int x\,dx$$
$$= \boldsymbol{\frac{1}{2}x^2\ln x - \frac{1}{4}x^2 + C}$$

④ $f'(x)=1$, $g(x)=\ln x$ 로 놓으면 $f(x)=x$, $g'(x)=\frac{1}{x}$ 이므로

$$\int \ln x\,dx = x\ln x - \int 1\,dx = x\ln x - x + C$$
$$= \boldsymbol{x(\ln x - 1) + C}$$

[예제 4-16] 다음 부정적분을 구하여라.

① $\int x^2\sin x\,dx$ ② $\int e^x\sin x\,dx$

〈풀이〉 ① $f'(x)=\sin x$, $g(x)=x^2$ 로 놓으면 $f(x)=-\cos x$, $g'(x)=2x$ 이므로

$$\int x^2\sin x\,dx = -x^2\cos x + 2\int x\cos x\,dx$$

$\int x\cos x\,dx$ 에서 다시 $f'(x)=\cos x$, $g(x)=x$ 라 하면

$f(x)=\sin x$, $g'(x)=1$

$$\therefore \int x\cos x\,dx = x\sin x - \int \sin x\,dx = x\sin x + \cos x + C_1$$
$$\therefore \int x^2\sin x\,dx = -x^2\cos x + 2(x\sin x + \cos x + C_1)$$
$$= -x^2\cos x + 2x\sin x + 2\cos x + 2C_1$$
$$= \boldsymbol{(2-x^2)\cos x + 2x\sin x + C}$$

⑥ $f'(x)=e^x$, $g(x)=\sin x$ 로 놓으면 $f(x)=e^x$, $g'(x)=\cos x$ 이므로

$$\int e^x\sin x\,dx = e^x\sin x - \int e^x\cos x\,dx$$

$f'(x)=e^x$, $g(x)=\cos x$ 로 놓으면 $f(x)=e^x$, $g'(x)=-\sin x$ 이므로

$$\int e^x \sin x\, dx = e^x \sin x - \left(e^x \cos x + \int e^x \sin x\, dx\right)$$

$$\therefore\ 2\int e^x \sin x\, dx = e^x \sin x - e^x \cos x$$

$$\therefore\ \int e^x \sin x\, dx = \frac{e^x}{2}(\sin x - \cos x) + C$$

4-5 유리함수의 적분법

분모, 분자가 다항식인 분수식을 **유리함수**라 한다. 지금 유리함수 $\dfrac{f(x)}{g(x)}$에서 $f(x)$의 차수가 $g(x)$의 차수보다 같거나, 높으면 $f(x)$를 $g(x)$로 나누어서 그 몫을 $Q(x)$, 나머지를 $R(x)$라 할 때

$$\frac{f(x)}{g(x)} = Q(x) + \frac{R(x)}{g(x)}$$

가 되어, $Q(x)$는 정식이므로 쉽게 적분할 수 있다.

여기서 $\dfrac{R(x)}{g(x)}$는 **진분수**이므로 $g(x)$가 서로 **소**가 되는 인수 $g_1(x)$, $g_2(x)$, …로 분해할 경우

$$\frac{R(x)}{g(x)} = \frac{R_1(x)}{g_1(x)} + \frac{R_2(x)}{g_2(x)} + \frac{R_3(x)}{g_3(x)} + \cdots\cdots$$

와 같이 몇 개의 분수식의 합 또는 차의 꼴로 만드는 것을 **부분분수**(partial function)로 전개한다고 한다.

일반적으로, 유리함수의 부정적분은 부분분수로 전개하면 쉽게 부정적분을 구할 수 있다.

[예제 4-17] 부정적분 $\displaystyle\int \frac{1}{x^2-1}dx$ 를 구하여라.

〈풀이〉 $\dfrac{1}{x^2-1}$ 를 부분분수 분해하면

$$\frac{1}{x^2-1}=\frac{1}{(x-1)(x+1)}=\frac{A}{x-1}+\frac{B}{x+1}$$

우변을 통분하면

$$\frac{A}{x-1}+\frac{B}{x+1}=\frac{A(x+1)+B(x-1)}{(x-1)(x+1)}=\frac{(A+B)x+(A-B)}{(x-1)(x+1)}$$

이때,

$$(A+B)x+A-B=1$$

$$A+B=0, \quad A-B=1$$

$$\therefore\ A=\frac{1}{2}, \quad B=-\frac{1}{2}$$

따라서

$$\frac{1}{x^2-1}=\frac{\frac{1}{2}}{x-1}-\frac{\frac{1}{2}}{x+1}, \ B=-\frac{1}{2}$$

$$\therefore \int\frac{1}{x^2-1}dx=\frac{1}{2}\int\frac{1}{x-1}dx-\frac{1}{2}\int\frac{1}{x+1}dx$$

$$=\frac{1}{2}\ln|x-1|-\frac{1}{2}\ln|x+1|+C$$

$$=\frac{1}{2}\ln\left|\frac{x-1}{x+1}\right|+C$$

[예제 4-18] 부정적분 $\displaystyle\int\frac{x-2}{x(x+1)}dx$ 를 구하여라.

〈풀이〉 $\dfrac{x-2}{x(x+1)}=\dfrac{A}{x}+\dfrac{B}{x+1}=\dfrac{(A+B)x+A}{x(x+1)}$

이때,

$$A+B=1, \quad A=-2, \quad B=3$$

$$\therefore \int\frac{x-2}{x(x+1)}dx=\int\left(-\frac{2}{x}+\frac{3}{x+1}\right)dx$$

$$=-2\ln|x|+3\ln|x+1|+C$$

$$=\ln\frac{|x+1|^3}{x^2}+C$$

[예제 4-19] 부정적분 $\displaystyle\int\frac{x^3-x+1}{x^2+1}dx$ 를 구하여라.

〈풀이〉 $\dfrac{x^3-x+1}{x^2+1}=x+\dfrac{-2x+1}{x^2+1}$

$$\int \frac{x^3-x+1}{x^2+1}dx = \int x\,dx + \int \frac{-2x+1}{x^2+1}dx$$
$$= \int x\,dx - \int \frac{2x}{x^2+1}dx + \int \frac{1}{x^2+1}dx$$
$$= \frac{1}{2}x^2 - \ln(x^2+1) + \tan^{-1}x + C$$

[예제 4-20] 부정적분 $\int \frac{2x+4}{x^3-2x^2}dx$ 를 구하여라.

〈풀이〉 $\frac{2x+4}{x^3-2x^2} = \frac{2x+4}{x^2(x-2)} = \frac{A}{x} + \frac{B}{x^2} + \frac{C}{x-2}$

우변을 통분하면

$$2x+4 = Ax(x-2) + B(x-2) + Cx^2$$
$$= (A+C)x^2 + (-2A+B)x - 2B$$

에서

$$A+C=0, \quad -2A+B=2, \quad -2B=4$$
$$\therefore\ A=-2,\ B=-2,\ C=2$$
$$\therefore \int \frac{2x+4}{x^2(x-2)}dx = -2\int \frac{1}{x}dx - 2\int \frac{1}{x^2}dx + 2\int \frac{1}{x-2}dx$$
$$= -2\ln|x| + \frac{2}{x} + 2\ln|x-2| + C$$
$$= 2\ln\left|\frac{x-2}{x}\right| + \frac{2}{x} + C$$

■ 연습문제 7 ■

7-1 다음 부정적분을 구하여라.

① $\int 5dx$ ② $\int 3x^2dx$

③ $\int (6x^2-2x+1)dx$ ④ $\int (x^2+1)(1-x)dx$

⑤ $\int \frac{3+x}{x^2}dx$ ⑥ $\int \left(3x+\frac{1}{x^2}\right)^2 dx$

⑦ $\int (3x+2)^2dx - \int (3x-2)^2dx$ ⑧ $\int \sqrt[3]{x^2}\,dx$

7-2 점 $(1, 2)$를 지나는 곡선 $y=f(x)$ 위의 점 $(x, f(x))$에서의 접선의 기울기가 $2x-1$일 때, 이 곡선의 방정식을 구하여라.

7-3 다음 부정적분을 구하여라.

① $\int (2\sin x - 5\cos x)dx$ ② $\int \cot^2 x\,dx$

③ $\int \frac{\sin^2 x}{1+\cos x}dx$ ④ $\int \frac{\sin x}{\cos^2 x}dx$

⑤ $\int \sin^4 x\,dx$ ⑥ $\int \sin^2 \frac{x}{2}dx$

7-4 다음 부정적분을 구하여라.

① $\int 5e^x\,dx$ ② $\int \frac{3^x}{2}dx$

③ $\int e^{x+1}dx$ ④ $\int (2e^x - 3^x)dx$

7-5 다음 부정적분을 구하여라.

① $\int x^{\frac{1}{4}}dx$ ② $\int \frac{x-1}{x^2}dx$

③ $\int (x^2-2)^3dx$ ④ $\int \frac{2x}{x-1}dx$

7-6 다음 부정적분을 구하여라.

① $\int \cos^2 x\,dx$ ② $\int \sin^2 x\,dx$

③ $\int \cos^3 x\,dx$ ④ $\int \sin 3x \sin 2x\,dx$

7-7 다음 부정적분을 구하여라.

① $\int \sin(2x+1)dx$ ② $\int \cos(5x+4)dx$

③ $\int e^{3x+2}dx$ ④ $\int \frac{5}{10x+3}dx$

7-8 다음 부정적분을 구하여라.

① $\int \sqrt{2x-3}\,dx$ ② $\int x(x^2+4)^3dx$

③ $\int xe^{-x^2}dx$　　④ $\int \frac{6x^2}{(x^3+4)^2}dx$

⑤ $\int 2\sin^3 x\cos x\,dx$　　⑥ $\int \frac{\ln x}{x}dx$

7-9 다음 부정적분을 구하여라.

① $\int \frac{1}{\sqrt[3]{4-x}}dx$　　② $\int 2x\sqrt{x^2+3}\,dx$

③ $\int \frac{1}{9x^2+4}dx$　　④ $\int \frac{1}{\sqrt{1-4x^2}}dx$

⑤ $\int \sin^3 x\,dx$　　⑥ $\int 3x^2\sqrt{x^3+1}\,dx$

7-10 다음 부정적분을 구하여라.

① $\int \frac{e^x-e^{-x}}{e^x+e^{-x}}dx$　　② $\int \frac{3e^x}{e^x-2}dx$

③ $\int \cos^2 x\sin^3 x\,dx$　　④ $\int \frac{\ln(x+1)}{x+1}dx$

⑤ $\int (\sin x+\cos x)^2 dx$　　⑥ $\int \cos 2x\sin 3x\,dx$

7-11 다음 부정적분을 구하여라.

① $\int xe^{-x}dx$　　② $\int x\sin 2x\,dx$

③ $\int x^2e^x\,dx$　　④ $\int x^3\cos x\,dx$

⑤ $\int e^x\cos x\,dx$　　⑥ $\int x^2\sin 3x\,dx$

7-12 다음 부정적분을 구하여라.

① $\int \frac{dx}{x^2-5x+6}$　　② $\int \frac{x^3+2}{x-1}dx$

③ $\int \frac{dx}{x(1+x)^2}$　　④ $\int \frac{dx}{x(x^2+1)}$

⑤ $\int \frac{3x^2-x+6}{(x-1)^2(x^2+3)}dx$　　⑥ $\int \frac{e^t}{e^{2t}+3e^t+2}dt$

CHAPTER

5 정적분과 그 응용

5-1 구분구적법

(1) 적분의 정의와 부정적분

바빌로니아, 이집트, 중국 등의 옛날 기록에 의하면 지금부터 4,000년 전에도 길이, 넓이, 부피를 구하는 여러 가지 구분구적법이 알려져 있었다. 이와 같이, 적분의 개념은 미분법과 관계없이 구분구적법에서 시작되었다고 볼 수 있다.

어떤 도형의 넓이나 부피를 구하려면 먼저 그 도형을 세분하여 각 부분의 넓이(또는 부피)의 합을 구하고, 다음에 분할을 한없이 작게 해 나아갈 때의 그 합의 극한값으로써 최초의 도형의 넓이(또는 부피)를 구할 수가 있다. 이때, 이러한 방법을 **구분구적법**(mensuration by parts)이라고 한다.

예로서, 밑면의 길이가 a, 높이가 h인 삼각형의 넓이가

$$S=\frac{1}{2}ah$$

가 됨을 **구분구적법**을 써서 알아보자.

그림 5-1과 같이 높이 h를 n등분하면, n개의 닮은 삼각형으로 쪼개어진다.

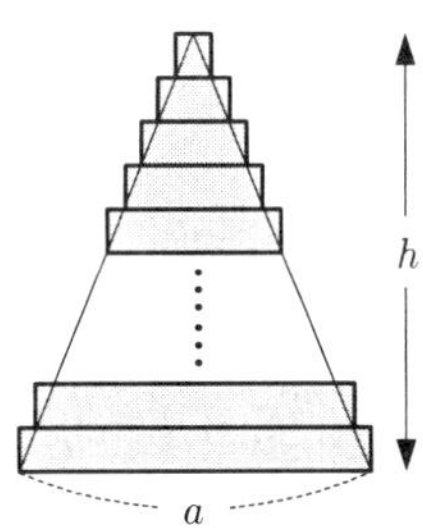

그림 5-1

이때, n개의 닮은 삼각형의 밑변은 차례로

$$\frac{a}{n},\ \frac{2a}{n},\ \frac{3a}{n},\ \cdots\cdots,\ \frac{na}{n}$$

가 된다. 이들 밑변을 가로로 하는 n 개의 직사각형을 만들고, 이들 n 개의 넓이의 합을 S_n 이라 하면

$$S_n = \frac{a}{n} \cdot \frac{h}{n} + \frac{2a}{n} \cdot \frac{h}{n} + \frac{3a}{n} \cdot \frac{h}{n} + \cdots\cdots + \frac{na}{n} \cdot \frac{h}{n}$$
$$= \frac{ah}{n^2}(1+2+3+ \cdots +n) = \frac{ah}{2} \cdot \frac{n+1}{n}$$

여기서, $n \to \infty$ 이면, S_n 은 구하는 도형의 넓이 S에 한없이 가까워진다. 곧,

$$S = \lim_{n \to \infty} S_n = \frac{ah}{2} \lim_{n \to \infty} \frac{n+1}{n} = \frac{1}{2}ah$$

가 되어, 이미 알고 있는 삼각형의 넓이 공식이 유도되었다.

이와 같이, 어떤 도형의 넓이나 부피를 구할 때, 주어진 도형을 세분하여 그 도형의 근사값을 구하고, 이 근사값의 극한값으로 도형의 넓이 또는 부피를 구하는 방법을 **구분구적법**이라고 한다.

[예제 5-1] 곡선 $y=x^2$과 x축 및 직선 $x=1$로 둘러싸인 도형의 넓이 S를 구분구적법으로 구하여라.

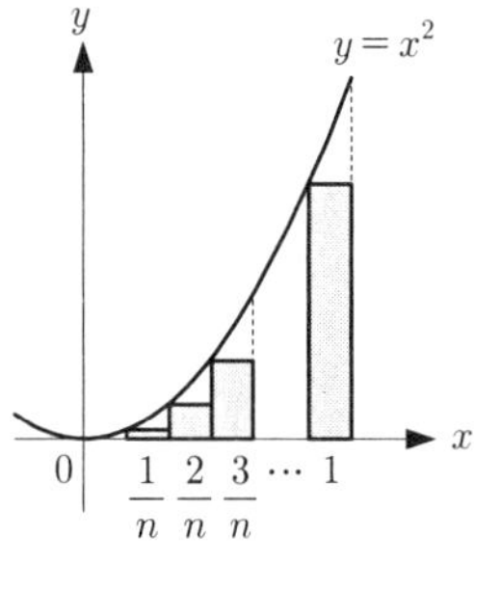

〈풀이〉 그림과 같이 구간 $[0, 1]$을 n 등분하면, 양 끝점의 x 좌표는 차례로

$$0,\ \frac{1}{n},\ \frac{2}{n},\ \frac{3}{n},\ \cdots\cdots,\ \frac{n-1}{n},\ \frac{n}{n}(=1)$$

각 소구간을 밑변으로 하고 높이가 각각

$$0^2,\ \left(\frac{1}{n}\right)^2,\ \left(\frac{2}{n}\right)^2,\ \cdots\cdots,\ \left(\frac{n-1}{n}\right)^2$$

인 직사각형의 넓이의 합을 S_n 이라 하면

$$S_n = \frac{1}{n}\left(\frac{0}{n}\right)^2 + \frac{1}{n}\left(\frac{1}{n}\right)^2 + \frac{1}{n}\left(\frac{2}{n}\right)^2 + \cdots + \frac{1}{n}\left(\frac{n-1}{n}\right)^2$$

$$= \frac{1}{n^3}\{1^2 + 2^2 + 3^2 + \cdots + (n-1)^2\}$$

$$= \frac{1}{6n^3}(n-1)n(2n-1) = \frac{1}{6}\left(1-\frac{1}{n}\right)\left(2-\frac{1}{n}\right)$$

$$\therefore\ S = \lim_{n\to\infty} S_n = \frac{1}{3}$$

5-2 정적분의 정의 및 부정적분과의 관계

(1) 정적분의 정의

앞절에서 배운 구분구적법을 연속함수에 적용하여 보자.

이를테면, 함수 $y=f(x)$가 폐구간 $[a, b]$에서 연속이고, $f(x) \geqq 0$일 때 구간 $[a, b]$를 n등분한 분점을 차례로

$$a = x_0,\ x_1,\ x_2,\ \cdots\cdots,\ x_{n-1},\ x_n = b$$

라 하고, 각 소구간의 길이를 Δx라 하면

$$\Delta x = \frac{b-a}{n}$$

그림 5-2에서 n개의 직사각형의 넓이의 합을 S_n이라 하면 다음과 같다.

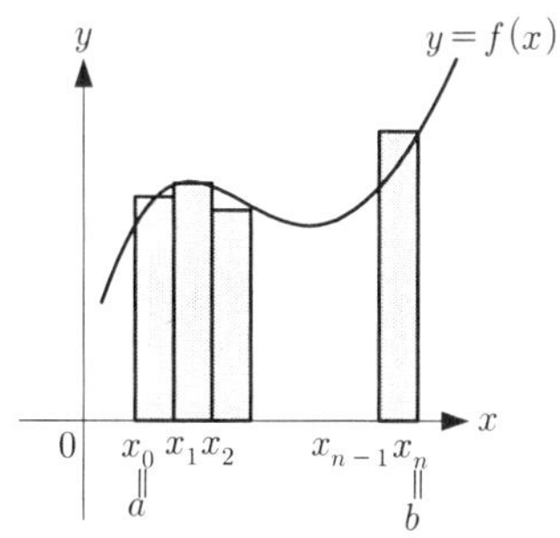

그림 5-2

$$S_n = f(x_1)\Delta x + f(x_2)\Delta x + \cdots\cdots + f(x_n)\Delta x$$
$$= \sum_{k=1}^{n} f(x_k)\Delta x$$

여기서, $n \to \infty$ 일 때, 즉 $\Delta x \to 0$ 일 때 곡선 $y = f(x)$와 두 직선 $x = a$, $x = b$ 및 x축으로 둘러싸인 도형의 넓이 S에 한없이 가까워진다. 즉,

$$S = \lim_{n \to \infty} S_n = \lim_{n \to \infty} \sum_{k=1}^{n} f(x_k)\Delta x$$

이 극한값을 함수 $f(x)$의 a에서 b까지의 **정적분**(definite integral)이라 하고, 기호는 다음과 같다.

$$\int_a^b f(x)dx$$

이때, 정적분 $\int_a^b f(x)dx$의 값을 구하는 것을 함수 $f(x)$를 a에서 b까지 적분한다고 하고, a를 **아래끝**, b를 **위끝**이라고 한다. 또 구간 $[a, b]$를 **적분구간**이라 하고, $f(x)$를 **피적분함수**, x를 **적분변수**라 한다.

참고로, $\int_a^b f(x)dx$ 를 '**인티그럴**(integral) $\boldsymbol{a}$에서 $\boldsymbol{b}$까지 $\boldsymbol{f(x)dx}$'로 읽는다.

■ **정적분의 정의**

함수 $f(x)$가 구간 $[a, b]$에서 연속일 때

$$\int_a^b f(x)dx = \lim_{n \to \infty} \sum_{k=1}^{n} f(x_k)\Delta x$$

단, $\Delta x = \dfrac{b-a}{n}$, $x_k = a + k\Delta x$

[예제 5-2] $\int_0^1 x^2\,dx$ 를 정적분의 정의에 의해서 구하여라.

〈풀이〉 그림 5-2와 같이 $0 \leq x \leq 1$을 n등분하면

$$\Delta x = \frac{1-0}{n} = \frac{1}{n}$$

$$x_k = a + k\Delta x = 0 + k\frac{1}{n} = \frac{k}{n}$$

$$\therefore \int_0^1 x^2 dx = \lim_{n\to\infty}\sum_{k=1}^{n} f(x_k)\Delta x = \lim_{n\to\infty}\sum_{k=1}^{n}\frac{k^2}{n^2}\cdot\frac{1}{n}$$

$$= \lim_{n\to\infty}\frac{1}{n^3}(1^2+2^2+\cdots\cdots+n^2) = \lim_{n\to\infty}\frac{1}{n^3}\frac{n(n+1)(2n+1)}{6}$$

$$= \lim_{n\to\infty}\frac{(n+1)(2n+1)}{6n^2} = \lim_{n\to\infty}\frac{2n^2+3n+1}{6n^2} = \mathbf{\frac{1}{3}}$$

(2) 정적분과 부정적분과의 관계

정적분과 부정적분 사이에는 다음과 같은 관계가 성립한다.

■ 정적분의 기본정리

$\int f(x)dx = F(x) + C$라 할 때

$$\int_a^b f(x)dx = [F(x)]_a^b = F(b) - F(a)$$

이와 같은 관계를 이용하면 정적분의 값을 간단히 구할 수 있다.

[예제 5-3] 정적분 $\int_0^1 x^2\,dx$ 의 값을 구하여라.

〈풀이〉 $\int_0^1 x^2 dx = \left[\frac{1}{3}x^3\right]_0^1 = \frac{1}{3}\cdot 1^3 - 0 = \mathbf{\frac{1}{3}}$

예제 5-1, 5-2의 값과 일치함을 알 수 있다.

[예제 5-4] 다음 정적분의 값을 구하여라.

① $\int_1^3 3x^2 dx$　　② $\int_0^1 \sqrt{x}\,dx$

③ $\int_1^2 e^{-x}\,dx$　　④ $\int_0^{\frac{\pi}{4}} \cos 2x\,dx$

〈풀이〉 ① $\int_{1}^{3} 3x^2 dx = [x^3]_1^3 = 3^3 - 1^3 = 27 - 1 = \mathbf{26}$

② $\int_{0}^{1} \sqrt{x}\, dx = \int_{0}^{1} x^{\frac{1}{2}} dx = \left[\frac{2}{3} x^{\frac{3}{2}}\right]_0^1 = \mathbf{\frac{2}{3}}$

③ $\int_{1}^{2} e^{-x} dx = [-e^{-x}]_1^2 = -e^{-2} - (-e^{-1})$

$= \mathbf{\frac{1}{e} - \frac{1}{e^2}}$

④ $\int_{0}^{\frac{\pi}{4}} \cos 2x\, dx = \frac{1}{2}[\sin 2x]_0^{\frac{\pi}{4}}$

$= \frac{1}{2}\left(\sin\frac{\pi}{2} - \sin 0\right) = \mathbf{\frac{1}{2}}$

5-3 정적분의 계산

(1) 정적분의 기본정의

지금까지 공부한 정적분 $\int_{a}^{b} f(x)\, dx$ 에서 $b > a$ 인 경우만을 생각하기 쉬우나 $a = b$, $a > b$ 인 경우에도 정적분을 다음과 같이 정의한다.

■ **정적분의 기본정의**

① $\int_{a}^{a} f(x) = 0$

② $\int_{a}^{b} f(x) dx = -\int_{b}^{a} f(x) dx$

[예제 5-5] 다음 정적분의 값을 구하여라.

① $\int_{3}^{3} 3x^2 dx$ ② $\int_{3}^{0} 2x\, dx$

〈풀이〉 ① $\int_{3}^{3} 3x^2 dx = \mathbf{0}$

② $\int_{3}^{0} 2x\,dx = -\int_{0}^{3} 2x\,dx = -[x^2]_0^3$

$= -(3^2 - 0^2) = \mathbf{-9}$

(2) 정적분의 기본공식

부정적분의 정의와 미분·적분의 정리에 의하여 정적분을 계산하는 데 이용되는 기본공식은 다음과 같다. 이들은 모두 a, b, c의 대소에 관계없이 성립한다.

■ 정적분의 기본공식

① $\int_a^b kf(x)dx = k\int_a^b f(x)dx$ (k는 상수)

② $\int_a^b \{f(x) \pm g(x)\}dx = \int_a^b f(x)dx \pm \int_a^b g(x)dx$ (복호동순)

③ $\int_a^b f(x)dx = \int_a^c f(x)dx + \int_c^b f(x)dx$ ($a < c < b$)

[예제 5-6] 다음 정적분의 값을 구하여라.

① $\int_2^3 (2x+1)^2 dx - \int_2^3 (2x-1)^2 dx$

② $\int_0^1 3x^2 dx + \int_1^3 3x^2 dx$

〈풀이〉 ① 준식 $= \int_2^3 \{(2x+1)^2 - (2x-1)^2\}dx = \int_2^3 8x\,dx$

$= [4x^2]_2^3 = 4\times 3^2 - 4\times 2^2 = \mathbf{20}$

② 준식 $= \int_0^3 3x^2 dx = [x^3]_0^3 = 3^3 = \mathbf{27}$

[예제 5-7] 다음 정적분의 값을 구하여라.

① $\int_{-1}^{1} (x^3 - x + 1)dx$ ② $\int_2^3 (t-2)(t^2+2t+4)\,dt$

③ $\int_0^{\frac{\pi}{3}} \tan^2 x\,dx$ ④ $\int_0^{\pi} (e^{4x} - \sin^2 x)dx$

〈풀이〉 ① $\int_{-1}^{1}(x^3-x+1)dx=\left[\frac{x^4}{4}-\frac{x^2}{2}+x\right]_{-1}^{1}$

$$=\left(\frac{1}{4}-\frac{1}{2}+1\right)-\left(\frac{1}{4}-\frac{1}{2}-1\right)=\mathbf{2}$$

② 준식$=\int_{2}^{3}(t^3-8)dt=\left[\frac{1}{4}t^4-8t\right]_{2}^{3}$

$$=\left(\frac{1}{4}\cdot 3^4-8\cdot 3\right)-\left(\frac{1}{4}\cdot 2^4-8\cdot 2\right)=\mathbf{\frac{33}{4}}$$

③ $\int_{0}^{\frac{\pi}{3}}\tan^2 x\,dx=\int_{0}^{\frac{\pi}{3}}(\sec^2 x-1)dx=[\tan x-x]_{0}^{\frac{\pi}{3}}$

$$=\left(\tan\frac{\pi}{3}-\frac{\pi}{3}\right)-(\tan 0-0)=\mathbf{\sqrt{3}-\frac{\pi}{3}}$$

④ 준식$=\int_{0}^{\pi}\left(e^{4x}-\frac{1-\cos 2x}{2}\right)dx$

$$=\left[\frac{1}{4}e^{4x}-\frac{1}{2}x+\frac{1}{4}\sin 2x\right]_{0}^{\pi}$$

$$=\left(\frac{1}{4}e^{4\pi}-\frac{1}{2}\pi\right)-\left(\frac{1}{4}e^{0}\right)$$

$$=\mathbf{\frac{1}{4}(e^{4\pi}-2\pi-1)}$$

[예제 5-8] 정적분 $\int_{0}^{2}|x^2-1|dx$ 의 값을 구하여라.

〈풀이〉 구간 $[0, 2]$에서 그림과 같이

$$|x^2-1|=\begin{cases}-(x^2-1) & (0\leq x\leq 1)\\ x^2-1 & (1\leq x\leq 2)\end{cases}$$

이므로, 구간 $[0, 2]$를 두 구간 $[0, 1]$, $[1, 2]$로 나누어 적분한다. 즉

$$\int_{0}^{2}|x^2-1|dx=\int_{0}^{1}|x^2-1|dx+\int_{1}^{2}|x^2-1|dx$$

$$=-\int_{0}^{1}(x^2-1)\,dx+\int_{1}^{2}(x^2-1)\,dx$$

$$=-\left[\frac{x^3}{3}-x\right]_{0}^{1}+\left[\frac{x^3}{3}-x\right]_{1}^{2}$$

$$=-\left(\frac{1}{3}-1\right)+\left\{\left(\frac{8}{3}-2\right)-\left(\frac{1}{3}-1\right)\right\}=\mathbf{2}$$

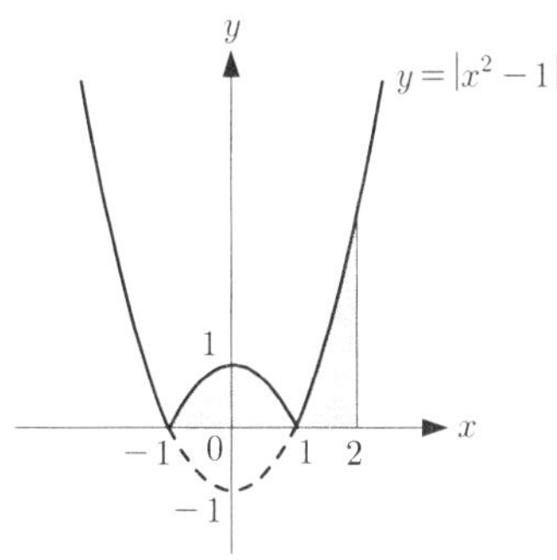

[예제 5-9] 순시값이 $i=I_m \sin\omega t$ 인 사인파의 평균값을 구하여라.

〈풀이〉 사인파와 같은 대칭파의 1주기 평균값 0 이므로 반주기 평균값으로 정의 한다. 반주기 평균값 I_{ha} 는

$$\begin{aligned} I_{ha} &= \frac{1}{\pi}\int_0^{\pi} I_m \sin\omega t \, d\omega t \\ &= \frac{I_m}{\pi}\int_0^{\pi} \sin\omega t \, d\omega t \\ &= \frac{I_m}{\pi}\left[-\cos\omega t\,\right]_0^{\pi} \\ &= \frac{I_m}{\pi}(-\cos\pi+\cos 0) \\ &= \frac{I_m}{\pi}\{-(-1)+1\} = \frac{2}{\pi}I_m \end{aligned}$$

(3) 우함수와 기함수의 정적분

일반적으로 x 의 함수 $f(x)$가

$$f(x)=f(-x)$$

인 조건을 만족하는 경우 $f(x)$를 **우(짝)함수**(even function)라고 한다. 우함수의 예를 들어 보면 x^2, x^4, $\sin x$ 등이 있으며, 우함수의 그래프는 원점을 지나는 수직선인 $f(x)$ 축에 관해서 대칭이다.

또, 함수 $f(x)$가

$$f(x)=-f(-x)$$

인 조건을 만족하는 경우 $f(x)$를 **기(홀)함수**(odd function)라고 한다. 기함수의 예를 들어 보면 x, x^3, $\sin x$ 등이 있으며, 기함수의 그래프는 원점에 관해서 대칭이다.

이상에서 우함수와 기함수의 정적분은 다음과 같은 성질이 있다.

■ 우함수와 기함수의 정적분

① $f(x)$가 우함수이면,

$$\int_{-a}^{a} f(x)dx = 2\int_{0}^{a} f(x)dx$$

② $f(x)$가 기함수이면,

$$\int_{-a}^{a} f(x)dx = 0$$

[예제 5-10] 다음 정적분의 값을 구하여라.

① $\int_{-1}^{1} x^3 dx$ ② $\int_{-2}^{2} (3x^2+4x+1)dx$

③ $\int_{-1}^{0} (x^5+x^3)dx - \int_{1}^{0} (x^5+x^3)dx$

④ $\int_{-\pi}^{\pi} (\sin x + \cos x)dx$

〈풀이〉 ① $\int_{-1}^{1} x^3 dx = \int_{-1}^{1} (\text{기함수})dx = 0$

② $\int_{-2}^{2} (3x^2+4x+1)dx = \int_{-2}^{2} 3x^2 dx + \int_{-2}^{2} 4x dx + \int_{-2}^{2} dx$

$= 2\int_{0}^{2} (3x^2+1)dx = 20$

③ 준식$= \int_{-1}^{0} (x^5+x^3)dx + \int_{0}^{1} (x^5+x^3)dx$

$= \int_{-1}^{1} (x^5+x^3)dx = 0$

④ 준식$= \int_{-\pi}^{\pi} \sin x\, dx + \int_{-\pi}^{\pi} \cos x\, dx = 0 + 2\int_{0}^{\pi} \cos x\, dx$

$= 2[\sin x]_0^{\pi} = 0$

(4) 정적분의 치환적분법

함수 $f(x)$가 구간 $[a, b]$에서 연속이며, $x = g(t)$이고 t가 α에서 β까지 변화할 때

$$dx = g'(t)\,dt, \quad a = g(\alpha), \quad b = g(\beta)$$

이므로 다음과 같은 공식을 얻는다.

■ 정적분의 치환적분법

$x = g(t)$일 때, $a = g(\alpha)$, $b = g(\beta)$이면

$$\int_a^b f(x)dx = \int_\alpha^\beta f\{g(t)\}g'(t)\,dt$$

[예제 5-11] 다음 정적분의 값을 구하여라.

① $\displaystyle\int_3^5 \sqrt{x-3}\,dx$　　② $\displaystyle\int_0^2 x\sqrt{4-x^2}\,dx$

③ $\displaystyle\int_0^1 \frac{x}{1+x^2}dx$　　④ $\displaystyle\int_0^{\frac{\pi}{4}} \sin^2 x \cos x\,dx$

〈풀이〉 ① $x-3=t$로 놓으면

$dx = dt$

또,

x	3	5
t	0	2

$$\therefore \int_3^5 \sqrt{x-3}\,dx = \int_0^2 \sqrt{t}\,dt = \left[\frac{2}{3}t^{\frac{3}{2}}\right]_0^2 = \frac{4\sqrt{2}}{3}$$

② $\sqrt{4-x^2} = t$로 놓으면

$4-x^2 = t^2$, $x^2 = 4-t^2$, $x\,dx = -t\,dt$

또,

x	0	2
t	2	0

$$\therefore \int_0^2 x\sqrt{4-x^2}\,dx = -\int_0^2 t^2\,dt = -\left[\frac{1}{3}t^3\right]_0^2$$

$$= -\left(\frac{1}{3}\cdot 2^3\right) = -\frac{8}{3}$$

③ $1+x^2=t$ 로 놓으면

$2x\,dx=dt$, $x\,dx=\frac{1}{2}dt$

또,

x	0	1
t	1	2

$$\therefore \int_0^1 \frac{x}{1+x^2}dx = \int_1^2 \frac{1}{t}\cdot\frac{1}{2}t = \frac{1}{2}\int_1^2 \frac{1}{t}dt$$

$$= \left[\frac{1}{2}\ln|t|\right]_1^2 = \frac{1}{2}\ln 2$$

④ $\sin x=t$ 로 놓으면

$\cos x\,dx=dt$

또,

x	0	$\frac{\pi}{4}$
t	0	$\frac{\sqrt{2}}{2}$

$$\therefore \int_0^{\frac{\pi}{4}} \sin^2 x\cos x\,dx = \int_0^{\frac{\sqrt{2}}{2}} t^2\,dt = \left[\frac{t^3}{3}\right]_0^{\frac{\sqrt{2}}{2}} = \frac{\sqrt{2}}{12}$$

(5) 정적분의 부분적분법

치환적분법에서와 같이 부분적분법의 공식

$$\int f'(x)g(x)dx = f(x)g(x) - \int f(x)g'(x)dx$$

로부터 다음과 같은 정적분의 부분적분법을 얻는다.

■ 정적분의 부분적분법

$$\int_a^b f'(x)g(x)dx = [f(x)g(x)]_a^b - \int_a^b f(x)g'(x)\,dx$$

[예제 5-12] 다음 정적분의 값을 구하여라.

① $\int_1^e x e^x dx$　　　② $\int_0^\pi x \cos x \, dx$

③ $\int_0^1 x^2 e^x dx$　　　④ $\int_0^\infty t e^{-st} dt$

〈풀이〉 ① $f'(x) = e^x$, $g(x) = x$ 로 놓으면,

$f(x) = e^x$, $g'(x) = 1$

$$\therefore \int_1^e x e^x dx = [e^x x]_1^e - \int_1^e e^x \cdot 1 dx = e^e \cdot e - e - [e^x]_1^e$$

$$= (e-1)e^e$$

② $f'(x) = \cos x$, $g(x) = x$ 로 놓으면,

$f(x) = \sin x$, $g'(x) = 1$

$$\therefore \int_0^\pi x \cos x \, dx = [(\sin x)x]_0^\pi - \int_0^\pi \sin x \, dx = 0 - [-\cos x]_0^\pi$$

$$= -2$$

③ $f'(x) = e^x$, $g(x) = x^2$ 으로 놓으면,

$f(x) = e^x$, $g'(x) = 2x$

$$\therefore \int_0^1 x^2 e^x dx = [x^2 e^x]_0^1 - \int_0^1 2x e^x dx$$

$$= e - 2\left\{[xe^x]_0^1 - [e^x]_0^1\right\} = e - 2\{e - (e-1)\} = e - 2$$

④ $f'(x) = e^{-st}$, $g(x) = t$ 로 놓으면,

$f(x) = -\frac{1}{s} e^{-st}$, $g'(x) = 1$

$$\therefore \int_0^\infty t e^{-st} dt = \left[t \frac{e^{-st}}{-s}\right]_0^\infty - \int_0^\infty \frac{e^{-st}}{-s} dt = \left[-\frac{1}{s^2} e^{-st}\right]_0^\infty = \frac{1}{s^2}$$

■ 연습문제 8 ■

8-1 반지름 r 인 원의 면적 S를 구분구적법을 써서 구하여라.

8-2 곡선 $y = x^3$, 직선 $x = 2$, x 축으로 둘러싸인 부분의 면적 S를 구분구적법을 써서 구하여라.

8-3 $y=x$ 인 함수의 $x=0$에서 $x=2$까지의 삼각형의 면적 S를 정적분을 이용하여 구하여라.

8-4 다음 정적분의 값을 구하여라.

① $\int_0^2 4x^3 dx$ ② $\int_1^2 (x^2-3x+2)\,dx$

③ $\int_2^3 (t-3t^3)dt$ ④ $\int_1^e \frac{1}{x}dx$

⑤ $\int_0^\pi \sin x\,dx$ ⑥ $\int_0^2 \frac{1}{1+x}dx$

8-5 다음 정적분의 값을 구하여라.

① $\int_1^3 \frac{dx}{\sqrt{x}}$ ② $\int_0^3 \sqrt{x+1}\,dx$

③ $\int_1^e \frac{1}{x}\ln x\,dx$ ④ $\int_1^3 \frac{x}{x^2+1}dx$

⑤ $\int_{-1}^1 \frac{e^{2x}+1}{e^x}dx$ ⑥ $\int_{-1}^2 4(t+1)(t^2-1)\,dt$

8-6 다음 정적분의 값을 구하여라.

① $\int_0^1 (3x^2-6x)\,dx + \int_0^1 (2x+5)\,dx$

② $\int_{-1}^2 (4x^3-3x^2+1)\,dx - \int_{-1}^2 (4x^3+2x^2-x)\,dx$

③ $\int_0^1 (3x^2-x+1)\,dx + \int_1^2 (3x^2-x+1)\,dx$

8-7 다음 정적분의 값을 구하여라.

① $\int_1^3 \frac{1}{x(x+1)}dx$ ② $\int_0^{\frac{\pi}{2}} \sin 2x \cos x\,dx$

③ $\int_{-1}^1 |x|dx$ ④ $\int_1^4 |x^2-4x+3|dx$

⑤ $\int_0^{\sqrt{3}} \frac{1}{\sqrt{3-x^2}}dx$ ⑥ $\int_0^{\frac{\pi}{3}} \sin 4x \cos 3x\,dx$

8-8 다음 정적분의 값을 우함수와 기함수의 성질을 이용하여 구하여라.

① $\int_{-1}^{1} \{x(x^2+1)+x^2(x^3-x)+x^3+5\}dx$

② $\int_{-\frac{\pi}{2}}^{\frac{\pi}{2}} (x\cos x + x^2\sin x + \cos x + \sin x)dx$

8-9 다음 정적분의 값을 구하여라.

① $\int_{2}^{3} x\sqrt{x-2}\,dx$　　② $\int_{0}^{\sqrt{3}} x\sqrt{x^2+1}\,dx$

③ $\int_{0}^{1} \frac{x}{(2x+1)^3}dx$　　④ $\int_{0}^{\frac{\pi}{4}} \sin^2 x\cos x\,dx$

8-10 다음 정적분의 값을 구하여라.

① $\int_{0}^{1} xe^{-x}dx$　　② $\int_{0}^{1} x^2e^{2x}dx$

③ $\int_{1}^{e} \ln x\,dx$　　④ $\int_{0}^{\pi} x(\sin x+\cos x)dx$

5-4 넓이와 정적분

(1) x축과 곡선 사이의 넓이

이미 정적분의 정의에서 공부한 정적분과 넓이와의 관계를 정리해 보자.

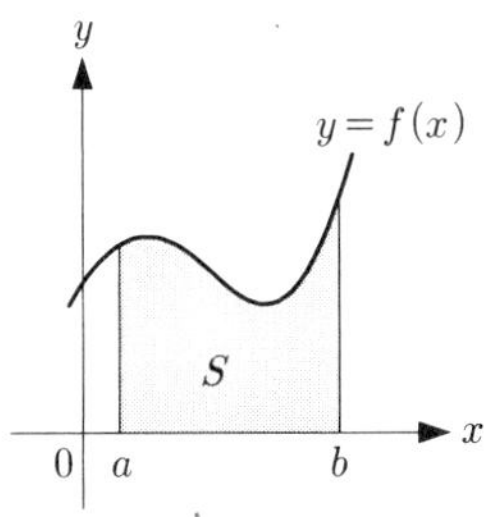

그림 5-3

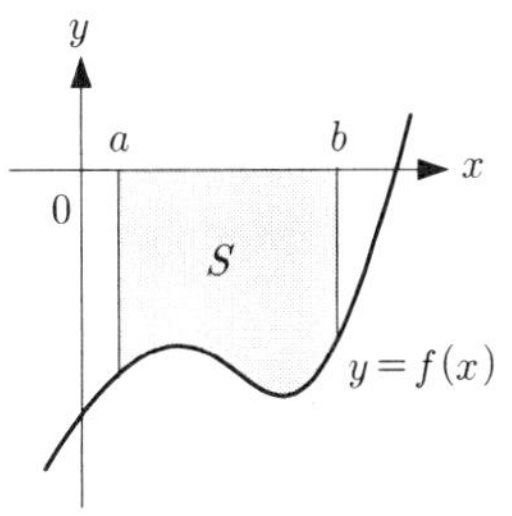

그림 5-4

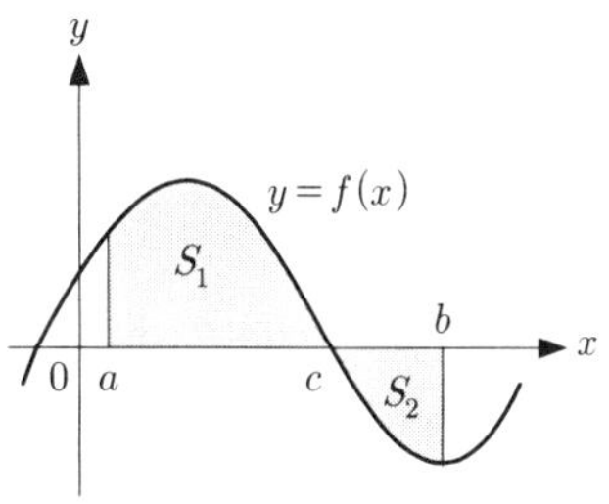

그림 5-5

그림 5-3, 그림 5-4, 그림 5-5와 같이 구간 $[a, b]$에서 곡선 $y=f(x)$와 x축 및 두 직선 $x=a$, $x=b$로 둘러싸인 도형의 넓이 S는 다음과 같다.

■ x축과 곡선 사이의 넓이

① $f(x) \geq 0$인 경우

$$S=\int_a^b f(x)dx$$

② $f(x) \leq 0$인 경우

$$S=\int_a^b \{-f(x)\}dx=-\int_a^b f(x)dx$$

③ 일반적인 경우

$$S=S_1+S_2=\int_a^c f(x)dx-\int_c^b f(x)dx=\int_a^b |f(x)|dx$$

[예제 5-13] 곡선 $y=-x^2+1$과 x축으로 둘러싸인 도형의 넓이를 구하여라.

〈풀이〉 함수 $y=-x^2+1$의 그래프는 그림과 같다.

$$\therefore\ S=\int_{-1}^{1}(-x^2+1)dx=2\int_0^1(-x^2+1)dx=2\left[-\frac{1}{3}x^3+x\right]_0^1=\mathbf{\frac{4}{3}}$$

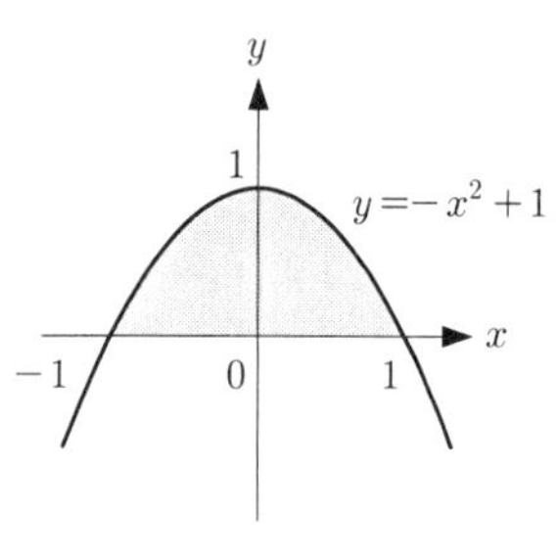

[예제 5-14] 곡선 $y=x^2-2x$와 x축으로 둘러싸인 도형의 넓이를 구하여라.

〈풀이〉 함수 $y=x^2-2x$의 그래프는 그림과 같다.

$$\therefore\ S=-\int_0^2(x^2-2x)dx$$

$$=-\left[\frac{1}{3}x^3-x^2\right]_0^2=\mathbf{\frac{4}{3}}$$

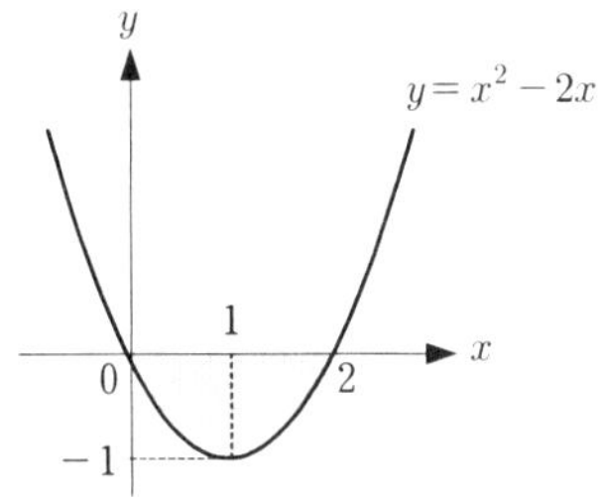

[예제 5-15] 구간 $[-1, 2]$에서 곡선 $y=x^3$과 x축 및 두 직선 $x=1$, $x=2$로 둘러싸인 부분의 넓이를 구하여라.

〈풀이〉 함수 $y=x^3$의 그래프는 그림과 같다.

$$\therefore\ S=\int_{-1}^{2}|x^3|dx$$
$$=\int_{-1}^{0}(-x^3)dx+\int_{0}^{2}x^3dx$$
$$=\left[-\frac{1}{4}x^4\right]_{-1}^{0}+\left[\frac{1}{4}x^4\right]_{0}^{2}$$
$$=\frac{1}{4}+\frac{16}{4}=\mathbf{\frac{17}{4}}$$

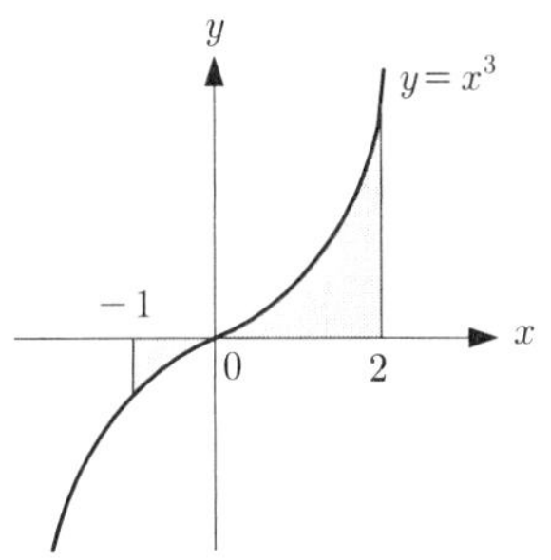

[예제 5-16] $y=x^2-3x+2$의 좌표축으로 둘러싸인 부분의 넓이를 구하여라.

〈풀이〉 $y=0$으로 놓으면 $x^2-3x+2=(x-1)(x-2)=0$에서 $x=1, 2$이므로 $y=x^2-3x+2$의 그래프는 그림과 같다.

$$\therefore\ S=\int_{0}^{1}(x^2-3x+2)dx-\int_{1}^{2}(x^2-3x+2)dx$$
$$=\left[\frac{x^3}{3}-\frac{3}{2}x^2+2x\right]_{0}^{1}-\left[\frac{x^3}{3}-\frac{3}{2}x^2+2x\right]_{1}^{2}=\mathbf{\frac{1}{6}}$$

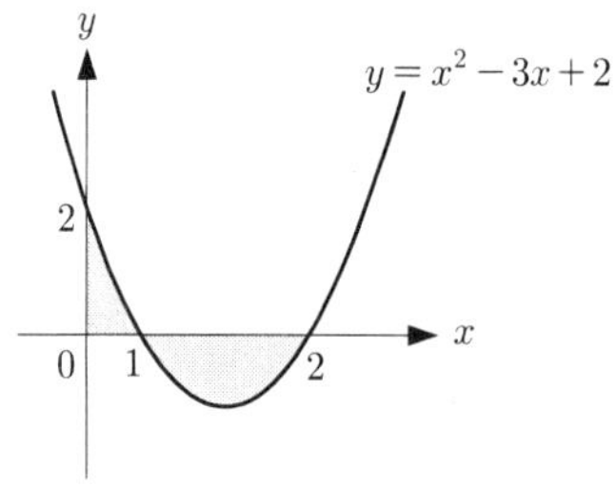

[예제 5-17] $y = \sin x\ (0 \leqq x \leqq \pi)$와 x축으로 둘러싸인 부분의 면적을 구하여라.

〈풀이〉 $S = \int_0^{\pi} \sin x\, dx = [-\cos x]_0^{\pi} = -(-1) + 1 = \mathbf{2}$

[예제 5-18] 곡선 $y^2 = x + 1$과 y축으로 둘러싸인 도형의 넓이를 구하여라.

〈풀이〉 $x = y^2 - 1 = 0$으로 놓으면 $y^2 - 1 = (y-1)(y+1) = 0$에서 $y = 1, -1$이므로 $x = y^2 - 1$의 그래프는 그림과 같다.

$$\therefore\ S = -\int_{-1}^{1} x\, dy = -\int_{-1}^{1} (y^2 - 1)\, dy = -\left[\frac{1}{3}y^3 - y\right]_{-1}^{1} = \mathbf{\frac{4}{3}}$$

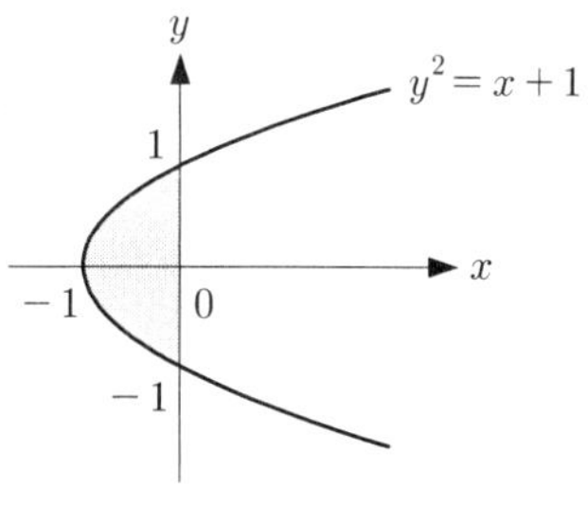

(2) 두 곡선 사이의 넓이

이제, 구간 $[a, b]$에서 두 곡선 $y = f(x)$, $y = g(x)$로 둘러싸인 부분의 넓이 S를 구하여 보자.

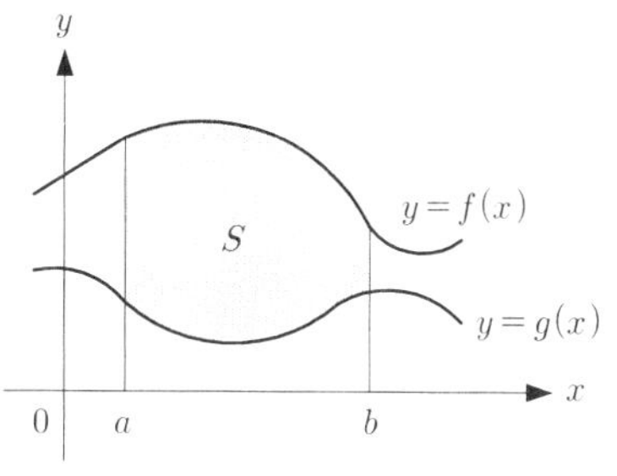

그림 5-6

그림 5-6과 같이 구간 $[a, b]$에서

$$0 \leqq g(x) \leqq f(x)$$

이면, 구하는 넓이 S는 다음과 같다.

$$S = \int_a^b f(x)dx - \int_a^b g(x)dx = \int_a^b \{f(x) - g(x)\}dx$$

이것은 어느 곡선이 x축의 아래 부분에 있을 경우에도 모두 성립한다.

■ 두 곡선 사이의 넓이

구간 $[a, b]$에서 $f(x) > g(x)$일 때,

$$\boldsymbol{S = \int_a^b \{f(x) - g(x)\}dx}$$

[예제 5-19] 포물선 $y = 2 - x^2$과 직선 $y = -x$로 둘러싸인 부분의 넓이 S를 구하여라.

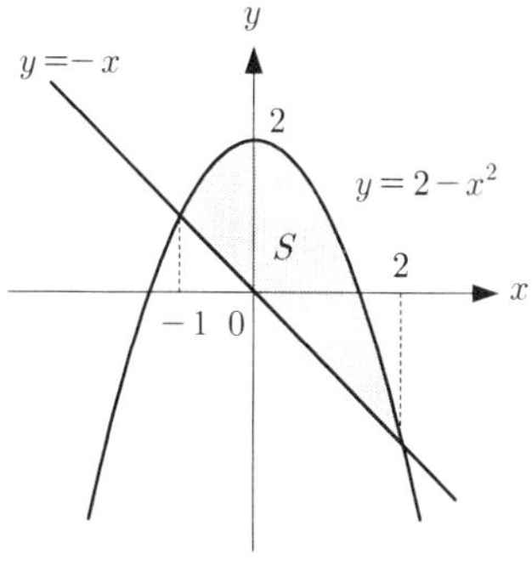

〈풀이〉 포물선과 직선의 교점의 x 좌표는 그림과 같이 $-1, 2$이다.

이때, 구간 $[-1, 2]$에서 $-x \leqq 2-x^2$

$$\therefore\ S=\int_{-1}^{2}\{(2-x^2)-(-x)\}\,dx$$
$$=\int_{-1}^{2}(2+x-x^2)dx$$
$$=\left[2x+\frac{x^2}{2}-\frac{x^3}{3}\right]_{-1}^{2}=\mathbf{\frac{9}{2}}$$

[예제 5-20] 포물선 $x=3y-y^2$과 직선 $x+y=3$으로 둘러싸인 부분의 넓이를 구하여라.

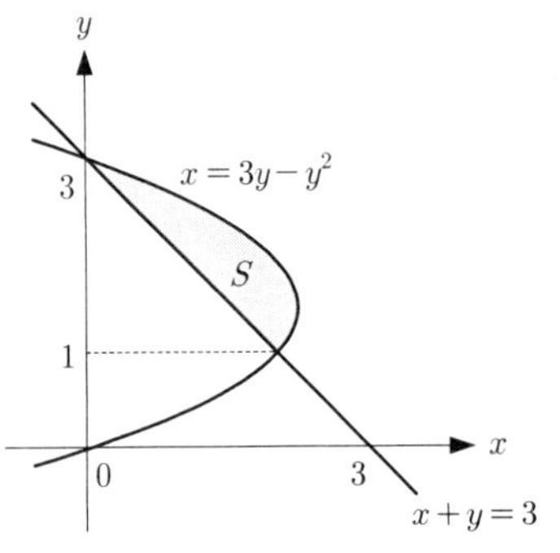

〈풀이〉 포물선 $x=3y-y^2$과 직선 $x+y=3$의 y 좌표는 그림과 같이 $1, 3$이다.

$$\therefore\ S=\int_{1}^{3}\{(3y-y^2)-(3-y)\}\,dy=\int_{1}^{3}(4y-y^2-3)dy$$
$$=\left[2y^2-\frac{y^3}{3}-3y\right]_{1}^{3}=\mathbf{\frac{4}{3}}$$

[예제 5-21] 타원 $\dfrac{x^2}{a^2}+\dfrac{y^2}{b^2}=1\,(a, b>0)$의 넓이를 구하여라.

〈풀이〉 $y=\pm\dfrac{b}{a}\sqrt{a^2-x^2}$ 이므로

$$S=\int_{-a}^{a}\left\{\frac{b}{a}\sqrt{a^2-x^2}-\left(-\frac{b}{a}\sqrt{a^2-x^2}\right)\right\}dx=2\frac{b}{a}\int_{-a}^{a}\sqrt{a^2-x^2}\,dx$$
$$=\frac{2b}{a}\left[\frac{x}{2}\sqrt{a^2-x^2}+\frac{a^2}{2}\sin^{-1}\frac{x}{a}\right]_{-a}^{a}$$
$$=\frac{2b}{a}\cdot\frac{a^2}{2}\{\sin^{-1}1-\sin^{-1}(-1)\}=\boldsymbol{\pi ab}$$

5-5 부피와 정적분

(1) 입체도형의 부피

그림 5-7과 같은 그릇에 물을 채우는데 깊이가 $x$cm일 때, 수면의 넓이가 $\sqrt{2}$ cm^{2}이라고 한다. 깊이가 8cm일 때 물의 부피를 구하여 보자.

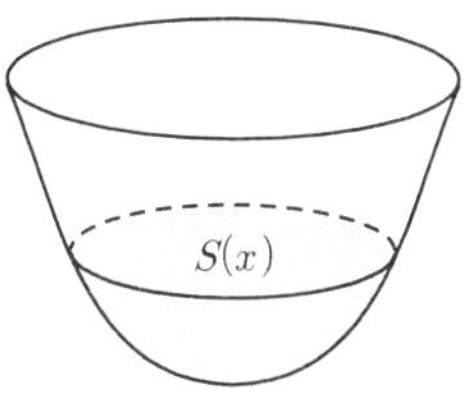

그림 5-7

수면의 넓이가 $\sqrt{x}$ 이므로 구하는 부피 V는

$$V = \int_0^8 \sqrt{x}\, dx = \frac{2}{3}\left[x^{\frac{3}{2}}\right]_0^8 = \frac{32\sqrt{2}}{3}(\text{cm}^3)$$

일반적으로, 잘린 면의 넓이를 알 때의 입체도형의 부피는 다음과 같다.

■ **입체의 부피**

구간 $[a, b]$ 안에 있는 임의의 점 x에서의 어떤 입체의 단면의 넓이가 $S(x)$일 때, 입체의 부피 V는

$$V = \int_a^b S(x)dx$$

[예제 5-22] 어떤 그릇에 물을 넣을 때, 물의 깊이 x와 그 때의 수면의 넓이 $S(x)$ 사이에는 관계식 $S(x) = x^3 + 2x$가 성립한다. $x = 2$일 때, 물의 부피

를 구하여라.

〈풀이〉 구하는 부피 V는

$$V=\int_0^2 (x^3+2x)dx=\left[\frac{x^4}{4}+x^2\right]_0^2=8$$

(2) 회전체의 부피

그림 5-8과 같이 x축 위의 좌표가 x인 점을 지나 x축에 수직인 평면에 의하여 잘리는 단면은 원이고, 반지름의 길이는 $|f(x)|$이다.

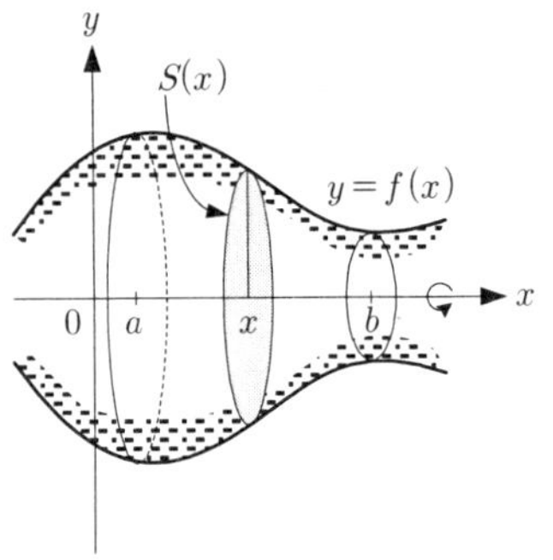

그림 5-8

따라서, 단면의 넓이를 $S(x)$라 하면

$$S(x)=\pi\{f(x)\}^2$$

이므로, $y=f(x)(a\leqq x\leqq b)$를 x축 둘레로 회전해서 생기는 회전체의 부피는 다음과 같다.

■ **회전체의 부피**

구간 $[a, b]$에서 곡선 $y=f(x)$를 x축의 둘레로 회전시킬 때 생기는 회전체의 부피 V는

$$V=\pi\int_a^b y^2dx=\pi\int_a^b \{f(x)\}^2dx$$

[예제 5-23] 구간 $[0, h]$에서 포물선 $y^2 = x$를 x축 둘레로 회전해서 생기는 회전체의 부피를 구하여라.

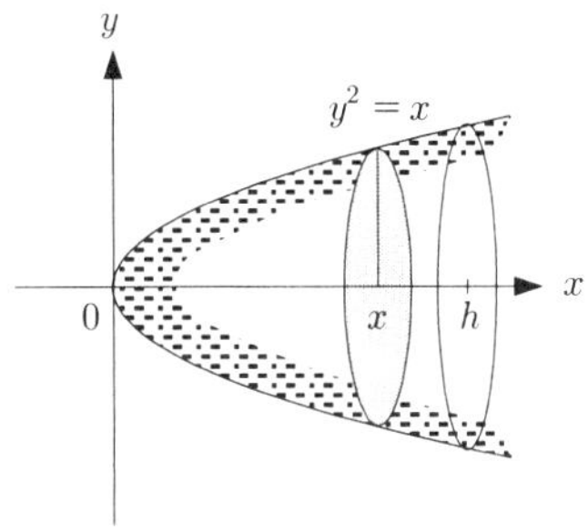

〈풀이〉 그림과 같은 회전체에서 구하는 부피를 V라 하면

$$V = \pi \int_0^h y^2 dx = \pi \int_0^h x\, dx = \pi \left[\frac{1}{2} x^2 \right]_0^h = \frac{\pi h^2}{2}$$

[예제 5-24] 반지름의 길이가 r인 원을 x축 둘레로 회전해서 생기는 회전체의 부피를 구하여라.

〈풀이〉 원의 방정식은 $x^2 + y^2 = r^2$이므로 구하는 공의 부피 V는

$$V = \pi \int_{-r}^{r} y^2 dx = \pi \int_{-r}^{r} (r^2 - x^2) dx$$

$$= 2\pi \left[r^2 x - \frac{1}{3} x^3 \right]_0^r = \frac{4}{3} \pi r^3$$

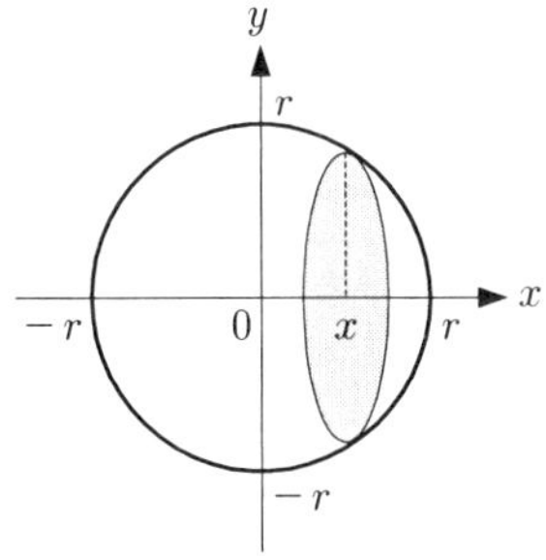

[예제 5-25] 두 곡선 $y = x^2$과 $y^2 = x$로 둘러싸인 부분을 x축의 둘레로 회전시켰을 때 생기는 회전체의 부피를 구하여라.

〈풀이〉 두 곡선의 교점을 구하면

$$x^4 = x,\ x(x^3 - 1) = 0 \quad \therefore x = 0, 1$$

따라서, 구하려는 회전체의 부피 V는

$$V = \pi \int_0^1 y^2 dx = \pi \int_0^1 (x - x^4) dx$$

$$= \pi \left[\frac{1}{2}x^2 - \frac{1}{5}x^5 \right]_0^1$$

$$= \pi \left(\frac{1}{2} - \frac{1}{5} \right) = \frac{\mathbf{3}}{\mathbf{10}}\boldsymbol{\pi}$$

5-6 곡선의 길이와 정적분

구간 $[a, b]$ 위에서 연속인 함수 $y = f(x)$가 있을 때 $x = a$, $x = b$에서의 곡선 위의 두 점을 P, Q라 하고 $\overline{\mathrm{PQ}}$의 길이를 구하여 보자.

그림 5-9에서 보는 바와 같이 구간 $[a, b]$ 안의 소구간 $[x_{i-1}, x_i]$에 대응하는 $\mathrm{P}_{i-1}\mathrm{P}_i$의 길이 Δl는 선분 $\mathrm{P}_{i-1}\mathrm{P}_i$와 근사적으로 같다.

$$\therefore \Delta l \fallingdotseq \sqrt{\Delta x^2 + \Delta y^2} = \sqrt{1 + \left(\frac{\Delta y}{\Delta x} \right)^2}\, \Delta x$$

$$\therefore l = \lim_{n \to \infty} \sum_{i=1}^{n} \Delta l = \lim_{\Delta x \to 0} \sum_{a}^{b} \sqrt{1 + \left(\frac{\Delta y}{\Delta x} \right)^2}\, \Delta x = \int_a^b \sqrt{1 + (y')^2}\, dx$$

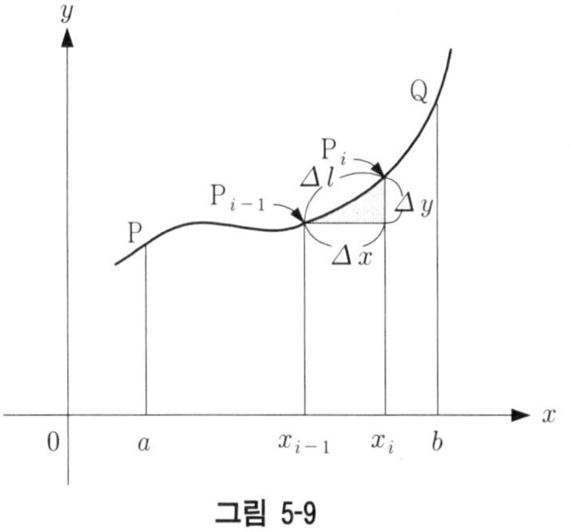

그림 5-9

또, 곡선이 매개변수 $x=f(t)$, $y=g(t)$ $(\alpha \leq t \leq \beta)$로 주어졌을 경우 곡선의 길이는 $dx=f'(t)dt$ 이므로

$$l=\int_a^b \sqrt{1+\left(\frac{dy}{dx}\right)^2}\,dx$$

$$=\int_\alpha^\beta \sqrt{1+\left(\frac{dy}{dt}\Big/\frac{dx}{dt}\right)^2}\,f'(t)dt$$

$$=\int_\alpha^\beta \sqrt{\left(\frac{dx}{dt}\right)^2+\left(\frac{dy}{dt}\right)^2}\,dt$$

이상을 정리하면 다음과 같다.

■ **곡선의 길이**

① 직교좌표에서 곡선이 $y=f(x)$ $(a \leq x \leq b)$인 경우

$$\boldsymbol{l=\int_a^b \sqrt{1+\{f'(x)\}^2}\,dx=\int_a^b \sqrt{1+\left(\frac{dy}{dx}\right)^2}\,dx}$$

② 곡선이 매개변수 $x=f(t)$, $y=g(t)$ $(\alpha \leq x \leq \beta)$인 경우

$$\boldsymbol{l=\int_\alpha^\beta \sqrt{\{f'(t)\}^2+\{g'(t)\}^2}\,dt=\int_\alpha^\beta \sqrt{\left(\frac{dx}{dt}\right)^2+\left(\frac{dy}{dt}\right)^2}\,dt}$$

[예제 5-26] 다음 주어진 구간에서의 직선 또는 곡선의 길이 l 을 구하여라.

① $y=3x+1$ $(0 \leq x \leq 1)$

② $y=\frac{2}{3}(x-1)^{\frac{3}{2}}$ $(1 \leq x \leq 4)$

③ $x=3t^2$, $y=1-t^2$ $(0 \leq t \leq 2)$

〈풀이〉 ① $l=\int_0^1 \sqrt{1+\left(\frac{dy}{dx}\right)^2}\,dx=\int_0^1 \sqrt{1+3^2}\,dx$

$$=\left[\sqrt{10}\,x\right]_0^1=\boldsymbol{\sqrt{10}}$$

② $y'=(x-1)^{\frac{1}{2}}$ 이므로 구하는 길이 l 는

$$l=\int_1^4 \sqrt{1+(x-1)}\,dx=\int_1^4 \sqrt{x}\,dx$$

$$=\left[\frac{2}{3}x^{\frac{3}{2}}\right]_1^4=\boldsymbol{\frac{14}{3}}$$

$$③\ l = \int_0^2 \sqrt{\left(\frac{dx}{dt}\right)^2 + \left(\frac{dy}{dt}\right)^2}\, dt$$
$$= \int_0^2 \sqrt{(6t)^2 + (-2t)^2}\, dt = \sqrt{40} \int_0^2 t\, dt$$
$$= \sqrt{40} \left[\frac{t^2}{2}\right]_0^2 = 4\sqrt{10}$$

5-7 중 적 분

미분법의 반대계산으로 적분법을 만들어 내듯이 편미분법의 반대계산으로 중적분법을 만들어 낼 수 있다.

즉, **편도함수**를 구할 때 미분하는 변수만을 변수로 취급하고 다른 변수들은 상수로 취급하듯이, **중적분**을 구할 때도 적분하고자 하는 변수만을 변수로 취급하고 다른 변수들은 상수로 하여 적분을 여러 번 하면 된다. 그 표시법은

$$\int_c^d \int_a^b f(x, y) dx^2 = \int_c^d \left\{\int_a^b f(x) dx\right\} dx \}$$
$$\int_c^d \int_{a(y)}^{b(y)} f(x, y)\, dx\, dy = \int_c^d \left\{\int_{a(y)}^{b(y)} f(x, y) dx\right\} dy$$
$$\int_c^d \int_{a(x)}^{b(x)} f(x, y)\, dy\, dx = \int_c^d \left\{\int_{a(x)}^{b(x)} f(x, y) dy\right\} dx$$

와 같은 기호로 표시하며, 이러한 경우를 **2중적분**(double integral)이라 하고, 3번 거듭 적하는 것을 **3중적분**이라 하며, 2중적분 이상을 **다중적분**(multi integral), 간단히 **중적분**이라고 한다.

또, 2중적분에서는 적분영역 D를 $a \leqq x \leqq b$, $\phi_1(x) \leqq y \leqq \phi_2(x)$인 폐영역이라 하고, $\phi_1(x)$, $\phi_2(x)$는 연속함수로서 폐영역 D가 면적확정일 때 D에서 적분 가능한 함수 $f(x, y)$의 2중적분은

$$\iint_D f(x, y)\, dx\, dy = \int_a^b \left\{\int_{\phi_1(x)}^{\phi_2(x)} f(x, y) dy\right\} dx$$

와 같이 계산한다. 물론 3중적분 이상의 다중적분에서도 같은 방법에 의한다.

[예제 5-27] 다음 2중적분을 구하여라.

① $\int_0^1 \int_0^x (x+y+1)dx\,dy$ ② $\int_0^1 \int_0^y xy\,dx\,dy$

〈풀이〉 ① $\int_0^1 \int_0^x (x+y+1)dy\,dx = \int_0^1 \left[xy + \frac{1}{2}y^2 + y\right]_0^x dx$

$$= \int_0^1 \left(\frac{3}{2}x^2 + x\right)dx$$

$$= \left[\frac{1}{2}x^3 + \frac{1}{2}x^2\right]_0^1 = 1$$

② $\int_0^1 \int_0^y xy\,dx\,dy = \int_0^1 \left[\frac{1}{2}x^2 y\right]_0^y dy = \frac{1}{2}\int_0^1 y^3 dy$

$$= \frac{1}{2}\left[\frac{1}{4}y^4\right]_0^1 = \frac{1}{8}$$

[예제 5-28] D를 $0 \leqq y \leqq x$, $1 \leqq x \leqq 2$로 둘러싸인 영역이라고 할 때 $\int\int_D (3x+2)\,dx\,dy$를 구하여라.

〈풀이〉 그림에서

$$\int\int_D (3x+2)\,dy\,dx = \int_1^2 \int_0^x (3x+2)\,dy\,dx = \int_1^2 [3xy+2y]_0^x dx$$

$$= \int_1^2 (3x^2+2x)\,dx = [x^3+x^2]_1^2 = 10$$

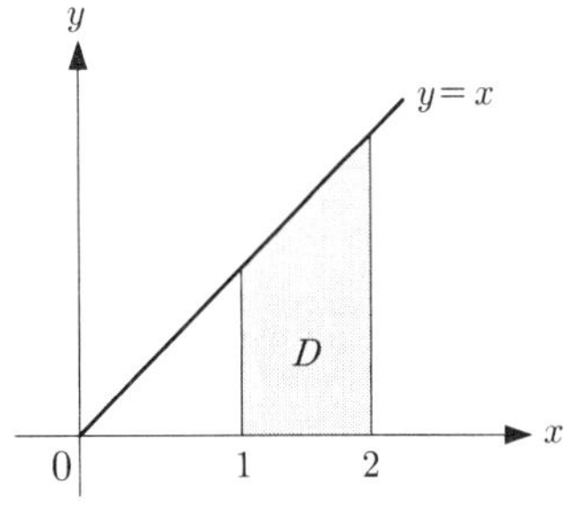

[예제 5-29] D를 $x \leqq y \leqq \sqrt{x}$, $0 \leqq x \leqq 1$로 둘러싸인 영역이라고 할 때 $\int\int_D (x^2+y^2)\,dx\,dy$를 구하여라.

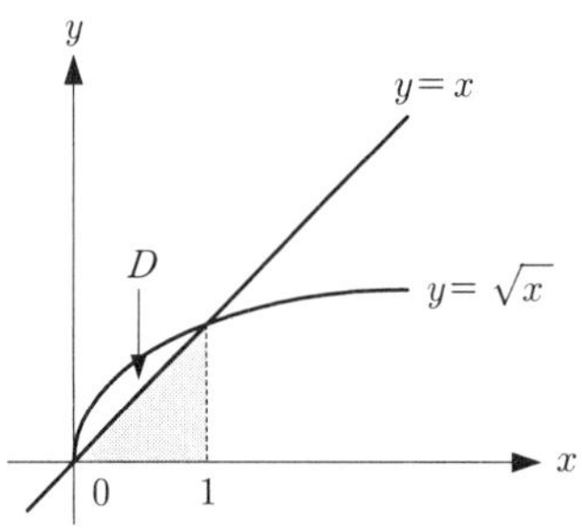

〈풀이〉 그림에서

$$\iint_D (x^2+y^2)\,dx\,dy = \int_0^1 \int_0^{\sqrt{3}} (x^2+y^2)\,dy\,dx$$

$$= \int_0^1 \left[x^2 y + \frac{1}{3} y^3 \right]_x^{\sqrt{x}} dx$$

$$= \int_0^1 \left(x^{\frac{5}{2}} + \frac{1}{3} x^{\frac{3}{2}} - x^3 - \frac{1}{3} x^3 \right) dx$$

$$= \left[\frac{2}{7} x^{\frac{7}{2}} + \frac{2}{15} x^{\frac{5}{2}} - \frac{1}{3} x^4 \right]_0^1$$

$$= \frac{2}{7} + \frac{2}{15} - \frac{1}{3} = \mathbf{\frac{3}{35}}$$

■ 연습문제 9 ■

9-1 곡선 $y = x^2$과 x축 및 직선 $x = 2$로 둘러싸인 도형의 넓이를 구하여라.

9-2 곡선 $y = 4x - x^2$과 x축으로 둘러싸인 도형의 넓이를 구하여라.

9-3 곡선 $y = x^2 - 4x + 3$과 좌표축으로 둘러싸인 부분의 넓이를 구하여라.

9-4 곡선 $y = x^2 - 7x + 6$과 x축으로 둘러싸인 부분의 넓이를 구하여라.

9-5 $y = \cos x \left(0 \leqq x \leqq \frac{\pi}{2} \right)$로 둘러싸인 부분의 넓이를 구하여라.

9-6 곡선 $y^2 = 4x$와 y축 및 두 직선 $y = 0$, $y = 4$로 둘러싸인 부분의 넓이를 구하여라.

9-7 곡선 $x = 3y^2 + 6y$ 와 y 축 및 직선 $y = 1$ 로 둘러싸인 도형의 넓이를 구하여라.

9-8 다음 곡선과 직선으로 둘러싸인 부분의 넓이를 구하여라.

① $y = x^2 + 1$, $y = 2x + 4$

② $y = x^2 - 3x + 3$, $y = x$

③ $y^2 = x$, $y = x$

9-9 다음 두 곡선으로 둘러싸인 부분의 넓이를 구하여라.

① $y^2 = 6x$, $x^2 = 6y$

② $y = x^2 - 1$, $y = - x^2 + 2x + 3$

9-10 곡선 $y = x^2$ $(1 \leq x \leq 2)$를 x 축 둘레로 회전시켜 생기는 회전체의 부피를 구하여라.

9-11 직선 $y = x + 1$ $(2 \leq y \leq 4)$를 y 축 둘레로 회전시켜 생기는 회전체의 부피를 구하여라.

9-12 곡선 $y = \cos x$ $\left(0 \leq x \leq \dfrac{\pi}{2}\right)$를 x 축 둘레로 회전시켜 생기는 회전체의 부피를 구하여라.

9-13 곡선 $y = 4x - x^2$ 과 직선 $y = x$ 로 둘러싸인 부분을 x 축 둘레로 회전시켜 생기는 회전체의 부피를 구하여라.

9-14 회전 포물면인 그릇이 있는데 깊이가 9cm, 구경이 6cm이다. 이때 이 그릇의 용적을 구하여라.

9-15 다음 주어진 구간에서의 직선 또는 곡선의 길이 l 을 구하여라.

① $y = 2x + 1$ $(0 \leq x \leq 1)$

② $y = \dfrac{2}{3}x^{\frac{3}{2}}$ $(0 \leq x \leq 3)$

③ $x = 6t^2$, $y = t^3 - 12t$ $(0 \leq t \leq 1)$

9-16 다음 2중적분을 구하여라.

① $\int_0^2 \int_0^x (x+3y^2)dy\,dx$ ② $\int_0^3 \int_1^2 (1+8xy)\,dy\,dx$

9-17 다음 3중적분을 구하여라.

① $\int_0^2 \int_0^{\frac{\pi}{3}} \int_0^{r^2} r^2\,dz\,d\phi\,dr$ ② $\int_0^{\frac{\pi}{2}} \int_0^1 \int_0^2 z\,\rho^2 \sin\theta\,dz\,d\rho\,d\theta$

9-18 D를 $2 \leqq x \leqq 4$, $\frac{1}{2}x \leqq y \leqq \sqrt{x}$로 둘러싸인 영역이라고 할 때 $\int\int_D xy\,dx\,dy$를 구하여라.

9-19 적분영역 D가 원점을 중심으로 하고 반지름의 길이가 a인 원의 제1사분면일 때 $\int\int_D xy\,dx\,dy$를 구하여라.

CHAPTER

6

미분방정식

6-1 미분방정식의 정의와 해

미래와 과거가 현재에 의하여 결정되는 현상이 매우 많다.

예로써, 방사능 물질의 붕괴나 박테리아 번식 등의 상태를 조사해서 10년 후나 100년 전의 상태를 알아낼 수가 있다.

이러한 물리법칙과 관계식이 미분방정식의 형태로서 표시되므로 이런 분야는 물리학이나 공학에서 중요한 부분이 된다.

이 절에서는 이러한 현상을 나타내는 미분방정식을 정의하고 그 해에 대해서 알아본다.

(1) 미분방정식의 정의

미분방정식(differential equations)이란

$$\frac{dy}{dx}+y=0 \qquad ⓐ$$

$$\frac{d^2y}{dx^2}-3\frac{dy}{dx}+2y=0 \qquad ⓑ$$

$$\frac{d^2y}{dx^2}-4(1-y^2)\frac{dy}{dx}+y=0 \qquad ⓒ$$

$$(y''')^4+5(y'')^3-y=\tan x \qquad ⓓ$$

와 같이 독립변수 x와 그 함수 y 및 그 도함수를 포함하는 방정식을 말한다.

미분방정식에 나타나는 최고계의 도함수의 계수를 그 미분방정식의 **계수**(order)라 한다. 또, 미분방정식의 미지함수 y와 그 도함수에 대해서 다항식인 경우에 최고계인 도함수의 차수를 그 미분방정식의 **차수**(degree)라 한다.

특히, 함수 y 및 그 도함수에 대해서 차수가 1차일 때 미분방정식을 **선형미분방정식**(linear differential equation)이라 하고, 그렇지 않은 미분방정식을 **비선형미분방정식**(non-linear differential equation)이라 한다.

위의 예에서 ⓐ는 1계선형미분방정식, ⓑ는 2계선형미분방정식, ⓒ는 2계1차 비

선형미분방정식, ⓓ는 3계4차 비선형미분방정식이다.

위에서 말한 예들은 모두 하나만의 독립변수를 갖고 있는 함수에 관한 미분방정식들이었는데, 특히, 이것을 **상미분방정식**(ordinary differential equation)이라 하며, 이에 대해서 2개 이상의 독립변수와 그 함수 및 편도함수를 포함하고 있는 미분방정식을 **편미분방정식**(partial differential equation)이라고 한다. 이 경우에도 계수 및 선형, 비선형도 똑같이 정의한다. 이를테면

$$x\frac{\partial z}{\partial x}+y\frac{\partial z}{\partial y}=0 \qquad ⓔ$$

$$\frac{\partial^2 z}{\partial x^2}+\frac{\partial^2 z}{\partial y^2}=xy \qquad ⓕ$$

이때, ⓔ는 1계선형 편미분방정식, ⓕ는 2계선형 편미분방정식이다.

또, 어느 변수를 독립변수로 보는가에 관계없이, 다만 변수와 그 미분 사이의 관계만을 나타낸 방정식

$$xdx+ydy+zdz=0$$

과 같은 것을 **전미분방정식**(total differential equation)이라고 한다.

(2) 미분방정식의 해

어떤 함수가 주어진 미분방정식을 만족할 때, 이것을 이 미분방정식의 **해**(solution)라고 한다. 예를 들면,

$$\frac{d^2y}{dx^2}-y=0$$

의 해는

$$y=C_1e^x+C_2e^{-x}$$

이다. 왜냐하면

$$y'=C_1e^x-C_2e^{-x},\ y''=C_1e^x+C_2e^{-x}$$

이고, 이 y는 $y''-y=0$을 만족하기 때문이다. 여기서 C_1, C_2는 상수이기만 하면 어떤 값이라도 미분방정식의 해가 된다. 이러한 의미에서 C_1, C_2를 임의상수라 한다.

일반적으로 미분방정식에서 계수와 같은 수의 임의상수를 포함하는 해를 **일반해**(general solution)라고 한다. 또 일반해에서 임의상수에 특정한 값을 취할 때의 해를 **특수해**(particular solution) 또는 **특해**라고 한다. 따라서 특수해는 일반해에 포함되는 하나의 해이다. 또한, 얻어진 일반해의 임의상수에 어떤 값을 대입하여도 얻을 수 없는 해를 **특이해**(singular solution)라 하며, 이 해는 직관에 의하여 구해진다.

[예제 6-1] $y=2x+Ce^x$는 $y'-y=2(1-x)$의 일반해임을 보이고 $x=0$일 때 $y=5$인 특수해를 구하여라.

〈풀이〉 $y=2x+Ce^x$에서 $y'=2+Ce^x$

$$\therefore\ y'-y=2+Ce^x-(2x+Ce^x)=2(1-x)$$

따라서, $y=2x+Ce^x$는 $y'-y=2(1-x)$의 일반해이다. 또, $y=2x+Ce^x$에 $x=0$, $y=5$를 대입하면

$$5=2\cdot 0+Ce^0 \quad \therefore\ C=5$$

따라서, 특수해는

$$\boldsymbol{y=2x+5e^x}$$

이다.

[예제 6-2] $(y')^2=4y$의 일반해는 $y=(x+C)^2$이고, 특이해는 $y=0$임을 밝혀라.

〈풀이〉 $y=(x+C)^2$을 미분하면

$$y'=2(x+C)$$
$$\therefore\ (y')^2=4(x+C)^2=4y$$

이므로 일반해이다.

또, $y=0$에서 $y'=0$이므로 $y=0$는 $(y')^2=4y$의 해가 되지만 일반해의 임의상수 C에 어떤 특정한 값을 넣어도 $y=0$가 될 수 없으므로 일반해에 포함되지 않고, $y=0$는 특이해이다.

(3) 반복적분에 의한 일반해

반복적분으로 $\frac{d^n y}{dx^n} = f(x)$인 형의 미분방정식의 일반해를 구할 수 있다. 즉,

$$\frac{d^{n-1}y}{dx^{n-1}} = \int \frac{d^n y}{dx^n} dx = \cdots\cdots \; y = \int f(x)dx + C_1 x^{n-1} + \cdots\cdots$$

계속되는 적분마다 새로운 적분상수가 나온다.

[예제 6-3] $\frac{d^2 y}{dx^2} = x^2$의 일반해를 구하여라.

〈풀이〉 x에 관해서 반복적분하면

$$\frac{dy}{dx} = \int x^2 dx = \frac{1}{3}x^3 + C_1$$

$$y = \int \left(\frac{1}{3}x^3 + C_1\right)dx = \frac{1}{12}x^4 + C_1 x + C_2$$

가 일반해이다.

[예제 6-4] $\frac{d^3 y}{dx^3} = \sin x + \cos x$ 의 일반해를 구하여라.

〈풀이〉 $\frac{d^2 y}{dx^2} = \int (\sin x + \cos x)dx = -\cos x + \sin x + C_1$

$$\frac{dy}{dx} = \int (-\cos x\, x \sin x + C_1)dx = -\sin x - \cos x + C_1 x + C_2$$

$$y = \int (-\sin x - \cos x + C_1 x + C_2)dx$$

$$= \cos x - \sin x + \frac{1}{2}C_1 x^2 + C_2 x + C_3$$

가 일반해이다.

6-2 변수분리형 미분방정식

1계1차 미분방정식에서 미분 dx, dy의 계수가 각 x만의 함수, y만의 함수로 분리될 때, 즉

$$M(x)dx + N(y)dy = 0$$

형의 미분방정식을 **변수분리형**(variables separable)이라 하고, 이 경우 미분방정식의 일반해는 양변을 적분하면 다음과 같다.

$$\int M(x)dx + \int N(y)dy = C$$

[예제 6-5] $\dfrac{dy}{dx} = \dfrac{x}{y}$의 일반해를 구하여라.

〈풀이〉 $\dfrac{dy}{dx} = \dfrac{x}{y}$를 변수분리하면

$$x\,dx - y\,dy = 0$$

가 되고, 이 식을 적분하면

$$\frac{1}{2}x^2 - \frac{1}{2}y^2 = C_1, \quad x^2 - y^2 = 2C_1$$

따라서, 일반해는

$$\boldsymbol{x^2 - y^2 = C} \quad (C = 2C_1)$$

[예제 6-6] $(1+x^2)\dfrac{dy}{dx} + xy = 0$의 일반해를 구하여라.

〈풀이〉 주어진 방정식을 변수로 분리하면

$$\frac{x}{1+x^2}dx + \frac{1}{y}dy = 0$$

이것을 적분하면

$$\frac{1}{2}\ln(1+x^2) + \ln y = \ln C, \quad \ln y\sqrt{1+x^2} = \ln C$$

를 얻으며, 일반해는 다음과 같다.

$$y\sqrt{1+x^2}=C$$

[예제 6-7] $\cos x \sin y \dfrac{dy}{dx}=\sin x \cos y$ 를 풀어라.

〈풀이〉 $\dfrac{\sin x}{\cos x}dx=\dfrac{\sin y}{\cos y}dy$, $\displaystyle\int\frac{\sin x}{\cos x}dx=\int\frac{\sin y}{\cos y}dy$

$$+\ln(\cos x)=+\ln(\cos y)+\ln C$$

$$\ln\frac{\cos x}{\cos y}=\ln C$$

따라서 일반해는

$$\frac{\cos x}{\cos y}=C$$

6-3 동차형 미분방정식

미분방정식

$$M(x, y)dx+N(x, y)dy=0 \tag{6-1}$$

에서 M, N이 x, y에 관하여 동일한 차수의 동차식이면 M/N이 x, y에 관하여 0차인 동차함수이므로, 이 경우 식 (6-1)은

$$\frac{dy}{dx}=-\frac{M}{N}=f\left(\frac{y}{x}\right) \tag{6-2}$$

의 형으로 쓸 수 있다. 이러한 미분방정식을 **동차형**(homogeneous)이라고 한다. 동차형의 미분방정식은 변수변환에 의하여 변수분리형으로 고친다.

즉, $\dfrac{y}{x}=v$, $y=vx$ 라 하면

$$\frac{dy}{dx}=v+x\frac{dv}{dx}$$

이므로, 이 식을 식 (6-2)에 대입하면

$$v+x\frac{dv}{dx}=f(v)$$

가 된다. 따라서 변수분리하면

$$\frac{dx}{x}=\frac{dv}{f(v)-v}$$

적분하면

$$\ln x=\int\frac{dv}{f(v)-v}+C$$

여기서 $v=\dfrac{y}{x}$를 대입하면 일반해를 얻는다.

[예제 6-8] $(x-y)\dfrac{dy}{dx}+x+y=0$ 을 풀어라.

〈풀이〉 양변을 x로 나누면

$$\left(1-\frac{y}{x}\right)\frac{dy}{dx}+1+\frac{y}{x}=0 \qquad ⓐ$$

이므로 동차형이다. $v=\dfrac{y}{x}$, $y=vx$로 놓으면

$$\frac{dy}{dx}=v+x\frac{dv}{dx} \qquad ⓑ$$

ⓐ식에 ⓑ식을 대입하면

$$(1-v)\left(v+x\frac{dv}{dx}\right)+1+v=0$$

$$\frac{1-v}{1+2v-v^2}dv+\frac{1}{x}dx=0$$

이것을 적분하면

$$\frac{1}{2}\ln(1+2v-v^2)+\ln x=C_1$$

$$x^2(1+2v-v^2)=C \quad \left(C=e^{2C_1}\right)$$

$$x^2\left\{1+2\frac{y}{x}-\left(\frac{y}{x}\right)^2\right\}=C$$

$$\therefore\ \boldsymbol{x^2+2xy-y^2=C}$$

[예제 6-9] $(y^2 - xy)\,dx + x^2 dy = 0$ 을 풀어라.

〈풀이〉 양변을 $x^2 dx$ 로 나누면

$$\left(\frac{y^2}{x^2} - \frac{y}{x}\right) + \frac{dy}{dx} = 0$$

$\frac{y}{x} = v$, $\frac{dy}{dx} = v + x\frac{dv}{dx}$ 를 대입하면

$$(v^2 - v) + v + x\frac{dv}{dx}$$

정리하면

$$\frac{dx}{x} + \frac{dv}{v^2} = 0$$

이 식을 적분하면

$$\ln x - \frac{1}{v} = C$$

v 에 $\frac{y}{x}$ 를 대입하고 정리하면

$$\ln x - \frac{x}{y} = C$$

$$\therefore\ \boldsymbol{y = \frac{x}{\ln x - C}}$$

[예제 6-10] $x(y - x)\frac{dy}{dx} = y^2$ 을 풀어라.

〈풀이〉 $$\frac{dy}{dx} = \frac{y^2}{xy - x^2} = \frac{\left(\frac{y}{x}\right)^2}{\frac{y}{x} - 1} \qquad ⓐ$$

이므로 동차형이다. $\frac{y}{x} = v$ 로 놓으면

$$\frac{dy}{dx} = x\frac{dv}{dx} + v \qquad ⓑ$$

ⓐ식을 ⓑ식에 대입하면

$$x\frac{dv}{dx} + v = \frac{v^2}{v - 1}$$

$$\frac{dx}{x} = \frac{v - 1}{v}dv$$

이것을 적분하면

$$\int \frac{1}{x} = \int \left(1 - \frac{1}{v}\right) dv, \quad \ln x + C = v - \ln v, \quad v = \ln xv + C$$

이것에 $v = \frac{y}{x}$ 을 대입하면

$$\frac{y}{x} = \ln y + C$$

$$\therefore y = x \ln y + Cx$$

6-4 완전미분방정식

미분방정식

$$M(x, y)dx + N(x, y)dy = 0$$

에서 좌변이 x, y 의 하나의 함수 $u(x, y)$의 전미분과 같을 때, 즉

$$M(x, y)dx + N(x, y)dy = du = \frac{\partial u}{\partial x}dx + \frac{\partial}{\partial y}dy$$

일 때, **완전미분방정식**(exact differential equation)이라 하고, 완전미분방정식이 되기 위한 필요충분조건은

$$\frac{\partial M}{\partial y} = \frac{\partial N}{\partial x}$$

이고, 일반해는 다음과 같다.

$$\int Mdx + \int \left[N - \frac{\partial}{\partial y} \int Mdx \right] dy = C$$

또한, 위 공식을 이용하여 푸는 것보다 다음과 같은 방법으로 쉽게 구할 수 있다.

먼저, 주어진 방정식이 완전미분방정식인가를 판정한 다음, 각 항을 다음과 같이 직접 적분을 취한다.

$$\int Mdx, \int Ndy$$

이 2개의 적분값에서 값이 공통인 항은 한 항만 취하고, 각 항을 더하면 일반해가 된다.

[예제 6-11] $(3x^2+2y)\,dx+2x\,dy=0$을 풀어라.

〈풀이〉 $\dfrac{\partial M}{\partial y}=\dfrac{\partial}{\partial y}(3x^2+2y)=2,\ \dfrac{\partial N}{\partial x}=\dfrac{\partial}{\partial x}(2x)=2$

$\dfrac{\partial M}{\partial y}=\dfrac{\partial N}{\partial x}$이므로 준식은 완전미분방정식이다. 따라서

$$\int Mdx=\int(3x^2+2y)dx=x^3+2xy$$
$$\int Ndy=\int 2x\,dy=2xy$$

이 두 식에서 공통인 항 $2xy$는 하나만 취하고 각 항을 더한 일반해는 다음과 같다.

$$x^3+2xy=C$$

[예제 6-12] $(\cos y+y\cos x)dx+(\sin x-x\sin y)dy=0$

〈풀이〉 $\dfrac{\partial M}{\partial y}=-\sin y+\cos x=\dfrac{\partial N}{\partial x}$ (완전미분방정식)

$$\int(\cos y+y\cos x)dx=x\cos y+y\sin x$$
$$\int(\sin x-x\sin y)dy=y\sin x+x\cos y$$

따라서, 일반해

$$x\cos y+y\sin x=C$$

6-5 1계선형 미분방정식

어떤 미분방정식이 그 종속변수 y와 각 도함수들이 1차일 때, 선형미분방정식(linear differential equation)이라고 한다. 또한, $P(x)$, $Q(x)$가 x만의 함수일 때

$$\frac{dy}{dx}+P(x)y=Q(x) \tag{6-3}$$

와 같은 형을 **1계선형 미분방정식**이라 하며, 식 (6-3)의 일반해는 다음과 같이 구할 수 있다.

식 (6-3)의 양변에 $e^{\int P(x)dx}$를 곱하면

$$\frac{dy}{dx}e^{\int P(x)dx}+P(x)ye^{\int P(x)dx}=Q(x)e^{\int P(x)dx}$$

$$\frac{d}{dx}\left(ye^{\int P(x)dx}\right)=\frac{dy}{dx}e^{\int P(x)dx}+yP(x)e^{\int P(x)dx}$$

$$\frac{d}{dx}\left(ye^{\int P(x)dx}\right)=Q(x)e^{\int P(x)dx}$$

이것을 적분하면

$$ye^{\int P(x)dx}=\int Q(x)e^{\int P(x)dx}$$

이고, 구하는 일반해는 다음과 같다.

$$\boldsymbol{y=e^{-\int P(x)dx}\left[\int Q(x)e^{\int P(x)dx}dx+C\right]}$$

[예제 6-13] $\frac{dy}{dx}+5y=50$을 풀어라.

〈풀이〉 $P(x)=5,\ Q(x)=50$이므로, 구하는 일반해는

$$\begin{aligned}y&=e^{-\int 5dx}\left[\int 50e^{\int 5dx}+C\right]\\&=e^{-5x}\left[50\int e^{5x}dx+C\right]\\&=\boldsymbol{50+Ce^{-5x}}\end{aligned}$$

[예제 6-14] $\frac{dy}{dx}+y=2\cos x$를 풀어라.

〈풀이〉 $P(x)=1,\ Q(x)=2\cos x$ 이므로, 구하는 일반해는

$$y = e^{-\int dx}\left[\int 2\cos x\, e^{\int dx}\, dx + C\right]$$
$$= e^{-x}\left[2\int \cos x \cdot e^{x}\, dx + C\right]$$
$$= e^{-x}\left[e^{x}(\cos x + \sin x) + C\right]$$
$$= \cos x + \sin x + Ce^{-x}$$

[예제 6-15] $\dfrac{dy}{dx} = x^2 - y$를 풀어라.

〈풀이〉 $P(x) = 1$, $Q(x) = x^2$이므로, 구하는 일반해는

$$y = e^{-\int dx}\left[\int x^2 e^{\int dx}\, dx + C\right]$$
$$= e^{-x}\left[\int x^2 e^{x}\, dx + C\right]$$
$$= e^{-x}\left[e^{x}(x^2 - 2x + 2) + C\right]$$
$$= x^2 - 2x + 2 + Ce^{-x}$$

6-6 미분연산자

도함수 $\dfrac{dy}{dx}$, $\dfrac{d^2y}{dx^2}$, ……, $\dfrac{d^ny}{dx^n}$ 및 y에 관한 일차식

$$\frac{d^ny}{dx^n} + P_1\frac{d^{n-1}y}{dx^{n-1}} + P_{n-1}\frac{dy}{dx} + P_n y = R(x) \tag{6-4}$$

에서 P_1, P_2, ……, P_n 및 R이 x의 함수일 때 **n계선형 미분방정식**이라 하고 $R(x) = 0$일 때를 **동차 미분방정식**, $R(x) \neq 0$일 때를 **비동차 미분방정식**이라 한다.

(6-4)식에서 미분의 연산을 나타내는 $\dfrac{d}{dx}$를 D로 나타내어, 즉

$$D = \frac{d}{dx}$$

를 **미분연산자**(differential operator)라 한다. 따라서

$$D_y = \frac{dy}{dx}, \quad D^n y = \frac{d^n y}{dx^n}$$

로 나타내며, 특히 D^0는 **단위연산자**라 부르고 $D^0 = 1$, $D^0 y = y$로 정의한다.

또한, $f(D) = D^2 + 3D - 4$의 연산자 다항식의 의미는 다음과 같다.

$$\begin{aligned} f(D)y &= (D^2 + 3D - 4)y = D^2 y + 3Dy - 4y \\ &= \frac{d^2 y}{dx^2} + 3\frac{dy}{dx} - 4y \end{aligned}$$

또, 미분연산자의 기본연산은 다음과 같다.

■ **기본연산**

① $D^n(cy) = cD^n y$ (단, c는 상수)

② $D^n(y+z) = D^n y + D^n z$

③ $D^m D^n y = D^m(D^n y) = D^{m+n} y$

④ $(D-a)(D-b) = D^2 + (a+b)D + ab$

[예제 6-16] $D(x^2 + \sin x + e^{3x})$를 풀어라.

〈풀이〉 $\frac{d}{dx}(x^2 + \sin x + e^{3x}) = 2x + \cos x + 3e^{3x}$

[예제 6-17] $(3D^2 + 2D - 1)(x^3 + 1)$을 풀어라.

〈풀이〉 준식 $= 3(6x) + 2(3x^2) - (x^3 + 1)$

$= -x^3 + 6x^2 + 18x - 1$

[예제 6-18] $D_y = x$에서 y를 구하여라.

〈풀이〉 $y = \frac{1}{D}x = D^{-1}x = \int x\,dx$

$= \frac{1}{2}x^2 + C$

6-7 상수계수 2계선형 동차미분방정식

A, B가 상수일 때 미분방정식

$$\frac{d^2y}{dx^2} + A\frac{dy}{dx} + By = 0 \tag{6-5}$$

(6-5)식의 특수해가 $y = e^{mx}$, $y' = me^{mx}$, $y'' = m^2e^{mx}$ 라 할 때, 이들을 (6-5)식에 대입하면

$$m^2e^{mx} + Ame^{mx} + Be^{mx} = e^{mx}(m^2 + Am + B) = 0 \tag{6-6}$$

여기서 e^{mx} 가 식 (6-5)의 해가 되기 위해서는 $e^{mx} \neq 0$이므로

$$m^2 + Am + B = 0 \tag{6-7}$$

이어야 한다. 여기서 방정식 (6-7)을 (6-5)식의 **보조방정식**(auxilary equation) 또는 **특성방정식**(charactistic equation)이라 하고, 보조방정식의 근은 다음과 같이 3가지 방법으로 식 (6-5)의 일반해를 결정한다.

(1) 보조방정식이 서로 다른 실근인 경우

보조방정식이 서로 다른 실근 $m = m_1, m_2$를 가지면 식 (6-5)는 특수해 e^{m_1x}와 e^{m_2x}를 가진다. 따라서 일반해는 다음과 같다.

$$y = C_1e^{m_1x} + C_2e^{m_2x}$$

[예제 6-19] $y'' - y' - 2y = 0$을 풀어라.

〈풀이〉 보조방정식 $m^2 - m - 2 = 0$에서 $m_1 = 2$, $m_2 = -1$

따라서, 구하는 일반해는

$$y = C_1e^{2x} + C_2e^{-x}$$

[예제 6-20] $(D^2+D-2)y=0$ 를 풀어라.

〈풀이〉 보조방정식 $m^2+m-2=0$에서 $m=-2, 1$
따라서, 구하는 일반해는

$$y=C_1e^{-2x}+C_2e^x$$

(2) 보조방정식이 등근인 경우

보조방정식이 등근 m을 가질 때는 하나의 근 e^{mx}만을 얻는다. 여기서는 $m=-\frac{1}{2}A$이다. 그러나, 이 경우 또 하나의 근은 xe^{mx}임을 증명할 수 있다. 즉, 반복적분하면

$$y=xe^{mx}, \ y'=e^{mx}(1+mx), \ y''=e^{mx}(2m+m^2x)$$

이것들을 식 (6-5)에 대입하고, e^{mx}로 나누면

$$(m^2+Am+B)x+(2m+A)$$

이다. 이 식은 m이 식 (6-6)을 만족시키고, 또 값이 $-\frac{1}{2}A$와 같으므로 0이 된다.

따라서, 이 경우 일반해는 다음과 같다.

$$y=C_1e^{mx}+C_2xe^{mx}=e^{mx}(C_1+C_2x)$$

[예제 6-21] $y''+4y'+4y=0$을 풀어라.

〈풀이〉 보조방정식 $m^2+4m+4=0$에서 $m=-2$인 등근이다.
따라서, 구하는 일반해는

$$y=C_1e^{-2x}+C_2xe^{-2x}=e^{-2x}(C_1+C_2x)$$

[예제 6-22] $D^2y-2Dy+y=0$을 풀어라.

〈풀이〉 보조방정식 $m^2-2m+1=(m-1)^2=0$에서 $m=1$이므로 구하는 일반해는

다음과 같다.

$$y = C_1 e^x + C_2 x e^x = \boldsymbol{e^x (C_1 + C_2 x)}$$

(3) 보조방정식이 허근인 경우

보조방정식이 허근 $m = a \pm jb$를 가지면 앞의 실수 단근인 경우와 같이 일반해는

$$y = A_1 e^{(a+jb)x} + A_2 e^{(a-jb)x} = e^{ax}(A_1 e^{jbx} + A_2 e^{-jbx})$$

또한 이 식은

$$\begin{aligned} y &= e^{ax}\{A_1(\cos bx + j\sin bx) + A_2(\cos bx + j\sin bx)\} \\ &= e^{ax}\{(A_1 + A_2)\cos bx + j(A_1 - A_2)\sin bx\} \\ &= e^{ax}(C_1 \cos bx + C_2 \sin bx) \end{aligned}$$

단, $C_1 = A_1 + A_2$, $C_2 = j(A_1 - A_2)$

따라서, 식 (6-5)의 일반해는 다음과 같다.

$$\boldsymbol{y = e^{ax}(C_1 \cos bx + C_2 \sin bx)}$$

[예제 6-23] $y'' - 6y' + 13y = 0$을 풀어라.

〈풀이〉 보조방정식 $m^2 - 6m + 13 = 0$에서 $m = 3 \pm j2$

$$\therefore\ \boldsymbol{y = e^{3x}(C_1 \cos 2x + C_2 \sin 2x)}$$

[예제 6-24] $(D^2 - 4D + 13)y = 0$을 풀어라.

〈풀이〉 보조방정식 $m^2 - 4m + 13 = 0$에서 $m = 2 \pm j3$

$$\therefore\ \boldsymbol{y = e^{2x}(C_1 \cos 3x + C_2 \sin 3x)}$$

이상의 세 경우를 정리하면 표 6-1과 같다.

〈표 6-1〉 상수계수 2계선형 미분방정식

보조방정식의 근	일반해
두 실근 $m=m_1, m_2$	$y=C_1e^{m_1x}+C_2e^{m_2x}$
실 중근 $m=m_1=m_2$	$y=e^{mx}(C_1+C_2x)$
공액복소수근 $m=a\pm jb$	$y=e^{ax}(C_1\cos bx+C_2\sin bx)$

6-8 상수계수 고계선형 미분방정식

$f(D)y=0$인 상수계수 고계동차 선형 미분방정식은 $f(D)$를 1차 또는 2차의 인수의 곱의 형태로 변형하여, 그 보조방정식의 근 m의 값을 취하고 2계방식과 같이 일반해를 구한다. 예컨대,

$$f(D)y=0,\quad \text{단, } f(D)=D^n+a_1D^{n-1}+\cdots\cdots+a_{n-1}D+a_n$$

일 때, $(D-\alpha)^n y=0$의 일반해는

$$y=(C_1+C_2x+\cdots\cdots+C_nx^{n-1})e^{\alpha x}$$

또, $(D^2+aD+b)^n y=0$, 단, $a^2-4b<0$이고, 방정식 $t^2+at+b=0$의 근이 $t=\alpha\pm j\beta$일 때 일반해는

$$y=(a_1+a_2x+\cdots\cdots+a_nx^{n-1})e^{\alpha x}\cos\beta x$$
$$+(b_1+b_2x+\cdots\cdots+b_nx^{n-1})e^{\alpha x}\sin\beta x$$

[예제 6-25] $(D+2)^3y=0$을 풀어라.

〈풀이〉 보조방정식 $(m+2)^3=0$에서 $m=-2$ 3중근

$$\therefore\ y=(C_1+C_2x+C_3x^2)e^{-2x}$$

[예제 6-26] $(D^2-2D+5)^2 y=0$을 풀어라.

〈풀이〉 보조방정식 $m^2-2m+5=0$에서 근은 $m=1\pm j2$

$$\therefore\ y=(A_1+A_2x)e^x\cos 2x+(B_1+B_2x)e^x\sin 2x$$

[예제 6-27] $y'''-y=0$의 일반해를 구하여라.

〈풀이〉 $m^3-1=0$의 3근은 $m=1,\ m=-\dfrac{1}{2}\pm j\dfrac{\sqrt{3}}{2}$

$$\therefore\ y=C_1e^x+e^{-\frac{x}{2}}\left(C_2\cos\frac{\sqrt{3}}{2}x+C_3\sin\frac{\sqrt{3}}{2}x\right)$$

6-9 편미분방정식

편미분방정식도 앞에서 배운 상미분방정식과 같은 방법으로 풀 수가 있지만, 편미분방정식의 경우 미지함수의 편도함수를 적분했을 때 나타나는 적분상수는 상미분방정식과 같이 완전한 의미에서의 상수는 아니고, 임의의 상수와 임의의 함수를 포함하고 있는 것에 주의하여야 한다.

다음의 예제를 통하여 자세히 알아보기로 하자.

[예제 6-28] $\dfrac{\partial z}{\partial x}+mx=0$을 풀어라.

〈풀이〉 $\dfrac{\partial z}{\partial x}=-mx$

양변을 적분하면

$$\int\left(\frac{\partial z}{\partial x}\right)dx=\int(-mx)dx$$

$$z+C_1=-\frac{1}{2}mx^2+C_2$$

여기서 상수 C_1과 C_2에서는 $z=f(x,y)$이면 y에 대한 임의의 함수와 임의의 상수가 포함되므로

$$z=-\frac{1}{2}mx^2+C$$

가 되는데, 여기서 $C = C_2 - C_1$ 또한 임의의 상수와 y에 대한 임의의 함수를 포함할 수 있으므로

$$z = -\frac{1}{2}mx^2 + g(y)$$

라고 쓸 수 있다.

■ 연습문제 10 ■

10-1 다음 미분방정식의 계수, 차수 및 명칭을 써라.

① $x\,dy + y\,dx = 0$　　② $yy'' + xy' = x$

③ $\dfrac{\partial z}{\partial y} - x\dfrac{\partial z}{\partial x} = y$　　④ $\dfrac{\partial^2 v}{\partial x^2} = \sqrt[3]{\dfrac{\partial v}{\partial y}}$

10-2 다음 미분방정식의 일반해를 반복적분으로 구하여라.

① $\dfrac{d^2y}{dx^2} = 4x^3$　　② $\dfrac{d^3y}{dx^3} = e^{-x}$

③ $\dfrac{d^3y}{dx^3} = x + \cos x$　　④ $\dfrac{d^2y}{dx^2} = 3\cos x$

10-3 다음 변수분리형 미분방정식의 일반해를 구하여라.

① $(1+x)\dfrac{dy}{dx} + (1+y) = 0$　　② $(y+2)dx + (x-2)dy = 0$

③ $y\dfrac{dy}{dx} + x = 0$　　④ $\dfrac{dy}{dx} - \sin x \cdot e^y = 0$

⑤ $dy + \cos x \cdot e^y dx = 0$　　⑥ $(1+x^2)\dfrac{dy}{dx} + xy = 0$

10-4 다음 동차형 미분방정식의 일반해를 구하여라.

① $(x+y) + (x-y)\dfrac{dy}{dx} = 0$　　② $(x^2+y^2) - 2xy\dfrac{dy}{dx} = 0$

③ $y + 3x + xy' = 0$　　④ $(2x+y)dy = (x-2xy)dx$

⑤ $(x^3+y^3)dx - 3xy^2dy = 0$　　⑥ $(y^2+xy)dx - x^2dy = 0$

10-5 다음 완전미분방정식의 일반해를 구하여라.

① $(x^3+2xy+y)\,dx+(y^3+x^2+x)\,dy=0$

② $(7x-3y+2)\,dx+(4y-3x-5)\,dy=0$

③ $(2x+y-3)\,dx+(x-4y+1)\,dy=0$

④ $(3x^2+8xy)\,dx+(4x^2+3y^2)\,dy=0$

⑤ $(y^2+e^x\sin y)\,dx+(2xy+e^x\cos y)\,dy=0$

10-6 다음 1계선형 미분방정식의 일반해를 구하여라.

① $y'-2y=x$ ② $y'-y=e^{2x}$

③ $y'+y=x$ ④ $y'+y=xe^{-x}$

⑤ $2x\dfrac{dy}{dx}+y=2x^2$ ⑥ $x\dfrac{dy}{dx}+2y=x^3$

10-7 다음을 계산하여라.

① $D^3(\cos 2x)$ ② $(D^2+D-1)(xe^{-x})$

③ $(D^2+1)(\sin x+\cos x)$ ④ $(D^2-3D+4)(x^3+2x^2-x+5)$

10-8 다음 미분방정식의 일반해를 구하여라.

① $y''-3y'+2y=0$ ② $y''+6y'+9y=0$

③ $y''+y'-6y=0$ ④ $y''+2y'+2y=0$

⑤ $y''-2y'+10y=0$ ⑥ $y''-4y'+4y=0$

⑦ $y'''-2y''-y'+2y=0$ ⑧ $y'''+4y'=0$

부 록

1. 그리스 문자

문 자		명 칭		문 자		명 칭	
A	α	alpha	알파	N	ν	nu	뉴
B	β	beta	베타	Ξ	ξ	xi	크사이
Γ	γ	gamma	감마	O	o	omicron	오미크론
Δ	δ	delta	델타	Π	π	pi	파이
E	ϵ	epsilon	입실론	P	ρ	rho	로
Z	ζ	zeta	제타	Σ	σ	sigma	시그마
H	η	eta	에타	T	τ	tau	타우
Θ	θ	theta	세타	Y	υ	upsilon	웁실론
I	ι	iota	이오타	Φ	ϕ	phi	파이
K	κ	kappa	카파	X	χ	chi	카이
Λ	λ	lambda	람다	Ψ	ψ	psi	프사이
M	μ	mu	뮤	Ω	ω	omega	오메가

2. 거듭제곱의 보조단위

기 호	읽 기	배 수	기 호	읽 기	배수
T	테라(Tera)	10^{12}	c	센티(centi)	10^{-2}
G	기가(Giga)	10^{9}	m	밀리(milli)	10^{-3}
M	메가(Mega)	10^{6}	μ	마이크로(micro)	10^{-6}
k	킬로(kilo)	10^{3}	n	나노(nano)	10^{-9}
h	헥토(hecto)	10^{2}	p	피코(pico)	10^{-12}

3. 수학기호

기 호	의 미	기 호	의 미
$\pm$	더하기 혹은 빼기	$\mp$	빼기 혹은 더하기
$=$	같다	$\neq(\neq)$	같지 않다
$\equiv$	항등적으로 같다	$\not\equiv(\not\equiv)$	항등적으로 같지 않다
$\times(\cdot)$	곱하기	$\div(/)$	나누기
$a \gg b$	a는 b보다 매우 크다	$a \ll b$	a는 b보다 매우 작다
$a \geqq b(\geq)$	a는 b보다 크거나 같다	$a \leqq b(\leq)$	a는 b보다 작거나 같다
$\cong$	합동이다	$\doteqdot(\approx)$	약(거의 같다)
$\backsim$	닮았다	$\perp$	수직이다
$//(\parallel)$	평행이다	⫫(⫽)	평행으로 길이가 같다
$a : b\left(\frac{a}{b}\right)$	a와 b의 비	$a \propto b$	a는 b에 비례한다
$\sim$	내지	……	등등
$\therefore$	그러므로	$\because$	왜냐하면
( )	소괄호	{ }	중괄호
[ ]	대괄호	$\sqrt{\ }$	제곱근(평방근)
Σ	시그마(총합)	∞	무한대
$\bar{a}$	a의 평균값	$\|a\|$	a의 절대값
( )([ ])	행렬	| |	행렬식
$\angle AOB$	각 AOB	$\overset{\frown}{AB}$	호 AB
arg $(\dot{A})$	$\dot{A}$의 각(편각)	Δ	델타(증분)
$\sin^{-1}$	arc 사인(역사인)	$\sinh$	hyperbolic 사인(쌍곡사인)

4. 상수근사값

① $\pi = 3.14159265 \cdots\cdots \fallingdotseq 3.1416$

$\left(\frac{1}{\pi} = 0.31830989 \cdots\cdots \fallingdotseq 0.3183\right)$

② $\sqrt{2} = 1.4142136 \cdots\cdots \fallingdotseq 1.414$

$\left(\frac{1}{\sqrt{2}} = 0.7071068 \cdots\cdots \fallingdotseq 0.707\right)$

③ $\sqrt{3} = 1.7320508 \cdots\cdots \fallingdotseq 1.732$

$\left(\frac{1}{\sqrt{3}} = 0.5723503 \cdots\cdots \fallingdotseq 0.572\right)$

④ $e = \lim_{x \to 0}(1+x)^{\frac{1}{x}} = 2.7182818 \cdots\cdots \fallingdotseq 2.718$

⑤ $\log_{10} 2 = \log 2 = 0.3010299 \cdots\cdots \fallingdotseq 0.3010$

⑥ $\log_{10} 3 = \log 3 = 0.4771212 \cdots\cdots \fallingdotseq 0.4771$

⑦ $\log_{10} e = \log e = 0.4342944 \cdots\cdots \fallingdotseq 0.4343$

⑧ $\log_e 2 = \ln 2 = 0.6931471 \cdots\cdots \fallingdotseq 0.6931$

⑨ $\log_e 3 = \ln 3 = 1.0986122 \cdots\cdots \fallingdotseq 1.0986$

⑩ $\log_e 10 = \ln 10 = 2.3025850 \ldots\ldots \fallingdotseq 2.3026$

5. 특수한 수열의 합

① $1+2+3+\cdots\cdots+n = \frac{n(n+1)}{2}$

② $1^2+2^2+3^2+\cdots\cdots+n^2 = \frac{n(n+1)(2n+1)}{6}$

③ $1^3+2^3+3^3+\cdots\cdots+n^3 = \left\{\frac{n(n+1)}{2}\right\}^2$

④ $1\cdot 2+2\cdot 3+3\cdot 4+\cdots\cdots+n\cdot(n+1) = \frac{n(n+1)(n+2)}{3}$

⑤ $\frac{1}{1^2}+\frac{1}{2^2}+\frac{1}{3^2}+\cdots\cdots = \frac{\pi^2}{6}$ (무한급수)

⑥ $\frac{1 \cdot 2}{1 \cdot 3} + \frac{1 \cdot 2 \cdot 3}{1 \cdot 3 \cdot 5} + \frac{1 \cdot 2 \cdot 3 \cdot 4}{1 \cdot 3 \cdot 5 \cdot 7} + \cdots\cdots = \frac{\pi}{2}$ (무한급수)

⑦ $1 - \frac{1}{2} + \frac{1}{3} - \frac{1}{4} + \cdots\cdots = \ln 2$ (무한급수)

6. 2차 곡선의 방정식

구분 / 도형	내 용	표 준 형	일 반 형
원	중심 (a, b), 반지름 r	$(x-a)^2+(y-b)^2=r^2$	$x^2+y^2+ax+by+c=0$
포물선	초점 $(P, 0)$, 준선 $x=-P$, 꼭지점 $(0, 0)$	$y^2=4Px$	$y^2+ax+by+c=0$
타 원	초점$(\pm\sqrt{a^2-b^2}, 0)$, 중심 $(0, 0)$, 장축 $2a$	$\frac{x^2}{a^2}+\frac{y^2}{b^2}=1$	$ax^2+by^2+cx+dy+e=0$ $(ab>0,\ a\neq b)$
쌍곡선	초점 $(\pm\sqrt{a^2+b^2}, 0)$, 중심 $(0, 0)$, 주축 $2a$	$\frac{x^2}{a^2}-\frac{y^2}{b^2}=1$	$ax^2+by^2+cx+dy+e=0$ $(ab<0)$

7. 넓이, 길이, 부피

반지름 r, 높이 h, 밑변 b, 밑면의 넓이 B, 중심각 θ(라디안)라면

① 삼각형 넓이$=\frac{1}{2}bh$

② 직사각형 넓이$=bh$, 대각선 길이$=\sqrt{b^2+h^2}$

③ 사다리꼴 넓이$=\frac{1}{2}h(b_1+b_2)$

④ 원 넓이$=\pi r^2$, 둘레(원주)$=2\pi r$, 원호$=r\theta$

⑤ 부채꼴 넓이$=\frac{1}{2}r^2\theta$

⑥ 직육면체 부피$=abc$(abc는 세 변 길이), 대각선 길이$=\sqrt{a^2+b^2+c^2}$

⑦ 각주 부피$=Bh$

⑧ 각추 부피$=\frac{1}{3}Bh$

⑧ 직원주 옆넓이$=2\pi rh$, 부피$=\pi r^2 h$

⑩ 구 겉넓이$=4\pi r^2$, 부피$=\frac{4}{3}\pi r^3$

8. 미분의 공식

주어진 함수 $\xrightarrow{\text{미분}}$	도함수
① C(상수)	0
② x^n	nx^{n-1}
③ $\sin x$	$\cos x$
④ $\cos x$	$-\sin x$
⑤ $\tan x$	$\sec^2 x$
⑥ $\sec x$	$\sec x \tan x$
⑦ $\operatorname{cosec} x$	$-\operatorname{cosec} x \cot x$
⑧ $\cot x$	$-\operatorname{cosec}^2 x$
⑨ e^x	e^x
⑩ a^x	$a^x \ln a$
⑪ $\ln x$	$\frac{1}{x}$
⑫ $\log_a x$	$\frac{1}{x} \cdot \frac{1}{\ln a}$
⑬ $f(x) \pm g(x)$	$f'(x) \pm g'(x)$
⑭ $f(x) \cdot g(x)$	$f'(x)g(x) + f(x)g'(x)$
⑮ $\frac{f(x)}{g(x)}$	$\frac{f(x)g(x) - f(x)g'(x)}{\{g(x)\}^2}$

9. 적분의 공식

주어진 함수 $\xrightarrow{\text{적분}}$	원시함수
① C(상수)	Cx
② x^n	$\frac{1}{n+1} x^{n+1}$
③ $x^{-1} = \frac{1}{x}$	$\ln x$
④ e^x	e^x

⑤ a^x	$\dfrac{a^x}{\ln a}$
⑥ $\sin x$	$-\cos x$
⑦ $\cos x$	$\sin x$
⑧ $\tan x$	$-\ln\lvert\cos x\rvert$
⑨ $\cot x$	$\ln\lvert\sin x\rvert$
⑩ $\sec^2 x$	$\tan x$
⑪ $\mathrm{cosec}^2 x$	$-\cot x$
⑫ $\sec x \tan x$	$\sec x$
⑬ $\mathrm{cosec}\, x \cot x$	$-\mathrm{cosec}\, x$

연습문제 풀이 및 정답

■ 연습문제 1 ■

1-1 $f(3)=3^2+2=11$

1-2 $f(2)=\dfrac{1-2}{1+2}=-\dfrac{1}{3}$

$f(-2)=\dfrac{1-(-2)}{1-2}=\dfrac{3}{-1}=-3$

1-3 $f(3)=-4$이므로 $-4=2(3+a)$

$\therefore\ a=-5$, $\therefore\ y=2(x-5)$

이것에 $x=5$를 대입하면

$f(5)=0$

1-4 모든 실수의 집합을 R, 정의역 X, 치역을 $f(X)$라고 하면

① 1차함수이므로

$\therefore\ X=R,\ f(X)=R$

② $x-1\neq 0$ 이어야 하므로 $x\neq 1$

$x\neq 1$일 때 $y\neq 0$

$\therefore\ X=R-\{1\},\ f(X)=R-\{0\}$

③ $4-x^2\geqq 0$여야 하므로 $-2\leqq x\leqq 2$

$-2\leqq x\leqq 2$일 때 $0\leqq y\leqq 2$

$\therefore\ -2\leqq X\leqq 2,\ 0\leqq f(X)\leqq 2$

④ 2차함수의 정의역은 모든 실수

$y=x^2-2x+3=(x-1)^2+2$

$(x-1)^2\geqq 0,\ (x-1)^2+2\geqq 2$

$\therefore\ X=R,\ f(X)\geqq 2$

1-5 ① $x=0$일 때 $y=0$,

$x=4$일 때 $y=-3$

이므로 구하는 그래프는 다음과 같다.

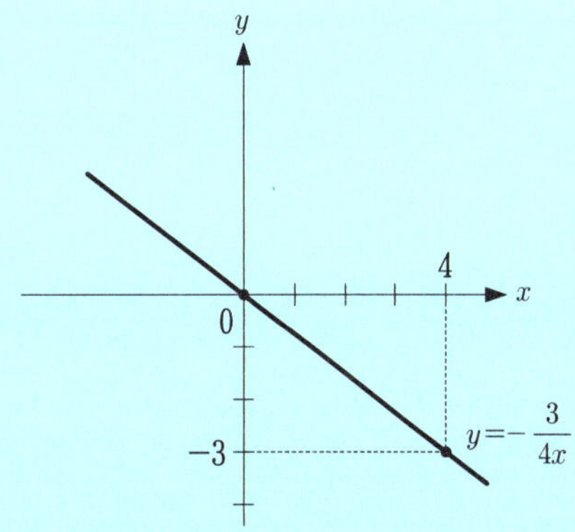

② 대응표를 만들면

x	−6	−3	−2	−1	1	2	3	6
y	1	2	3	6	−6	−3	−2	−1

이들 순서쌍을 좌표로 하는 점을 찍고 곡선으로 이으면 구하는 그래프는 다음과 같다.

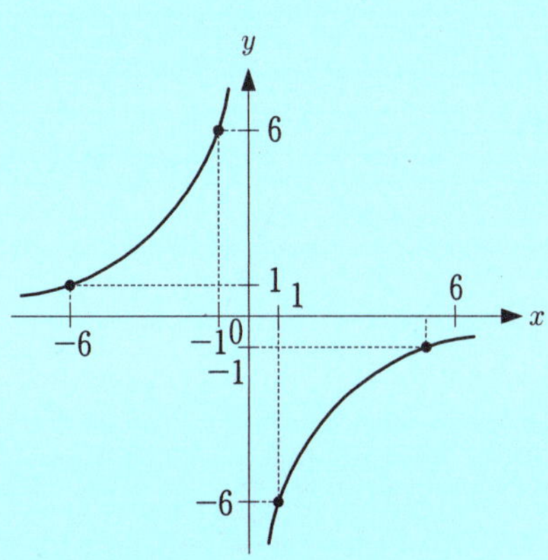

1-6 $y=|2x|$의 대응표를 만들면

x	-3	-2	-1	0	1	2	3
y	6	4	2	0	2	4	6

구하는 그래프는 다음과 같다.

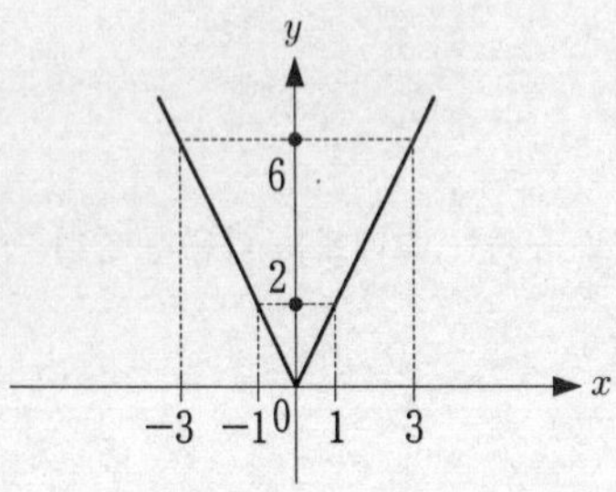

$y=-|2x|$의 그래프는 다음과 같다.

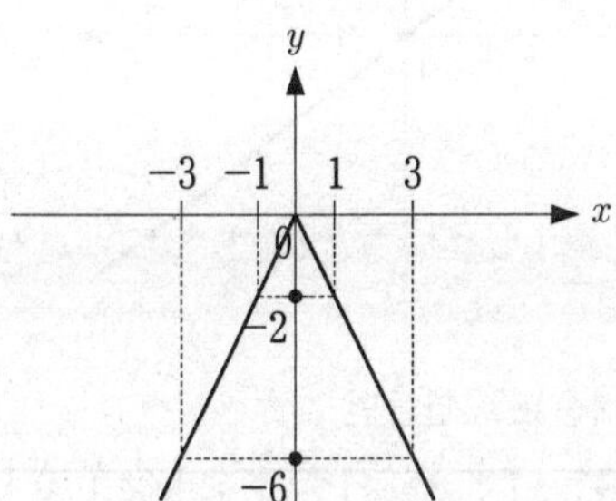

1-7 ① y절편은 3이고, $y=0$일 때 $x=\dfrac{3}{2}=1.5$이므로 그래프는 다음과 같다.

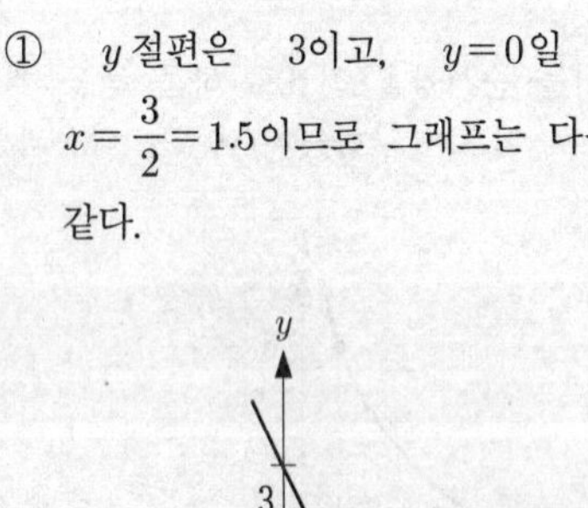

② $x=0$일 때 $y=2$, $y=0$일 때 $x=3$이므로 그래프는 다음과 같다.

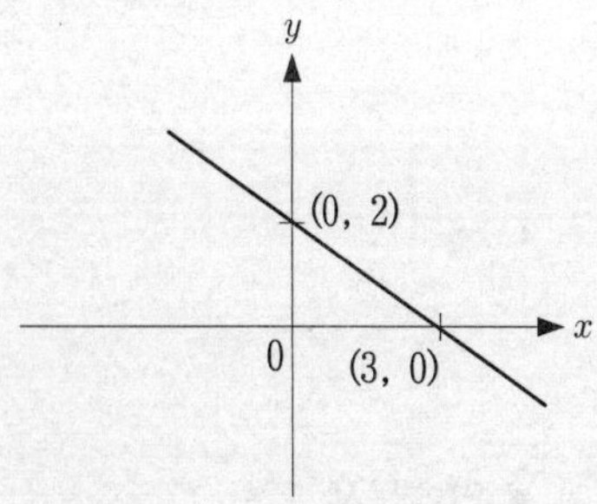

1-8 ① **5** ② $\mathbf{-3}$

③ $\mathbf{\dfrac{5}{4}}$ ④ $\mathbf{-7}$

1-9 ① $y=ax+b$에서 $a=-3$, $b=5$

$\therefore\ \boldsymbol{y=-3x+5}$

② $y-7=-2(x+3)$ $\therefore\ \boldsymbol{y=-2x+1}$

③ $y-(-1)=\dfrac{7-(-1)}{6-2}(x-2)$

$y+1=2(x-2)$ $\therefore\ \boldsymbol{y=2x-5}$

④ 기울기 a는 $a=\dfrac{6-0}{0+3}=2$

$\therefore\ \boldsymbol{y=2x+6}$

⑤ $\boldsymbol{y=3}$

⑥ $\boldsymbol{x=2}$

⑦ 기울기가 -2이므로

$y=-2x+b$에서

$x=-2$, $y=2$를 대입하면

$2=-2\times(-2)+b$에서 $b=-2$

$\therefore\ \boldsymbol{y=-2x-2}$

1-10 ① $2x+6=x-8$, $2x-x=-8-6$

$\therefore\ \boldsymbol{x=-14}$

② $3x+5x=14+2$, $8x=16$

$\therefore\ \boldsymbol{x=2}$

1-11 ① $x^2-49=(x+7)(x-7)=0$

$\therefore$ $\boldsymbol{x=7}$ **또는** $\boldsymbol{x=-7}$

② $x^2-6x+9=(x-3)^2=0$

$\therefore$ $\boldsymbol{x=3}$**의 중근**

③ $x^2+x-2=(x-1)(x+2)=0$

$\therefore\ \boldsymbol{x=1,\ -2}$

④ $x^2-5x+4=(x-1)(x-4)=0$

$\therefore\ x=1,\ 4$

1-12 ① 근의 공식에 $a=2, b=-5, c=2$ 를 대입하면

$$x=\frac{-(-5)\pm\sqrt{(-5)^2-4\times2\times2}}{2\times2}$$

$$=\frac{5\pm\sqrt{25-16}}{4}=\frac{5\pm3}{4}$$

$\therefore\ x=2$ 또는 $x=\frac{1}{2}$

② $a=1, b=-25, c=156$이므로

$$x=\frac{-(-25)\pm\sqrt{(-25)^2-4\times1\times156}}{2\times1}$$

$$=\frac{25\pm1}{2}$$

$\therefore\ x=13$ 또는 $x=12$

③ 근의 공식에 $a=4,\ b'=6,\ c=9$ 를 대입하면

$$x=\frac{-6\pm\sqrt{6^2-4\times9}}{4}=\frac{-6\pm0}{4}=-\frac{3}{2}$$

$\therefore\ x=-\frac{3}{2}$의 중근

④ 근의 공식에 $a=5,\ b'=-1,\ c=1$ 을 대입하면

$$x=\frac{-(-1)\pm\sqrt{(-1)^2-5\times1}}{5}=\frac{1\pm2i}{5}$$

$\therefore\ x=\frac{1}{5}+\frac{2}{5}i$ 또는 $x=\frac{1}{5}-\frac{2}{5}i$

■ 연습문제 2 ■

2-1 ① $a^{-2}a^3=a^{-2+3}=a^1=a$

② $(a^{-3})^2=a^{-6}=\frac{1}{a^6}$

③ $(a^2a^3)^3=(a^5)^3=a^{15}$

④ $\frac{(a^2)^3}{a^5}=\frac{a^6}{a^5}=a$

⑤ $\left(\frac{1}{e}\right)^{-2}=(e^{-1})^{-2}=e^2$

⑥ $\left(\frac{e^{15}}{e^2}\right)^{-1}=(e^{13})^{-1}=e^{-13}=\frac{1}{e^{13}}$

2-2 ① $(\sqrt{5})^0=1$

② $(-3)^{-2}=\frac{1}{(-3)^2}=\frac{1}{9}$

③ $(-2^2)^{-2}=(4)^{-2}=\frac{1}{4^2}=\frac{1}{16}$

④ $\left(\frac{1}{5}\right)^3=\frac{1}{5^3}=\frac{1}{125}$

⑤ $\left(\frac{1}{8}\right)^{\frac{1}{3}}=\frac{1}{8^{\frac{1}{3}}}=\frac{1}{2}$

⑥ $\left(\frac{1}{5}\right)^{-2}=(5^{-1})^{-2}=5^2=25$

2-3 ① $(\sqrt[3]{a^5})^{-2}=\left(a^{\frac{5}{3}}\right)^{-2}=a^{-\frac{10}{3}}$

② $\sqrt[3]{\sqrt[3]{a^3}}=\left(a^{\frac{3}{3}}\right)^{\frac{1}{3}}=a^{\frac{1}{3}}$

③ $\frac{\sqrt[3]{a^4}}{\sqrt[4]{a^2}}=\frac{a^{\frac{4}{3}}}{a^{\frac{2}{4}}}=a^{\frac{4}{3}-\frac{1}{2}}=a^{\frac{5}{6}}$

④ $\frac{\sqrt{\sqrt[3]{a}}}{\sqrt[4]{\sqrt[3]{a}}}=\frac{a^{\frac{1}{6}}}{a^{\frac{1}{12}}}=a^{\frac{1}{6}-\frac{1}{12}}=a^{\frac{1}{12}}$

2-4 ① $(5^2)(5^3)=5^{2+3}=5^5$

② $\left(9^{\frac{2}{3}}\right)(3)\left(3^{\frac{2}{3}}\right)=\left(3^{\frac{4}{3}}\right)(3^1)\left(3^{\frac{2}{3}}\right)$

$$=3^{\frac{4}{3}+1+\frac{2}{3}}=3^3$$

$$=27$$

③ $\left\{(8^{-1})\left(8^{\frac{2}{3}}\right)\right\}^3=\left(8^{-1+\frac{2}{3}}\right)^3$

$$=\left(8^{-\frac{1}{3}}\right)^3=8^{-1}=\frac{1}{8}$$

④ $32^{\frac{3}{2}}\left(\frac{1}{2}\right)^{\frac{3}{2}}=\left(2^{\frac{15}{2}}\right)\left(2^{-\frac{3}{2}}\right)$

$$=2^{\frac{15}{2}-\frac{3}{2}}=2^{\frac{12}{2}}=2^6=64$$

2-5 ① $\sqrt[3]{4} \cdot \sqrt[3]{16} = \sqrt[3]{64} = \sqrt[3]{2^6}$

$= 2^{\frac{6}{3}} = 2^2 = \mathbf{4}$

② $-\sqrt[4]{81} = -\sqrt[4]{3^4} = \mathbf{-3}$

③ $\sqrt{3} \cdot \sqrt[3]{3^4} \cdot \sqrt[6]{3} = 3^{\frac{1}{2}+\frac{4}{3}+\frac{1}{6}}$

$= 3^{\frac{12}{6}} = 3^2 = \mathbf{9}$

④ $\sqrt[3]{-8} \cdot \sqrt[3]{27} \cdot \sqrt[3]{-27}$

$= (-8)^{\frac{1}{3}} \times (27)^{\frac{1}{3}} \times (-27)^{\frac{1}{3}}$

$= (-2^3)^{\frac{1}{3}} \cdot (3^3)^{\frac{1}{3}} \times (-3^3)^{\frac{1}{3}}$

$= -2 \times 3 \times (-3) = \mathbf{18}$

2-6 ① $0.4 \times 10^{-2} = (4 \times 10^{-1}) \times 10^{-2}$

$= \mathbf{4 \times 10^{-3}}$

② 준식 $= \dfrac{1}{\sqrt{2 \times 5 \times 10^{-13}}}$

$= \dfrac{1}{\sqrt{10^{-12}}} = \dfrac{1}{10^{-6}} = \mathbf{10^6}$

③ $\dfrac{3 \times 10^{-5}}{6 \times 10^{-3}} = \dfrac{1}{2} \times 10^{-5+3} = 0.5 \times 10^{-2}$

$= (5 \times 10^{-1}) \times 10^{-2}$

$= \mathbf{5 \times 10^{-3}}$

④ 준식 $= 50^2 + \dfrac{1}{\pi \times 10^{-3}}$

$= 50^2 + 0.3184 \times 10^3$

$= 2500 + 318.4 \fallingdotseq \mathbf{2818.4}$

2-7 ① $\sqrt{8} = \sqrt{4 \times 2} = \sqrt{4} \cdot \sqrt{2}$

$= 2 \times 1.414 = \mathbf{2.828}$

② $\sqrt{75} = \sqrt{25 \times 3} = 5\sqrt{3}$

$= 5 \times 1.732 = \mathbf{8.66}$

2-8 ① $\log_2 32 = \log_2 2^5 = 5\log_2 2 = \mathbf{5}$

② $\log_{10} 0.1 = \log_{10} 10^{-1}$

$= -\log_{10} 10 = \mathbf{-1}$

③ $\log_2 1 + \log_2 2 = 0 + 1 = \mathbf{1}$

④ $\log_{10} 2 + \log_{10} 5 = \log_{10} 10 = \mathbf{1}$

2-9 ① $2\log_3 3 - \log_3 4 + 2\log_3 \sqrt{12}$

$= 2 + \log_3 \dfrac{12}{4} = 2 + \log_3 3$

$= 2 + 1 = \mathbf{3}$

② $\log_3 \sqrt[4]{2} - \log_3 4 + 7\log_3 \sqrt[4]{2}$

$= \dfrac{1}{4} log_3 2 - 2\log_3 2 + \dfrac{7}{4}\log_3 2$

$= \left(\dfrac{1}{4} - 2 + \dfrac{7}{4}\right)\log_3 2 = \mathbf{0}$

2-10 ① $\log 6 = \log 2 + \log 3$

$= 0.3010 + 0.4771 = \mathbf{0.7781}$

② $\log \dfrac{2}{3} = \log 2 - \log 3$

$= 0.3010 - 0.4771 = \mathbf{-0.1761}$

③ $\log \sqrt{3} = \dfrac{1}{2}\log 3 = \dfrac{0.4771}{2}$

$= \mathbf{0.2386}$

④ $\log \sqrt[3]{12} = \dfrac{1}{3}(2\log 2 + \log 3)$

$= \dfrac{1}{3}(2 \times 0.3010 + 0.4771)$

$= \mathbf{0.3597}$

2-11 ① $3^x = 81 = 3^4 \quad \therefore x = \mathbf{4}$

② $x^{\frac{3}{4}} = 8, \ x = 8^{\frac{3}{4}} = \sqrt[3]{8^4} = \mathbf{16}$

③ $3^{x-1} = 27 = 3^3$ 에서 $x - 1 = 3$

$\therefore x = \mathbf{2}$

④ $\left(\dfrac{1}{3}\right)^{5-x} = 27 = \left(\dfrac{1}{3}\right)^{-3}$ 에서

$5 - x = -3, \quad \therefore x = \mathbf{8}$

2-12 ① $(x+3)^{\frac{4}{3}} = 16$

$x + 3 = 16^{\frac{3}{4}} = 2^3 = 8$

$\therefore x = \mathbf{5}$

② $e^{-2x} = e^5$ 에서 $-2x = 5$

$\therefore x = \mathbf{-\dfrac{5}{2}}$

③ $\log_x 8 = 3, \ x^3 = 8 = 2^3, \ \therefore x = \mathbf{2}$

④ $\log_3 27 = -x, \ 3^{-x} = 27 = 3^3$

$\therefore x = \mathbf{-3}$

■ 연습문제 3 ■

3-1 ① $23.5\left(\dfrac{\pi}{180}\right)=23.5(0.0175)$

$\fallingdotseq$ **0.41**[rad]

② $80.4\left(\dfrac{\pi}{180}\right)=80.4(0.0175)\fallingdotseq$ **1.41**[rad]

③ $120\left(\dfrac{\pi}{180}\right)=120(0.0175)\fallingdotseq$ **2.1**[rad]

④ $3\dfrac{1}{2}$ 회전 $=6\pi+\pi=7\pi$

$\fallingdotseq 7\times 3.14=$ **22**[rad]

3-2 ① $0.1\left(\dfrac{180}{\pi}\right)=0.1(57.3)\fallingdotseq$ **5.73°**

② $4.3\left(\dfrac{180}{\pi}\right)=4.3(57.3)\fallingdotseq$ **246.4°**

③ $\dfrac{\pi}{3}\left(\dfrac{180}{\pi}\right)=$ **60°**

④ $4\pi\left(\dfrac{180}{\pi}\right)=$ **720°**

3-3 ① 제2사분면 ② 제4사분면
③ 제2사분면 ④ 제1사분면

3-4 $l=r\theta$ 에서

$\theta=\dfrac{l}{r}=\dfrac{15}{10}=$ **1.5**[rad]

$S=\dfrac{1}{2}rl=\dfrac{1}{2}\times 10\times 15=$ **75**[rad]

3-5 $\cos^2\theta=1-\sin^2\theta=1-\left(-\dfrac{2}{3}\right)^2=\dfrac{5}{9}$

$\theta=\pm\dfrac{\sqrt{5}}{3}$

그런데 θ 는 제3사분면의 각이므로

$\cos\theta<0 \quad \therefore \cos\theta=-\dfrac{\sqrt{5}}{3}$

$\tan\theta=\dfrac{\sin\theta}{\cos\theta}=\left(-\dfrac{2}{3}\right)\div\left(-\dfrac{\sqrt{3}}{3}\right)=\dfrac{2\sqrt{5}}{5}$

3-6 $\sin\theta=\sqrt{1-\cos^2\theta}=\sqrt{1-(0.6)^2}$

$=\sqrt{1-0.36}=\sqrt{0.64}=$ **0.8**

$\tan\theta=\dfrac{\sin\theta}{\cos\theta}=\dfrac{0.8}{0.6}=\dfrac{4}{3}$

3-7 $\sin 63°=\sin(90°-27°)=\cos 27°$

$\therefore \sin^2 27°+\sin^2 63°$

$=\sin^2 27°+\cos^2 27°=$ **1**

3-8 ① 최대값 : 4, 최소값 : −4, 주기 : π

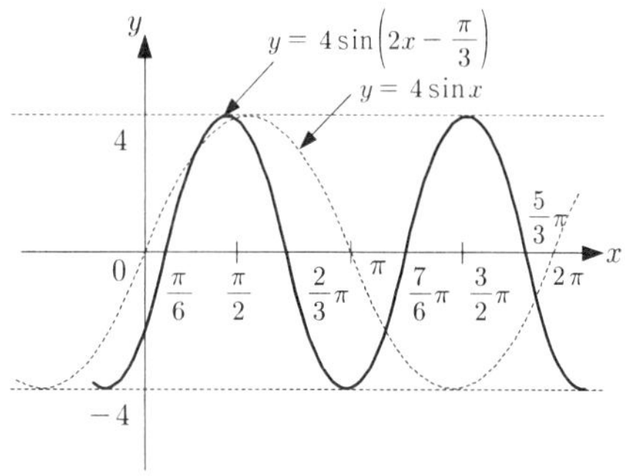

② 최대값 : 1, 최소값 : −1, 주기 : 2π

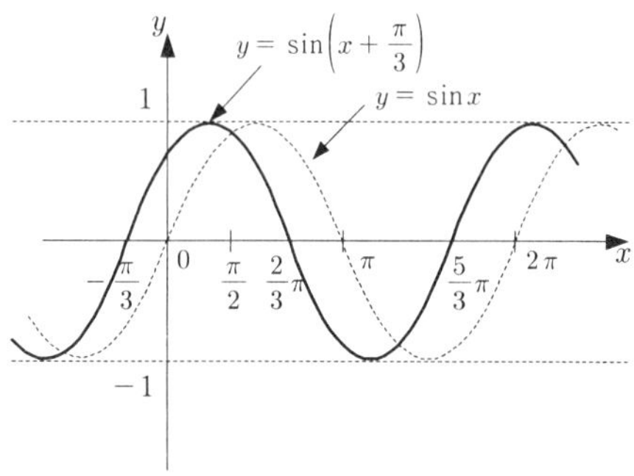

3-9 $\sin 105°=\sin(60°+45°)$

$=\sin 60°\cos 45°+\cos 60°\sin 45°$

$=\dfrac{\sqrt{3}}{2}\times\dfrac{\sqrt{2}}{2}+\dfrac{1}{2}\times\dfrac{\sqrt{2}}{2}$

$=\dfrac{\sqrt{6}+\sqrt{2}}{4}$

$\cos 105°=\cos(60°+45°)$

$=\cos 60°\cos 45°-\sin 60°\sin 45°$

$=\dfrac{1}{2}\times\dfrac{\sqrt{2}}{2}-\dfrac{\sqrt{3}}{2}\cdot\dfrac{\sqrt{2}}{2}$

$=\dfrac{\sqrt{2}-\sqrt{6}}{4}$

$\tan 105°=\dfrac{\sin 105°}{\cos 105°}$

$$=\frac{\sqrt{2}+\sqrt{6}}{\sqrt{2}-\sqrt{6}}$$
$$=\frac{(\sqrt{2}+\sqrt{6})^2}{(\sqrt{2}-\sqrt{6})(\sqrt{2}+\sqrt{6})}$$
$$=\frac{2+2\sqrt{12}+6}{2-6}$$
$$=\frac{8+4\sqrt{3}}{-4}$$
$$=-2-\sqrt{3}$$

3-10 $\cos 2\alpha = 2\cos^2\alpha - 1 = 2\cdot\left(\frac{1}{3}\right)^2 - 1$
$$=-\frac{7}{9}$$
$$\cos\frac{\alpha}{2}=\sqrt{\frac{1+\cos\alpha}{2}}=\sqrt{\frac{2}{3}}=\frac{\sqrt{6}}{3}$$

3-11 $\tan 2x = \frac{2\tan x}{1-\tan^2 x} = \frac{2t}{1-t^2}$
$$\cos 2x = 2\cos^2 x - 1 = \frac{2}{\sec^2 x} - 1$$
$$=\frac{2}{1+\tan^2 x}-1=\frac{2}{1+t^2}-1$$
$$=\frac{1-t^2}{1+t^2}$$
$$\sin 2x = \tan 2x\cdot\cos 2x$$
$$=\frac{2t}{1-t^2}\cdot\frac{1-t^2}{1+t^2}=\frac{2t}{1+t^2}$$

3-12 ① 준식$=\frac{1}{2}\{\sin(75°+15°)$
$+\sin(75°-15°)\}$
$$=\frac{2+\sqrt{3}}{4}$$

② 준식$=\frac{1}{2}\{\sin(15°+75°)$
$+\sin(15°-75°)\}$
$$=\frac{2-\sqrt{3}}{4}$$

③ 준식$=\frac{1}{2}\{\cos(75°+15°)$
$+\cos(75°-15°)\}$
$$=\frac{1}{4}$$

④ 준식$=-\frac{1}{2}\{\cos(75°+15°)$
$-\cos(75°-15°)\}$
$$=\frac{1}{4}$$

3-13 ① 준식
$$=2\sin\frac{105°+15°}{2}\cos\frac{105°-15°}{2}$$
$$=2\sin 60°\cos 45°=\frac{\sqrt{6}}{2}$$

② 준식
$$=2\cos\frac{105°+15°}{2}\sin\frac{105°-15°}{2}$$
$$=2\cos 60°\sin 45°=\frac{\sqrt{2}}{2}$$

③ 준식
$$=2\cos\frac{105°+15°}{2}\cos\frac{105°-15°}{2}$$
$$=2\cos 60°\cos 45°=\frac{\sqrt{2}}{2}$$

④ 준식
$$=-2\sin\frac{105°+15°}{2}\sin\frac{105°-15°}{2}$$
$$=-\frac{\sqrt{6}}{2}$$

3-14 ① $\mathrm{Sin}^{-1}(-1)=-\frac{\pi}{2}$

② $\mathrm{Sin}^{-1}\left(\frac{1}{2}\right)=\frac{\pi}{6}$

③ $\mathrm{Cos}^{-1}(-1)=\pi$

④ $\mathrm{Cos}^{-1}\left(\frac{1}{2}\right)=\frac{\pi}{3}$

⑤ $\mathrm{Tan}^{-1}(-1)=-\frac{\pi}{4}$

⑥ $\mathrm{Tan}^{-1}\left(\frac{1}{\sqrt{3}}\right)=\frac{\pi}{6}$

■ 연습문제 4 ■

4-1 ① $\lim_{x\to 0}(x^2-3x+4)=(0-0+4)=4$

② $\lim_{x\to 1}\frac{x^2-2}{x+1}=\lim_{x\to 1}\frac{1^2-2}{1+1}=-\frac{1}{2}$

③ $\lim_{x\to2}\frac{x^2-5}{2x+3}=\frac{2^2-5}{4+3}=-\frac{1}{7}$

④ $\lim_{x\to3}\frac{x^3+x-5}{x^2+1}=\frac{27+3-5}{9+1}=\frac{25}{10}=\frac{5}{2}$

⑤ $\lim_{x\to0}\frac{x^2+5x}{x^2+3x}=\lim_{x\to0}\frac{x(x+5)}{x(x+3)}$

$=\lim_{x\to0}\frac{x+5}{x+3}=\frac{5}{3}$

⑥ $\lim_{x\to2}\frac{x^2-4}{x-2}=\lim_{x\to2}\frac{(x-2)(x+2)}{x-2}$

$=\lim_{x\to2}(x+2)=2+2=4$

⑦ $\lim_{x\to1}\frac{x^3-1}{x-1}=\lim_{x\to1}\frac{(x-1)(x^2+x+1)}{x-1}$

$=\lim_{x\to1}(x^2+x+1)=3$

⑧ $\lim_{x\to0}\frac{1-\sqrt{1-x}}{x}$

$=\lim_{x\to0}\frac{(1-\sqrt{1-x})(1+\sqrt{1-x})}{x(1+\sqrt{1-x})}$

$=\lim_{x\to0}\frac{1-(1-x)}{x(1+\sqrt{1-x})}=\lim_{x\to0}\frac{1}{1+\sqrt{1-x}}$

$=\frac{1}{1+\sqrt{1}}=\frac{1}{2}$

⑨ $\lim_{x\to1}\frac{x-1}{\sqrt{x+3}-2}$

$=\lim_{x\to1}\frac{(x-1)(\sqrt{x+3}+2)}{(\sqrt{x+3}-2)(\sqrt{x+3}+2)}$

$=\lim_{x\to1}\frac{(x-1)(\sqrt{x+3}+2)}{x+3-4}$

$=\lim_{x\to1}\frac{(x-1)(\sqrt{x+3}+2)}{x-1}$

$=\lim_{x\to1}(\sqrt{x+3}+2)=\sqrt{1+3}+2=4$

⑩ $\lim_{x\to\infty}(\sqrt{x^2+x}-x)$

$=\lim_{x\to\infty}\frac{(\sqrt{x^2+x}-x)(\sqrt{x^2+x}+x)}{\sqrt{x^2+x}+x}$

$=\lim_{x\to\infty}\frac{(x^2+x)-x^2}{\sqrt{x^2+x}+x}=\lim_{x\to\infty}\frac{x}{\sqrt{x^2+x}+x}$

$=\lim_{x\to\infty}\frac{1}{\sqrt{1+\frac{1}{x}}+1}=\frac{1}{2}$

⑪ $\lim_{x\to\infty}\frac{3x^2-1}{x^2-x+1}=\lim_{x\to\infty}\frac{3-\frac{1}{x^2}}{1-\frac{1}{x}+\frac{1}{x^2}}=3$

⑫ $\lim_{x\to\infty}\frac{-2x^2+7x}{x^3+3}=\lim_{x\to\infty}\frac{-2+\frac{7}{x}}{1+\frac{3}{x^2}}=-2$

4-2 ① $\lim_{t\to0}\frac{(a+t)^2-a^2}{t}$

$=\lim_{t\to0}\frac{a^2+2at+t^2-a^2}{t}$

$=\lim_{t\to0}\frac{2at+t^2}{t}$

$=\lim_{t\to0}(2a+t)=2a$

② $\lim_{t\to\infty}\frac{t+\sin t}{t+\cos t}=\lim_{t\to\infty}\frac{1+\frac{\sin t}{t}}{1+\frac{\cos t}{t}}$

$=\frac{1+0}{1+0}=1$

③ $\lim_{\theta\to0}\theta\tan\frac{4}{\theta}=\lim_{\theta\to0}\frac{\tan\frac{4}{\theta}}{\frac{4}{\theta}}\cdot4=4$

$\left(\because \lim_{\theta\to0}\frac{\tan\theta}{\theta}=1\right)$

④ $\lim_{\theta\to0}\frac{\cos\theta-\csc\theta}{\theta}=\lim_{\theta\to0}\frac{\frac{\cos\theta}{\sin\theta}-\frac{1}{\sin\theta}}{\theta}$

$=\lim_{x\to0}\frac{\frac{\cos\theta-1}{\sin\theta}}{\theta}=\lim_{\theta\to0}\frac{\cos\theta-1}{\theta\sin\theta}$

$=\lim_{\theta\to0}\frac{-\sin^2\theta}{\theta\sin\theta(\cos\theta+1)}$

$=\lim_{\theta\to0}\frac{-\sin\theta}{\theta(\cos\theta+1)}$

$=\lim_{\theta\to0}\frac{-\frac{\sin\theta}{\theta}}{\cos\theta+1}=\frac{-1}{1+1}=-\frac{1}{2}$

$\left(\because \lim_{\theta\to0}\frac{\sin\theta}{\theta}=1\right)$

4-3 ① $\lim_{x\to0}\frac{x}{\sin x}=\lim_{x\to0}\frac{1}{\frac{\sin x}{x}}=\mathbf{1}$

② $\lim_{x\to0}\frac{x}{\tan x}=\lim_{x\to0}\frac{x}{\frac{\sin x}{\cos x}}$

$=\lim_{x\to0}\frac{\cos x}{\frac{\sin x}{x}}=\mathbf{1}$

③ $\lim_{x\to0}\frac{\sin 3x}{2x}=\lim_{x\to0}\frac{\sin 3x}{3x}\cdot\frac{3}{2}=1\cdot\frac{3}{2}$

$=\mathbf{\frac{3}{2}}$

④ $\lim_{x\to0}\frac{\tan 2x}{x}=\lim_{x\to0}\frac{\tan 2x}{2x}\cdot 2$

$=\lim_{x\to0}\frac{\sin 2x}{2x}\cdot\frac{2}{\cos 2x}=1\cdot2=\mathbf{2}$

⑤ $\lim_{x\to0}\frac{\sin 4x^2}{9x^2}=\lim_{x\to0}\frac{\sin 4x^2}{4x^2}\cdot\frac{4}{9}$

$=1\cdot\frac{4}{9}=\mathbf{\frac{4}{9}}$

⑥ $\lim_{x\to0}\frac{\tan 5x}{\tan 2x}=\lim_{x\to0}\frac{\tan 5x}{5x}\cdot\frac{2x}{\tan 2x}\cdot\frac{5}{2}$

$=1\cdot1\cdot\frac{5}{2}=\mathbf{\frac{5}{2}}$

⑦ $\lim_{h\to\infty}\left(1+\frac{2}{h}\right)^{3h}=\left\{\lim_{h\to\infty}\left(1+\frac{2}{h}\right)^{\frac{h}{2}}\right\}^6=\mathbf{e^6}$

$\left(\because \lim_{x\to\infty}\left(1+\frac{1}{x}\right)^x=e\right)$

⑧ $\lim_{h\to\infty}\left(\frac{h}{h+1}\right)^h=\lim_{h\to\infty}\left(\frac{h+1}{h}\right)^{-h}$

$=\left\{\lim_{h\to\infty}\left(1+\frac{1}{h}\right)^h\right\}^{-1}=\mathbf{e^{-1}}$

⑨ $\frac{1}{x}=t$로 놓으면, $x\to\infty$일 때 $t\to0$이므로

준식$=\lim_{t\to0}\frac{\tan t}{t}=\mathbf{1}$

⑩ $x-\pi=t$로 놓으면, $x\to\pi$일 때 $t\to0$이므로

준식$=\lim_{t\to0}\frac{\sin(\pi+t)}{-t}=\lim_{t\to0}\frac{-\sin t}{-t}$

$=\lim_{t\to0}\frac{\sin t}{t}=\mathbf{1}$

4-4 ① $\lim_{x\to-1}\frac{ax^2-2x+b}{x+1}$의 값이 존재하고, $x\to-1$일 때 (분모)$\to0$이므로 (분자)$\to0$이어야 한다.

즉, $\lim_{x\to-1}(ax^2-2x+b)=0$에서

$a+2+b=0$

$\therefore\ b=-a-2$ ………ⓐ

ⓐ를 주어진 식에 대입하면

$\lim_{x\to-1}\frac{ax^2-2x+b}{x+1}$

$=\lim_{x\to-1}\frac{ax^2-2x-a-2}{x+1}$

$=\lim_{x\to-1}\frac{(x+1)(ax-a-2)}{x+1}$

$=\lim_{x\to-1}(ax-a-2)=-2a-2$

$-2a-2=-4$에서 $a=1$

이것을 ⓐ에 대입하면 $b=-3$

$\therefore\ \mathbf{a=1, b=-3}$

② $\lim_{x\to1}\frac{x-1}{\sqrt{x+a}-b}$의 값이 존재하고, $x\to1$일 때 (분자)$\to0$이므로 (분모)$\to0$이어야 한다.

즉, $\lim_{x\to1}(\sqrt{x+a}-b)=0$에서

$\sqrt{1+a}-b=0$

$\therefore\ b=\sqrt{1+a}$ ………ⓑ

ⓑ를 주어진 식에 대입하면

$\lim_{x\to1}\frac{x-1}{\sqrt{x+a}-\sqrt{1+a}}$

$=\lim_{x\to1}\frac{(x-1)(\sqrt{x+a}+\sqrt{1+a})}{(x+a)-(1+a)}$

$=\lim_{x\to1}(\sqrt{x+a}+\sqrt{1+a})=2\sqrt{1+a}$

$2\sqrt{1+a}=6$에서 $\mathbf{a=8}$

이것을 ⓑ에 대입하면 $\mathbf{b=3}$

4-5 ① $y=\frac{1}{x}$은 $x=0$일 때, $y=\frac{1}{0}$이 되어 y값이 없으므로 $x=0$에서 불연속이다. 그러나, 구간 $(-\infty, 0)$ 및 $(0, \infty)$에서는 연속이다.

② $f(2)$가 존재하지 않으므로 $x=2$에서 불연속이다. 그러나, $a \neq 2$일 때

$\lim_{x \to 2} f(x) = \lim_{x \to 2}(x+2) = 4$ 이므로

구간 $(-\infty, 2)$ 및 $(2, \infty)$ 에서는 연속이다.

4-6 ① $f(x)=x^2+1$ 로 놓으면

$$\frac{\Delta y}{\Delta x} = \frac{f(2)-f(0)}{2-0} = \frac{5-1}{2} = \mathbf{2}$$

② $f(x)=x^2-5x+4$ 로 놓으면

$$\frac{\Delta y}{\Delta x} = \frac{f(3)-f(1)}{3-1}$$
$$= \frac{(3^2-5\cdot3+4)-(1^2-5\cdot1+4)}{2}$$
$$= \mathbf{-1}$$

4-7 $$\frac{\Delta y}{\Delta x} = \frac{f(a+2)-f(a)}{(a+2)-a}$$
$$= \frac{\{(a+2)^2+2(a+2)\}-(a^2+2a)}{2}$$
$$= 2a+4$$

따라서 $2a+4=6$ 으로부터 $\boldsymbol{a=1}$

4-8 ① $$y' = \lim_{\Delta x \to 0} \frac{2(x+\Delta x)-2x}{\Delta x}$$
$$= \lim_{\Delta x \to 0} \frac{2x+2\Delta x-2x}{\Delta x}$$
$$= \lim_{\Delta x \to 0} \frac{2\Delta x}{\Delta x} = 2$$
$$\therefore y'_{x=1} = \mathbf{2}$$

② $$y' = \lim_{\Delta x \to 0} \frac{\sqrt{x+\Delta x}-\sqrt{x}}{\Delta x}$$
$$= \lim_{\Delta x \to 0} \frac{(x+\Delta x)-x}{\Delta x(\sqrt{x+\Delta x}-\sqrt{x})}$$
$$= \lim_{\Delta x \to 0} \frac{1}{\sqrt{x+\Delta x}-\sqrt{x}} = \frac{1}{2\sqrt{x}}$$
$$\therefore y'_{x=1} = \frac{1}{2\sqrt{1}} = \mathbf{\frac{1}{2}}$$

③ $$y' = \lim_{\Delta x \to 0} \frac{-3(x+\Delta x)+2-(-3x+2)}{\Delta x}$$
$$= \lim_{\Delta x \to 0} \frac{-3\Delta x}{\Delta x} = -3$$
$$\therefore y'_{x=2} = \mathbf{-3}$$

④ $$y' = \lim_{\Delta x \to 0} \frac{(x+\Delta x)^2+3-(x^2+3)}{\Delta x}$$
$$= \lim_{\Delta x \to 0} \frac{2x\Delta x+\Delta x^2}{\Delta x}$$
$$= \lim_{\Delta x \to 0} \frac{\Delta x(2x+\Delta x)}{\Delta x}$$
$$= \lim_{\Delta x \to 0}(2x+\Delta x) = 2x$$
$$\therefore y'_{x=3} = 2\cdot3 = \mathbf{6}$$

4-9 ① $f(x)=x^2+x$ 로 놓으면

$$f'(-2) = \lim_{\Delta x \to 0} \frac{f(-2+\Delta x)-f(-2)}{\Delta x}$$
$$= \lim_{\Delta x \to 0}\left[\frac{\{(-2+\Delta x)^2+(-2+\Delta x)\}}{\Delta x} - \frac{\{(-2)^2+(-2)\}}{\Delta x}\right]$$
$$= \lim_{\Delta x \to 0} \frac{(\Delta x)^2-3\Delta x}{\Delta x} = \lim_{\Delta x \to 0}(\Delta x-3)$$
$$= \mathbf{-3}$$

따라서, 구하는 접선의 기울기는 **−3**

② $f(x)=x^3-1$ 로 놓으면

$$f'(1) = \lim_{\Delta x \to 0} \frac{\{(1+\Delta x)^3-1\}-(1^3-1)}{\Delta x}$$
$$= \lim_{\Delta x \to 0} \frac{3\Delta x+3(\Delta x)^2+(\Delta x)^3}{\Delta x}$$
$$= \lim_{\Delta x \to 0}\{3+3\Delta x+(\Delta x)^2\} = \mathbf{3}$$

따라서, 구하는 접선의 기울기는 **3**

4-10 $f(x)=3x^2+2x-1$ 로 놓으면

$$f(k+1)-f(k)$$
$$= 3(k+1)^2+2(k+1)-1-(3k^2+2k-1)$$
$$= 6k+5$$
$$\frac{f(k+1)-f(k)}{(k+1)-k} = f(k+1)-f(k)$$
$$= 6k+5 = -1$$
$$\therefore \boldsymbol{k=-1}$$

4-11 ① t초 후의 속도를 $v(t)$[m/s]라 하면

$$v(t)=\frac{dx}{dt}$$
$$=\lim_{\Delta t\to 0}\frac{6(t+\Delta t)-(t+\Delta t)^2-(6t-t^2)}{\Delta t}$$
$$=\lim_{\Delta t\to 0}\frac{\Delta t(6-2t+\Delta t)}{\Delta t}$$
$$=\lim_{\Delta t\to 0}(6-2t+\Delta t)$$
$=6-2t=0$에서 $\boldsymbol{t=3}$

따라서, 제동을 건 후 3초 후에 정지한다.

② 제동을 건 후 정지할 때까지 달린 거리는 $x=6\times 3-3^2=\mathbf{9}[\mathrm{m}]$

■ 연습문제 5 ■

5-1 ① $y'=4$

② $y'=(-6)\cdot 5x^{5-1}=\mathbf{-30x^4}$

③ $y'=(-2)\cdot(-5)x^{-5-1}=10x^{-6}=\mathbf{\dfrac{10}{x^6}}$

④ $y'=\dfrac{1}{2}x^{\frac{1}{2}-1}+3\cdot 2x^{2-1}=\mathbf{\dfrac{1}{2\sqrt{x}}+6x}$

⑤ $y=x^{\frac{3}{2}}-x$ 에서

$y'=\dfrac{3}{2}x^{\frac{3}{2}-1}-x^{1-1}=\mathbf{\dfrac{3}{2}\sqrt{x}-1}$

⑥ $y'=3\cdot 4x^{4-1}-5\cdot 3x^{3-1}+2\cdot 2x^{2-1}$
$=\mathbf{12x^3-15x^2+4x}$

5-2 ① $y'=(x^2+2)'(x-1)$
$+(x^2+2)(x-1)'$
$=2x(x-1)+(x^2+2)\cdot 1$
$=\mathbf{3x^2-2x+2}$

② $y'=(x+1)'(x+2)(x+3)$
$+(x+1)(x+2)'(x+3)$
$+(x+1)(x+2)(x+3)'$
$=(x+2)(x+3)+(x+1)(x+3)$
$+(x+1)(x+2)$
$=x^2+5x+6+x^2+4x+3$
$+x^2+3x+2$
$=\mathbf{3x^2+12x+11}$

③ $y'=(x^2+3)'(x^3+2x^2+5)$
$+(x^2+3)(x^3+2x^2+5)'$
$=2x(x^3+2x^2+5)$
$+(x^2+3)3x^2+4x$
$=\mathbf{5x^4+8x^3+9x^2+22x}$

④ $y'=\dfrac{(1-x)'(x^2+2)-(1-x)(x^2+2)'}{(x^2+2)^2}$
$=\dfrac{(-1)\cdot(x^2+2)-(1-x)\cdot 2x}{(x^2+2)^2}$
$=\mathbf{\dfrac{x^2-2x-2}{(x^2+2)^2}}$

⑤ $y'=$
$\dfrac{(x+2)'(x^2+2x+3)-(x+2)(x^2+2x+3)'}{(x^2+2x+3)^2}$
$=\dfrac{1\cdot(x^2+2x+3)-(x+2)(2x+2)}{(x^2+2x+3)^2}$
$=\mathbf{-\dfrac{x^2+4x+1}{(x^2+2x+3)^2}}$

⑥ $y'=\dfrac{\{(x+3)(x^2+2)\}'(2x+1)}{(2x+1)^2}$
$-\dfrac{(x+3)(x^2+2)(2x+1)'}{(2x+1)^2}$
$=\mathbf{\dfrac{4x^3+9x^2+6x-10}{(2x+1)^2}}$

5-3 ① $y'=3\cdot 4(3x+1)^{4-1}(3x+1)'$
$=\mathbf{36(3x+1)^3}$

② $y'=\dfrac{1}{2}(2x+1)^{\frac{1}{2}-1}(2x+1)'$
$=\dfrac{2}{2\sqrt{2x+1}}=\mathbf{\dfrac{1}{\sqrt{2x+1}}}$

③ $y'=\dfrac{3}{2}(2x^2+5x)^{\frac{3}{2}-1}(2x^2+5x)'$
$=\mathbf{\dfrac{3}{2}(2x^2+5x)^{\frac{1}{2}}(4x+5)}$

④ $y'=\{(x+1)^3\}'(x^2+2)^4$
$+(x+1)^3\{(x+2)^4\}'$
$=3(x+1)^2(x^2+2)^4$
$+(x+1)^3\cdot 4(x^2+2)^3\cdot 2x$

$=(x+1)^2(x^2+2)^3(11x^2+8x+6)$

⑤ $y=(1-x^2)^{-3}$ 이므로

$y'=-3(1-x^2)^{-4}\cdot(1-x^2)'$

$=\dfrac{6x}{(1-x^2)^4}$

⑥ $y=x^3(x+1)^{-2}$ 이므로

$y'=(x^3)'(x+1)^{-2}+x^3\{(x+1)^{-2}\}'$

$=3x^2(x+1)^{-2}$

$+x^3\cdot(-2)(x+1)^{-3}\cdot(x+1)'$

$=\dfrac{3x^2}{(x+1)^2}-\dfrac{2x^3}{(x+1)^3}=\dfrac{x^2(x+3)}{(x+1)^3}$

5-4 ① 양변을 x에 관하여 미분하면

$8x+18y\dfrac{dy}{dx}=0 \qquad \therefore\ \dfrac{dy}{dx}=-\dfrac{4x}{9y}$

② $2y\dfrac{dy}{dx}-8=0 \qquad \therefore\ \dfrac{dy}{dx}=\dfrac{4}{y}$

③ $2x+3y+3x\dfrac{dy}{dx}+4y\dfrac{dy}{dx}=0$

즉, $(3x+4y)\dfrac{dy}{dx}=-(2x+3y)$

$\therefore\ \dfrac{dy}{dx}=-\dfrac{2x+3y}{3x+4y}$

④ 양변에 xy를 곱하면 $y^2+x^2=3xy$

$2y\dfrac{dy}{dx}+2x=3y+3x\dfrac{dy}{dx}$

즉, $(2y-3x)\dfrac{dy}{dx}=3y-2x$

$\therefore\ \dfrac{dy}{dx}=\dfrac{3y-2x}{2y-3x}$

⑤ $\dfrac{dx}{dy}=\sqrt{1+y}+y\cdot\dfrac{1}{2\sqrt{1+y}}$

$=\dfrac{2(1+y)+y}{2\sqrt{1+y}}=\dfrac{3y+2}{2\sqrt{1+y}}$

$\therefore\ \dfrac{dy}{dx}=\dfrac{2\sqrt{1+y}}{3y+2}$

⑥ $\dfrac{dx}{dy}=\dfrac{(y^2-1)-2y\cdot y}{(y^2-1)^2}=-\dfrac{y^2+1}{(y^2-1)^2}$

$\therefore\ \dfrac{dy}{dx}=-\dfrac{(y^2-1)^2}{y^2+1}$

5-5 ① $\dfrac{dx}{dt}=2,\ \dfrac{dy}{dt}=2t+1$

$\therefore\ \dfrac{dy}{dx}=\dfrac{dy}{dt}\Big/\dfrac{dx}{dt}=\dfrac{2t+1}{2}$

② $\dfrac{dx}{dt}=\dfrac{(1-t)-(1+t)(-1)}{(1-t)^2}$

$=\dfrac{2}{(1-t)^2}$

$\dfrac{dy}{dt}=\dfrac{2}{(1-t)^2}$

$\therefore\ \dfrac{dy}{dx}=\dfrac{dy}{dt}\Big/\dfrac{dx}{dt}=1$

③ $\dfrac{dx}{dt}=3,\ \dfrac{dy}{dt}=2t+4$

$\therefore\ \dfrac{dy}{dx}=\dfrac{2t+4}{3}=\dfrac{2}{3}t+\dfrac{4}{3}$

④ $\dfrac{dx}{dt}=2t-2,$

$\dfrac{dy}{dt}=1-\dfrac{1}{t^2}=\dfrac{t^2-1}{t^2}$

$\therefore\ \dfrac{dy}{dx}=\dfrac{1}{2t-2}\cdot\dfrac{t^2-1}{t^2}$

$=\dfrac{(t-1)(t+1)}{2(t-1)t^2}=\dfrac{t+1}{2t^2}$

5-6 ① $y'=\cos x+\sqrt{3}\,\sin x$

② $y'=(\sin x)'\tan x+\sin x(\tan x)'$

$=\cos x\cdot\dfrac{\sin x}{\cos x}+\sin x\cdot\sec^2 x$

$=\sin x+\dfrac{\sin x}{\cos^2 x}$

$=\sin x+\sec x\tan x$

③ $y'=2\cot x(\cot x)'$

$=2\cot x(-\csc^2 x)$

$=-2\csc^2 x\cot x$

④ $y'=2(\csc x+\cot x)(\csc x+\cot x)'$

$=2(\csc x+\cot x)(-\csc x\cot x-\csc^2 x)$

$=-2\csc x(\csc x+\cot x)^2$

⑤ $y'=(2x^2+1)'\sin 2x+(2x^2+1)(\sin 2x)'$

$= 4x\sin 2x + (2x^2+1)\cdot 2\cos 2x$

$= \mathbf{4x\sin 2x + 2(2x^2+1)\cos 2x}$

⑥

$y' = \dfrac{(1+\sin x)'\cos x - (1+\sin x)(\cos x)'}{\cos^2 x}$

$= \dfrac{\cos x\cos x - (1+\sin x)(-\sin x)}{\cos^2 x}$

$= \dfrac{\cos^2 x + \sin x + \sin^2 x}{\cos^2 x}$

$= \dfrac{1+\sin x}{1-\sin^2 x}$

$= \dfrac{\mathbf{1}}{\mathbf{1-\sin x}}$

⑦ $y' = \{-\sin(\sin x)\}(\sin x)'$

$= \mathbf{-(\cos x)\sin(\sin x)}$

⑧ $y' = (\sin^3 x)'\cos 3x + (\sin^3 x)(\cos 3x)'$

$= 3(\sin^2 x)(\sin x)'\cos 3x$

$+ (\sin^3 x)(-\sin 3x)\cdot(3x)'$

$= 3\sin^2 x\cos x\cos 3x - 3\sin^3 x\sin 3x$

$= 3(\sin^2 x)(\cos x\cos 3x - \sin x\sin 3x)$

$= \mathbf{3\sin^2 x\cos 4x}$

5-7 ① $y' = \mathbf{2e^{2x}}$

② $y' = \dfrac{\mathbf{1}}{\mathbf{x\ln 2}}$

③ $y' = \dfrac{(x^2+1)'}{(x^2+1)} = \dfrac{\mathbf{2x}}{\mathbf{x^2+1}}$

④ $y' = 2x\ln x + x^2\cdot\dfrac{1}{x} = \mathbf{x(2\ln x+1)}$

⑤ $y' = -e^{-x}\cos x - e^{-x}\sin x$

$= \mathbf{-e^{-x}(\sin x+\cos x)}$

⑥ $y' = \dfrac{1}{2}\cdot\dfrac{1-x}{1+x}\cdot\left(\dfrac{1+x}{1-x}\right)'$

$= \dfrac{1}{2}\cdot\dfrac{1-x}{1+x}\cdot\dfrac{1-x+1-x}{(1-x)^2}$

$= \dfrac{1}{(1+x)(1-x)} = \dfrac{\mathbf{1}}{\mathbf{1-x^2}}$

5-8 ① $y' = 5x^4 + 6x^3$

$\therefore\ y'' = \mathbf{20x^3 + 18x^2}$

② $y' = -\sin x \qquad \therefore\ y'' = \mathbf{-\cos x}$

③ $y' = e^x\sin x + e^x\cos x = e^x(\sin x + \cos x)$

$y'' = e^x(\sin x+\cos x) + e^x(\cos x - \sin x)$

$= \mathbf{2e^x\cos x}$

④ $y' = 3x^2\ln x + x^3\cdot\dfrac{1}{x}$

$= x^2(3\ln x+1)$

$\therefore\ y'' = 2x(3\ln x+1) + x^2\cdot\dfrac{3}{x}$

$= \mathbf{x(6\ln x+5)}$

5-9 ① $y' = y'' = \cdots\cdots = y^{(n)} = \mathbf{e^x}$

② $y' = -\sin x = \cos\left(x+\dfrac{\pi}{2}\right)$

$y'' = -\sin\left(x+\dfrac{\pi}{2}\right) = \cos\left(x+\dfrac{2\pi}{2}\right)$

……………………………

$\therefore\ \mathbf{y^{(n)} = \cos\left(x+\dfrac{n}{2}\pi\right)}$

③ $y' = \dfrac{1}{x},\ y'' = -\dfrac{1}{x^2}$

$y'' = \dfrac{1\cdot 2}{x^3},\ y^{(4)} = -\dfrac{1\cdot 2\cdot 3}{x^4}$

……………………………

$\therefore\ \mathbf{y^{(n)} = (-1)^{n-1}\dfrac{(n-1)!}{x^n}}$

5-10 ① $v = \dfrac{dx}{dt} = \mathbf{15-10t}$[m/s]

$\alpha = \dfrac{dv}{dt} = \mathbf{-10}$[m/s^2]

② $v=0$ 이므로 $15-10t=10$

$\therefore\ t = \mathbf{1.5}$[s]

③ $x=0$ 이므로 $15t-5t^2=0$

$\therefore\ t=0,\ t=3$

그런데 $t\neq 0$ 이므로 $t=3$

따라서 $t=3$ 일 때의 속도는

$v = 15-10\times 3 = -15$

그러므로 속도는 아래로 **15**[m/s]이다.

5-11 t초 후의 속도 v, 가속도 α는

$v = \dfrac{ds}{dt} = 25-10t$

$\alpha = \dfrac{dv}{dt} = -10$

① $v(3) = 25 - 30 = \mathbf{-5}$[m/s]

$\alpha(3) = \mathbf{-10}$[m/s^2]

② $v(t) = 0$에서 $t = \frac{5}{2}$[s]

$\therefore S\left(\frac{5}{2}\right) = 30 + 25 \times \frac{5}{2} - 5 \times \left(\frac{5}{2}\right)^2$

$= \mathbf{\frac{245}{4}}$[m]

■ 연습문제 6 ■

6-1 접선의 기울기는

$f'(2) = 3x^2|_{x=2} = 3 \cdot 2^2 = 12$

이므로 접선의 방정식은

$y - 4 = 12(x-2)$ $\therefore \mathbf{y = 12x - 20}$

법선의 기울기 m은 $12 \cdot m = -1$에서

$m = -\frac{1}{12}$이므로 법선의 방정식은

$y - 4 = -\frac{1}{12}(x-2)$

$\therefore \mathbf{y = -\frac{1}{12}x + \frac{25}{6}}$

6-2 $y' = e^x$, $y'|_{x=1} = e$이므로 법선의 기울기는 $-\frac{1}{e}$

$\therefore y - e = -\frac{1}{e}(x-1)$에서

$\mathbf{y = -\frac{1}{e}x + e + \frac{1}{e}}$

6-3 접점의 좌표를 $P(a, a^2+2a-3)$이라고 하자.

$f'(x) = 2x+2$이고, 접점 P에서의 접선의 기울기가 2이므로,

$f'(a) = 2a+2 = a$ $\therefore a = 0$

따라서, 접점 $P(0, -3)$에서의 접선의 방정식은

$y+3 = 2(x-0)$ $\therefore y = \mathbf{2x-3}$

6-4 ① $y' = 3x^2 - 12 = 3(x^2-4)$

$= 3(x+2)(x-2)$

$y' = 0$에서 $x = -2$, $x = 2$

x	⋯	-2	⋯	2	⋯
$f'(x)$	+	0	−	0	+
$f(x)$	↗	극대	↘	극소	↗

따라서, 극대값

$f(-2) = -8 - 12 \cdot (-2) + 4 = \mathbf{20}$

극소값

$f(2) = 8 - 12 \cdot 2 + 4 = \mathbf{-12}$

구하는 그래프는 다음 그림과 같다.

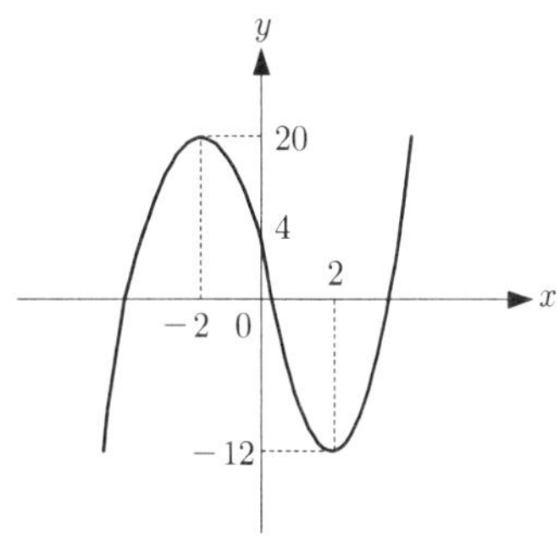

② $y' = 4x^3 - 20x = 4x(x^2-5)$

$y' = 0$에서 $x = 0$, $x = -\sqrt{5}$

$x = \sqrt{5}$

x	⋯	$-\sqrt{5}$	⋯	0	⋯	$\sqrt{5}$	⋯
$f'(x)$	−	0	+	0	−	0	+
$f(x)$	↘	극소	↗	극대	↘	극소	↗

따라서 극대값 $f(0) = \mathbf{9}$

극소값 $f(-\sqrt{5}) = f(\sqrt{5}) = \mathbf{-16}$

구하는 그래프는 다음 그림과 같다.

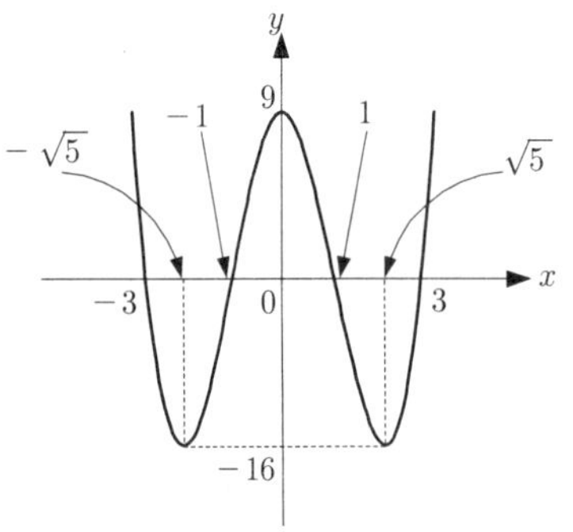

6-5 ① $y' = 3x^2 - 6x = 3x(x-2)$
$y' = 0$ 에서 $x = 0$, $x = 2$

x	−2	…	0	…	2	…	3
$f'(x)$		+	0	−	0	+	
$f(x)$	−10	↗	10	↘	6	↗	10

따라서 최대값 $f(0) = f(3) = 10$
최소값 $f(-2) = -10$

② $y' = 4x^3 - 4x = 4x(x-1)(x+1)$
$y' = 0$ 에서 $x = -1$, $x = 0$, $x = 1$

x	−2	…	−1	…	0	…	1
$f'(x)$		−	0	+	0	−	0
$f(x)$	5	↘	극소 −4	↗	극대 −3	↘	−4

따라서 최대값 $f(-2) = 5$
최소값 $f(-1) = f(1) = -4$

6-6 네 귀퉁이를 길이 x로 절단하면 체적 V는

$$V = x(a-2x)^2 \quad \left(0 < x < \frac{a}{2}\right)$$

$$V' = (a-2x)^2 - 4x(a-2x) = (a-2x)(a-6x)$$

$V' = 0$ 에서

$$x = \frac{a}{2},\ x = \frac{a}{6}$$

x	…	$a/6$	…	$a/2$	…
V'	+	0	−	0	+
V	↗	최대	↘	최소	↗

위의 표에서 $x = \dfrac{a}{6}$에서 최대가 된다.

6-7 ① $\displaystyle\lim_{x\to 4}\frac{x^2-16}{x^2+x-20} = \lim_{x\to 4}\frac{2x}{2x+1} = \frac{8}{9}$

② $\displaystyle\lim_{x\to 0}\frac{e^x-1}{x^2} = \lim_{x\to 0}\frac{e^x}{2x} = \frac{1}{0} = \infty$

③ $\displaystyle\lim_{x\to\infty}\frac{\sqrt{2+x^2}}{x} = \lim_{x\to\infty}\sqrt{\frac{2+x^2}{x^2}} = \lim_{x\to\infty}\sqrt{\frac{2}{x^2}+1} = 1$

④ $\displaystyle\lim_{x\to 0}\frac{e^x-x+3}{x^2} = \lim_{x\to 0}\frac{e^x-1}{2x} = \lim_{x\to 0}\frac{e^x}{2} = \frac{1}{2}$

⑤ $\displaystyle\lim_{x\to\infty}\frac{x^2}{e^x} = \lim_{x\to\infty}\frac{2x}{e^x} = \lim_{x\to\infty}\frac{2}{e^x} = 0$

⑥ $\displaystyle\lim_{x\to 0}(\csc x - \cot x) = \lim_{x\to 0}\frac{1-\cos x}{\sin x} = \lim_{x\to 0}\frac{\sin x}{\cos x} = 0$

⑦ $\displaystyle\lim_{x\to 0}\sin 3x\cot 2x = \lim_{x\to 0}\frac{\sin 3x}{\tan 2x} = \lim_{x\to 0}\frac{3\cos 3x}{2\sec^2 2x} = \frac{3}{2}$

⑧ $\displaystyle\lim_{x\to\infty}\frac{\log(1+e^x)}{x} = \lim_{x\to\infty}\frac{\frac{e^x}{1+e^x}}{1} = \lim_{x\to\infty}\frac{e^x}{1+e^x} = \lim_{x\to\infty}\frac{e^x}{e^x} = 1$

6-8 $f'(x) = \dfrac{1}{1+x}$, $f''(x) = \dfrac{-1}{(1+x)^2}$

$$f^{(3)}(x) = \frac{2!}{(1+x)^3}$$
$$\vdots$$

$$f^{(n)}(x)=\frac{(-1)^{n-1}(n-1)!}{(1+x)^n}$$

$f(0)=\ln 1=0,\ f'(0)=1,\ f''(0)=-1$

$f^{(3)}(0)=2!$

$\vdots$

$f^{(n)}(0)=(-1)^{n-1}(n-1)!$

$$\therefore \log(1+x)=x-\frac{x^2}{2}+\frac{x^3}{3}-\cdots+(-1)^{n-1}\frac{x^n}{n}+\cdots$$

6-9 $f(x)=x^4-x^3+3x^2-3 \qquad f(2)=17$

$f'(x)=4x^3-3x^2+6x \qquad f'(2)=32$

$f''(x)=12x^2-6x+6 \qquad f''(2)=42$

$f^{(3)}(x)=24x-6 \qquad f^{(3)}(2)=42$

$f^{(4)}(x)=24 \qquad f^{(4)}(2)=24$

$$\therefore f(x)=x^4-x^3+3x^2-3$$
$$=17+32(x-2)+\frac{42}{2!}(x-2)^2+\frac{42}{3!}(x-2)^3+\cdots$$
$$=17+32(x-2)+21(x-2)^2+7(x-2)^3+(x-2)^4+\cdots$$

6-10 $f(x)=\sin x \qquad f\left(\frac{\pi}{4}\right)=\frac{1}{\sqrt{2}}$

$f'(x)=\cos x \qquad f'\left(\frac{\pi}{4}\right)=\frac{1}{\sqrt{2}}$

$f''(x)=-\sin x \qquad f''\left(\frac{\pi}{4}\right)=-\frac{1}{\sqrt{2}}$

$f^{(3)}(x)=-\cos x \qquad f^{(3)}\left(\frac{\pi}{4}\right)=-\frac{1}{\sqrt{2}}$

$f^{(4)}(x)=\sin x \qquad f^{(4)}\left(\frac{\pi}{4}\right)=\frac{1}{\sqrt{2}}$

$$\therefore f(x)=\sin x$$
$$=\frac{1}{\sqrt{2}}\left\{1+\left(x-\frac{\pi}{4}\right)-\frac{1}{2!}\left(x-\frac{\pi}{4}\right)^2-\frac{1}{3!}\left(x-\frac{\pi}{4}\right)^3+\cdots\right\}$$

6-11 ① $f(2,3)=2^2+2\cdot 3=10$

② $f(2,3)=\sqrt{2+3}=\sqrt{5}$

6-12 $4-x^2\geq 0$ 에서 $-2\leq x\leq 2$

$9-y^2\geq 0$ 에서 $-3\leq y\leq 3$

∴ 정의역

$=\{x,y\,|-2\leq x\leq 2,-3\leq y\leq 3\}$

6-13 ① $\lim\limits_{\substack{x\to 1\\ y\to 1}}(x^2+y^2)=1^2+1^2=2$

② $\lim\limits_{(x,y)\to(0,1)}\dfrac{2x^3-3xy+y^2}{x^4+2y^2+y}=\dfrac{1}{2+1}=\dfrac{1}{3}$

6-14 ① $\dfrac{\partial z}{\partial x}=3x^2y-y^3$

$\dfrac{\partial z}{\partial y}=x^3-3xy^2$

② $\dfrac{\partial z}{\partial x}=\dfrac{1}{2\sqrt{x^2+y^2}}\cdot 2x=\dfrac{x}{\sqrt{x^2+y^2}}$

$\dfrac{\partial z}{\partial y}=\dfrac{y}{\sqrt{x^2+y^2}}$

③ $\dfrac{\partial z}{\partial x}=-\dfrac{y}{x^2},\ \dfrac{\partial z}{\partial y}=\dfrac{1}{x}$

④ $\dfrac{\partial z}{\partial x}=\dfrac{1}{\sqrt{x^2+y^2}}\cdot\dfrac{\partial}{\partial x}\sqrt{x^2+y^2}$

$=\dfrac{1}{\sqrt{x^2+y^2}}\cdot\dfrac{x}{\sqrt{x^2+y^2}}=\dfrac{x}{x^2+y^2}$

$\dfrac{\partial z}{\partial y}=\dfrac{y}{x^2+y^2}$

6-15 $f_x(x,y)=y\cdot\dfrac{x}{\sqrt{x^2+y^2}}$

$=\dfrac{xy}{\sqrt{x^2+y^2}}$

$\therefore f_x(1,2)=\dfrac{1\cdot 2}{\sqrt{1^2+2^2}}=\dfrac{2}{\sqrt{5}}$

$f_y(x,y)=\sqrt{x^2+y^2}+y\dfrac{y}{\sqrt{x^2+y^2}}$

$=\dfrac{x^2+y^2+y^2}{\sqrt{x^2+y^2}}=\dfrac{x^2+2y^2}{\sqrt{x^2+y^2}}$

$\therefore f_y(0,1)=\dfrac{0^2+2\cdot 1^2}{\sqrt{0^2+1^2}}=2$

6-16 ① $\dfrac{\partial z}{\partial x}=3x^2+6xy-4xy^2+3y$

② $\dfrac{\partial^2 z}{\partial x^2} = \mathbf{6x+6y-4y^2}$

③ $\dfrac{\partial^2 z}{\partial y \partial z} = \mathbf{6x-8xy+3}$

④ $\dfrac{\partial z}{\partial y} = \mathbf{3x^2-4x^2y-4y^3+3x}$

⑤ $\dfrac{\partial^2 z}{\partial y^2} = \mathbf{-4x^2-12y^2}$

⑥ $\dfrac{\partial^2 z}{\partial x \partial y} = \mathbf{6x-8xy+3}$

6-17 전미분의 정의,

$dz = \dfrac{\partial z}{\partial x}dx + \dfrac{\partial z}{\partial y}dy$ 에서

① $dz = \mathbf{(3y^2-6x^2y^3)dx}$
$\quad \mathbf{+(6xy-6x^3y^2)dy}$

② $dz = \mathbf{\dfrac{x}{\sqrt{x^2+y^2}}dx + \dfrac{y}{\sqrt{x^2+y^2}}dy}$

③ $dz = \mathbf{\cos\theta\, dr - r\sin\theta\, d\theta}$

④ $du = \dfrac{\partial u}{\partial x}dx + \dfrac{\partial u}{\partial y}dy + \dfrac{\partial u}{\partial z}dz$ 에서

$du = \mathbf{(2xy+z^2)dx + (2yz+x^2)dy}$
$\quad \mathbf{+(2zx+y^2)dz}$

■ 연습문제 7 ■

7-1 ① $\int 5dx = \mathbf{5x+C}$

② $\int 3x^2 dx = 3 \cdot \dfrac{1}{2+1}x^{2+1} + C = \mathbf{x^3+C}$

③ $\int (6x^2-2x+1)dx = \mathbf{2x^3-x^2+x+C}$

④ $\int (x^2+1)(1-x)dx$

$= \int (-x^3+x^2-x+1)dx$

$= \mathbf{-\dfrac{1}{4}x^4+\dfrac{1}{3}x^3-\dfrac{1}{2}x^2+x+C}$

⑤ $\int \dfrac{3+x}{x^2}dx = \int \left(3x^{-2}+\dfrac{1}{x}\right)dx$

$= \dfrac{3}{-2+1}x^{-2+1} + \ln|x| + C$

$= \mathbf{-\dfrac{3}{x}+\ln|x|+C}$

⑥ $\int \left(3x+\dfrac{1}{x^2}\right)^2 dx$

$= \int \left(9x^2+\dfrac{6}{x}+x^{-4}\right)dx$

$= \dfrac{9}{3}x^3 + 6\ln|x| - \dfrac{1}{3}x^{-3} + C$

$= \mathbf{3x^3+6\ln|x|-\dfrac{1}{3x^3}+C}$

⑦ $\int (3x+2)^2 dx - \int (3x-2)^2 dx$

$= \int 24x dx = \mathbf{12x^2+C}$

⑧ $\int \sqrt[3]{x^2}\,dx = \int x^{\frac{2}{3}}dx$

$= \dfrac{1}{\frac{2}{3}+1}x^{\frac{2}{3}+1} + C$

$= \dfrac{3}{5}x^{\frac{5}{3}} + C = \mathbf{\dfrac{3}{5}x\sqrt[3]{x^2}+C}$

7-2 기울기가 $f'(x) = 2x-1$이므로

$f(x) = \int (2x-1)dx = x^2-x+C$

이 곡선은 점 $(1, -2)$를 지나므로

$-2 = f(1) = 1-1+C \quad \therefore C=-2$

따라서 $\mathbf{f(x) = x^2-x-2}$

7-3 ① $\int (2\sin x - 5\cos x)dx$

$= \mathbf{-2\cos x - 5\sin x + C}$

② $\int \cot^2 x dx = \int (\csc^2 x - 1)dx$

$= \mathbf{-\cot x - x + C}$

③ $\int \dfrac{\sin^2 x}{1+\cos x}dx = \int \dfrac{1-\cos^2 x}{1+\cos x}dx$

$= \int (1-\cos x)dx = \mathbf{x - \sin x + C}$

④ $\int \dfrac{\sin x}{\cos^2 x}dx = \int \dfrac{1}{\cos x} \cdot \dfrac{\sin x}{\cos x}dx$

$= \int \sec x \tan x\, dx$

$= \mathbf{\sec x + C}$

⑤ $\sin^4 x = (\sin^2 x)^2 = \left(\dfrac{1-\cos 2x}{2}\right)^2$

$= \dfrac{1-2\cos 2x+\cos^2 2x}{4}$

$$=\frac{1}{4}\left(1-2\cos 2x+\frac{1+\cos 4x}{2}\right)$$
$$=\frac{3}{8}-\frac{1}{2}\cos 2x+\frac{1}{8}\cos 4x$$
$$\therefore \int \sin^4 x dx$$
$$=\frac{3}{8}x-\frac{1}{4}\sin 2x+\frac{1}{32}\sin 4x+C$$

⑥ $\int \sin^2\frac{x}{2}dx=\int\frac{1-\cos x}{2}dx$
$$=\frac{1}{2}x-\frac{1}{2}\sin x+C$$

7-4 ① $\int 5e^x dx=5e^x+C$

② $\int\frac{3^x}{2}dx=\frac{1}{2}\cdot\frac{3^x}{\ln 3}+C=\frac{3^x}{2\ln 3}+C$

③ $\int e^{x+1}dx=\int e\cdot e^x dx=e\cdot e^x+C$
$$=e^{x+1}+C$$

④ $\int(2e^x-3^x)dx=2e^x-\frac{3^x}{\ln 3}+C$

7-5 ① $\int x^{\frac{1}{4}}dx=\frac{1}{\frac{1}{4}+1}x^{\frac{1}{4}+1}+C$
$$=\frac{4}{5}x^{\frac{5}{4}}+C$$

② $\int\frac{x-1}{x^2}dx=\int\left(\frac{1}{x}-\frac{1}{x^2}\right)dx$
$$=\ln|x|-\frac{1}{-2+1}x^{-2+1}+C$$
$$=\ln|x|+x^{-1}+C$$

③ $\int(x^2-2)^3dx=\int(x^2-2)^2(x^2-2)dx$
$$=\int(x^4-4x^2+4)(x^2-2)dx$$
$$=\int(x^6-4x^4+4x^2-2x^4+8x^2-8)dx$$
$$=\frac{1}{7}x^7-\frac{6}{5}x^5+4x^3-8x+C$$

④ $\int\frac{2x}{x-1}dx=\int\left(2+\frac{2}{x-1}\right)dx$
$$=2x+2\ln|x-1|+C$$

7-6 ① $\int\cos^2 x dx=\frac{1}{2}\int(1+\cos 2x)dx$
$$=\frac{1}{2}x+\frac{1}{2}\cdot\frac{1}{2}\sin 2x+C$$
$$=\frac{1}{2}x+\frac{1}{4}\sin 2x+C$$

② $\int\sin^2 x\,dx=\frac{1}{2}\int(1-\cos 2x)\,dx$
$$=\frac{1}{2}x-\frac{1}{4}\sin 2x+C$$

③ $\int\cos^3 x\,dx=\int\cos^2 x\cos x\,dx$
$$=\int(1-\sin^2 x)\cos x\,dx$$
$$=\int\cos x\,dx-\int\sin^2 x\cos x\,dx$$
$$=\sin x-\frac{1}{3}\sin^3 x+C$$

④ $\int\sin 3x\sin 2x\,dx$
$$=\frac{1}{2}\int\{\cos(3x-2x)-\cos(3x+2x)\}dx$$
$$=\frac{1}{2}\int(\cos x-\cos 5x)dx$$
$$=\frac{1}{2}\sin x-\frac{1}{10}\sin 5x+C$$

7-7 ① $\int\sin(2x+1)dx$
$$=\frac{1}{2}\int\sin(2x+1)(2x+1)'dx$$
$$=-\frac{1}{2}\cos(2x+1)+C$$

② $\int\cos(5x+3)dx$
$$=\frac{1}{5}\int\cos(5x+3)(5x+3)'dx$$
$$=\frac{1}{5}\sin(5x+4)+C$$

③ $\int e^{3x+2}dx=\frac{1}{3}\int e^{3x+2}(3x+2)'dx$
$$=\frac{1}{3}e^{3x+2}+C$$

④ $\int\frac{5}{10x+3}dx=\frac{1}{2}\int\frac{10}{10x+3}dx$
$$=\frac{1}{2}\ln|10x+3|+C$$

7-8 ① $\int \sqrt{2x-3}\, dx$

$= \frac{1}{2}\int (2x-3)^{\frac{1}{2}}(2x-3)'dx$

$= \frac{1}{2} \cdot \frac{2}{3}(2x-3)^{\frac{3}{2}} + C$

$= \mathbf{\frac{1}{3}(2x-3)^{\frac{3}{2}} + C}$

②

$\int x(x^2+4)^3 dx = \frac{1}{2}\int (x^2+4)^3(x^2+4)'$

$= \frac{1}{2} \cdot \frac{1}{3+1}(x^2+4)^{3+1} + C$

$= \mathbf{\frac{1}{8}(x^2+4)^4 + C}$

③ $\int xe^{-x^2}dx = -\frac{1}{2}\int e^{-x^2}(-x^2)'dx$

$= \mathbf{-\frac{1}{2}e^{-x^2} + C}$

④ $\int \frac{6x^2}{(x^3+4)^2}dx$

$= 2\int (x^3+4)^{-2}(x^3+4)'dx$

$= \frac{2}{-2+1}(x^3+4)^{-2+1} + C$

$= \mathbf{\frac{-2}{(x^3+4)} + C}$

⑤ $\int 2\sin^3 x \cos x\, dx = \frac{2}{3+1}(\sin x)^{3+1} + C$

$= \mathbf{\frac{1}{2}\sin^4 x + C}$

⑥ $\int \frac{\ln x}{x}dx = \int \ln x(\ln x)'dx$

$= \frac{1}{1+1}(\ln x)^{1+1} + C$

$= \mathbf{\frac{1}{2}(\ln x)^2 + C}$

7-9 ① $\int \frac{1}{\sqrt[3]{4-x}}dx = \int (4-x)^{-\frac{1}{3}}dx$

$= \frac{-1}{-\frac{1}{3}+1}(4-x)^{-\frac{1}{3}+1} + C$

$= \mathbf{-\frac{3}{2}(4-x)^{\frac{2}{3}} + C}$

② $\int 2x\sqrt{x^2+3}\, dx = \int 2x(x^2+3)^{\frac{1}{2}}$

$= \frac{1}{\frac{1}{2}+1}(x^2+3)^{\frac{1}{2}+1} + C$

$= \mathbf{\frac{2}{3}(x^2+3)^{\frac{3}{2}} + C}$

③ $\int \frac{dx}{9x^2+4} = \frac{1}{4}\int \frac{1}{\left(\frac{3x}{2}\right)^2+1}dx$

$= \frac{1}{4} \cdot \frac{2}{3}\int \frac{1}{\left(\frac{3x}{2}\right)^2+1} \cdot \frac{3}{2}dx$

$= \mathbf{\frac{1}{6}\tan^{-1}\frac{3x}{2} + C}$

④ $\int \frac{1}{\sqrt{1-4x^2}}dx = \frac{1}{2}\int \frac{2}{\sqrt{1-(2x)^2}}dx$

$= \mathbf{\frac{1}{2}\sin^{-1} 2x + C}$

⑤ $\int \sin^3 x\, dx = \int (1-\cos^2 x)\sin x\, dx$

$= \int \{\sin x + \cos^2 x(-\sin x)\}dx$

$= \mathbf{\frac{1}{3}\cos^3 x - \cos x + C}$

⑥ $\int 3x^2\sqrt{x^3+1}\, dx$

$= \int (x^3+1)^{\frac{1}{2}}(3x^2)dx = \mathbf{\frac{2}{3}(x^3+1)^{\frac{3}{2}} + C}$

7-10 ① $\int \frac{e^x - e^{-x}}{e^x + e^{-x}}dx = \mathbf{\ln|e^x + e^{-x}| + C}$

② $\int \frac{3e^x}{e^x-2}dx = 3\int \frac{e^x}{e^x-2}dx$

$= \mathbf{3\ln|e^x-2| + C}$

③ $\int \cos^2 x \sin^3 x\, dx$

$= \int \cos^2 x(1-\cos^2 x)\sin x\, dx$

$= \int (\cos^2 x \sin x - \cos^4 x \sin x)dx$

$= \int \{\cos^4 x(-\sin x) - \cos^2 x(-\sin x)\}dx$

$= \mathbf{\frac{1}{5}\cos^5 x - \frac{1}{3}\cos^3 x + C}$

④ $\int \frac{\ln(x+1)}{x+1}dx$

$= \int \ln(x+1)\{\ln(x+1)\}'dx$

$= \frac{1}{2}\{\ln(x+1)\}^2 + C$

⑤ $\int (\sin x + \cos x)^2 dx$

$= \int (\sin^2 x + 2\sin x\cos x + \cos^2 x)dx$

$= \int (1+\sin 2x)dx$

$= x - \frac{1}{2}\cos 2x + C$

⑥ $\int \sin 2x \cos 3x dx$

$= \int \frac{1}{2}\{\sin(2x+3x) + \sin(2x-3x)\}dx$

$= \int \frac{1}{2}(\sin 5x - \sin x)dx$

$= \frac{1}{2}\cdot\frac{1}{5}(-\cos 5x) - \frac{1}{2}(-\cos x) + C$

$= -\frac{1}{10}\cos 5x + \frac{1}{2}\cos x + C$

7-11 ① $f'(x) = e^{-x}$, $g(x) = x$ 로 놓으면

$f(x) = -e^{-x}$, $g'(x) = 1$이므로

$\int xe^{-x}dx = -xe^{-x} + \int e^{-x}dx$

$= -xe^{-x} - e^{-x} + C$

② $f'(x) = \sin 2x$, $g(x) = x$ 로 놓으면

$f(x) = -\frac{1}{2}\cos 2x$, $g'(x) = 1$이므로

$\int x\sin 2x dx = -\frac{1}{2}x\cos 2x + \frac{1}{2}\int \cos 2x dx$

$= -\frac{1}{2}x\cos 2x + \frac{1}{4}\sin 2x + C$

③ $f'(x) = e^x$, $g(x) = x^2$ 으로 놓으면

$f(x) = e^x$, $g'(x) = 2x$ 이므로

$\int x^2e^x dx = x^2e^x - 2\int xe^x dx$

또, $f'(x) = e^x$, $g(x) = x$ 로 놓으면

$f(x) = e^x$, $g'(x) = 1$이므로

$\int x^2e^x dx = x^2e^x - 2\left(xe^x - \int e^x dx\right)$

$= x^2e^x - 2(xe^x - e^x) + C$

$= e^x(x^2 - 2x + 2) + C$

④ $\int x^3\cos x dx = x^3\sin x - 3\int x^2\sin x dx$

$= x^3\sin x - 3\left\{x^2(-\cos x) + 2\int x\cos x dx\right\}$

$= x^3\sin x + 3x^2\cos x - 6\left(x\sin x - \int \sin x dx\right)$

$= x^3\sin x + 3x^2\cos x - 6x\sin x - 6\cos x + C$

⑤ $\int e^x\cos x dx$

$= e^x\sin x - \left\{-e^x\cos x - \int e^x\cos x dx\right\}$

$= e^x\sin x + e^x\cos x - \int e^x\cos x dx$

$2\int e^x\cos x dx = e^x\sin x + e^x\cos x$

$\therefore \int e^x\cos x dx = \frac{1}{2}e^x(\sin x + \cos x)$

⑥ $f'(x) = \sin 3x$, $g(x) = x^2$ 으로 놓으면

$f(x) = -\frac{1}{3}\cos 3x$, $g'(x) = 2x$ 이므로

$\int x^2\sin 3x dx$

$= -\frac{1}{3}x^2\cos 3x + \frac{2}{3}\int x\cos 3x dx$

또, $f'(x) = \cos 3x$, $g(x) = x$ 로 놓으면

$f(x) = \frac{1}{3}\sin 3x$, $g'(x) = 1$ 이므로

$\int x^2\sin 3x dx = -\frac{1}{3}x^2\cos 3x$

$+ \frac{2}{3}\left(\frac{1}{3}x\sin 3x - \frac{1}{3}\int \sin 3x dx\right)$

$= -\frac{1}{3}x^2\cos 3x + \frac{2}{9}x\sin 3x$

$+ \frac{2}{27}\cos 3x + C$

7-12 ① $\int \frac{dx}{x^2 - 5x + 6}$

$= \int \left(\frac{1}{x-3} - \frac{1}{x-2}\right)dx$

$= \ln|x-3| - \ln|x-2| + C$

$= \ln\left|\frac{x+3}{x-2}\right| + C$

② $\int \frac{x^3+2}{x-1} dx$

$= \int \left(x^3+x+1+\frac{3}{x-1}\right) dx$

$= \frac{1}{3}x^3+\frac{1}{2}x^2+x+3\ln|x-1|+C$

③ $\int \frac{dx}{x(1+x)^2} dx$

$= \int \left(\frac{1}{x}-\frac{1}{1+x}-\frac{1}{(1+x)^2}\right) dx$

$= \ln|x|-\ln|1+x|$

$-\frac{1}{-2+1}(1+x)^{-2+1}+C$

$= \ln\left|\frac{x}{1+x}\right|+\frac{1}{1+x}+C$

④ $\int \frac{dx}{x(x^2+1)} = \int \left(\frac{1}{x}-\frac{x}{x^2+1}\right) dx$

$= \ln|x|-\frac{1}{2}\ln|x^2+1|+C$

⑤ $\int \frac{3x^2-x+6}{(x-1)^2(x^2+3)} dx$

$= \int \left(\frac{1}{x-1}+\frac{2}{(x-1)^2}\right.$

$\left.+\frac{2x}{x^2+3}+\frac{3}{x^2+3}\right) dx$

$= \ln|x-1|-\frac{2}{x-1}+\ln|x^2+3|$

$+\sqrt{3}\tan^{-1}\frac{x}{\sqrt{3}}+C$

$= \ln|(x-1)(x^2+3)|-\frac{2}{x-1}$

$+\sqrt{3}\tan^{-1}\frac{x}{\sqrt{3}}+C$

⑥ $e^t=x$ 라 놓으면

$\int \frac{e^t}{e^{2t}+3e^t+2} dt$

$= \int \frac{dx}{x^2+3x+2}$

$= \int \left(\frac{1}{x+1}-\frac{1}{x+2}\right) dx$

$= \ln|x+1|-\ln|x+2|+C$

$= \ln\left|\frac{x+1}{x+2}\right|+C$

$\therefore \int \frac{e^t}{e^{2t}+3e^t+2} dt = \ln\frac{e^t+1}{e^t+2}+C$

■ 연습문제 8 ■

8-1 아래의 그림과 같이 원에 내접하는 정n각형의 면적을 S_n이라 하고 $n\to\infty$ 일 때의 S_n의 극한값을 구한다.

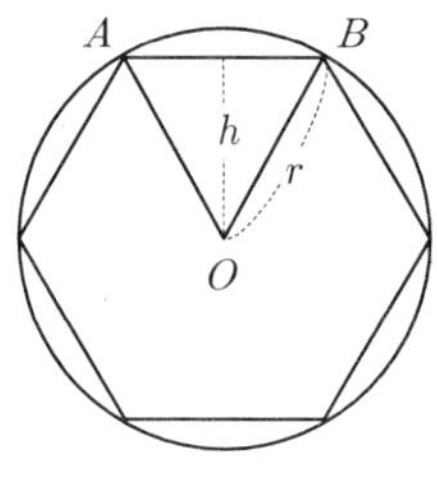

$S_n = n\times(\triangle OAB) = n\times\frac{1}{2}\overline{AB}\times h$

$= \frac{1}{2}h\times n\times\overline{AB}$

원에 내접하는 정n각형의 둘레의 길이를 l_n이라 하면

$l_n = n\times\overline{AB}$ 이므로 $S_n = \frac{1}{2}\times h\times l_n$

그런데 $n\to\infty$ 일 때 $h\to r$, $l_n\to 2\pi r$

$\therefore S = \lim_{n\to\infty} S_n = \lim_{n\to\infty}\frac{1}{2}\times h\times l_n$

$= \frac{1}{2}\times r\times 2\pi r = \pi r^2$

8-2 아래의 그림과 같이 구간 $[0, 2]$를 n 등분한 각 분점에서 수선을 세워 직사각형을 만들면 각 분점 사이의 간격이 $\frac{2}{n}$이므로 이들 직사각형의 면적의 합 S_n은

$S_n = \left(\frac{2}{n}\right)^3\cdot\frac{2}{n}+\left(\frac{2\times 2}{n}\right)^3\cdot\frac{2}{n}+\cdots$

$+\left(\frac{2\times n}{n}\right)^3\cdot\frac{2}{n}$

$\therefore S = \lim_{n\to\infty} S_n = \lim_{n\to\infty}\frac{16}{n^4}\times\frac{n^2(n+1)^2}{4} = 4$

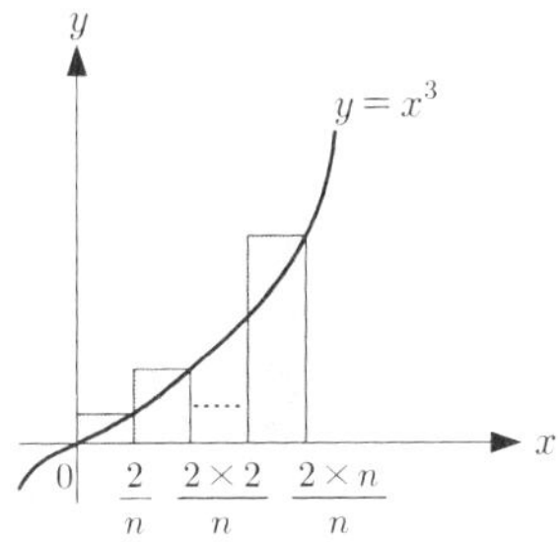

8-3 아래의 그림에서 삼각의 면적 S는

$$S=\int_0^2 x\,dx=\left[\frac{1}{2}x^2\right]_0^2$$
$$=\left(\frac{1}{2}\times 2^2\right)-\left(\frac{1}{2}\times 0^2\right)=\mathbf{2}$$

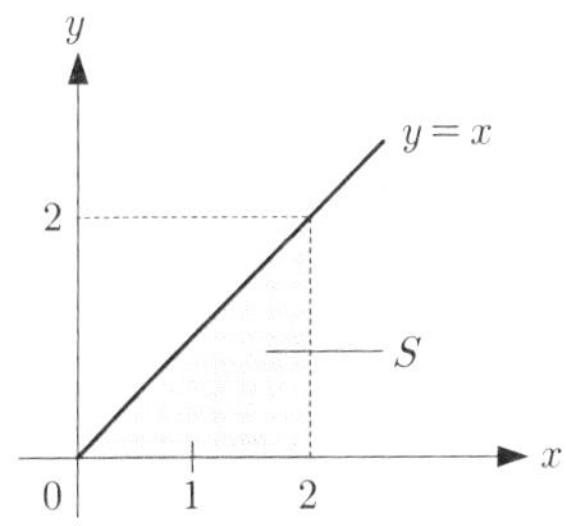

8-4 ① $\int_0^2 4x^3\,dx=\left[x^4\right]_0^2=2^4-0^4=\mathbf{16}$

② $\int_1^2 (x^2-3x+2)\,dx$

$$=\left[\frac{1}{3}x^3-\frac{3}{2}x^2+2x\right]_1^2$$
$$=\left(\frac{1}{3}\cdot 2^3-\frac{3}{2}\cdot 2^2+2\cdot 2\right)-\left(\frac{1}{3}\cdot 1^3-\frac{3}{2}\cdot 1^2+2\cdot 1\right)=-\frac{\mathbf{1}}{\mathbf{6}}$$

③ $\int_2^3 (t-3t^3)\,dt=\left[\frac{1}{2}t^2-\frac{3}{4}t^4\right]_2^3=-\frac{\mathbf{185}}{\mathbf{4}}$

④ $\int_1^e \frac{1}{x}\,dx=\left[\ln x\right]_1^e=\ln e-\ln 1=\mathbf{1}$

⑤ $\int_0^\pi \sin x\,dx=\left[-\cos x\right]_0^\pi$

$$=-\cos\pi-(-\cos 0)=\mathbf{2}$$

⑥ $\int_0^2 \frac{1}{1+x}\,dx=\left[\ln(1+x)\right]_0^2$

$$=\ln 3-\ln 1=\mathbf{\ln 3}$$

8-5 ① $\int_1^3 \frac{dx}{\sqrt{x}}=\int_1^3 x^{-\frac{1}{2}}\,dx$

$$=\left[2\sqrt{x}\right]_1^3=\mathbf{2(\sqrt{3}-1)}$$

② $\int_0^3 \sqrt{x+1}\,dx=\int_0^3 (x+1)^{\frac{1}{2}}\,dx$

$$=\left[\frac{2}{3}(x+1)^{\frac{3}{2}}\right]_0^3=\frac{\mathbf{14}}{\mathbf{3}}$$

③ $\int_1^e \frac{1}{x}\ln x\,dx=\int_1^e \ln x(\ln x)'\,dx$

$$=\left[\frac{1}{2}(\ln x)^2\right]_1^e$$
$$=\frac{1}{2}\{(\ln e)^2-(\ln 1)^2\}=\frac{\mathbf{1}}{\mathbf{2}}$$

④ $\int_1^2 \frac{1}{x^2+x}\,dx=\int_1^2 \frac{1}{x(x+1)}\,dx$

$$=\int_1^2\left(\frac{1}{x}-\frac{1}{x+1}\right)dx$$
$$=\left[\ln|x|-\ln|x+1|\right]_1^2$$
$$=(\ln 2-\ln 3)-(\ln 1-\ln 2)$$
$$=\mathbf{2\ln 2-\ln 3}$$

⑤ $\int_{-1}^1 \frac{e^{2x}+1}{e^x}\,dx=\int_{-1}^1 (e^x+e^{-x})\,dx$

$$=\left[e^x-e^{-x}\right]_{-1}^1$$
$$=(e-e^{-1})-(e^{-1}-e)$$
$$=\mathbf{2\left(e-\frac{1}{e}\right)}$$

⑥ $\int_{-1}^2 4(t+1)(t^2-1)\,dt$

$$=\int_{-1}^2 (4t^3+4t^2-4t-t)\,dt$$
$$=\left[t^4+\frac{4}{3}t^3-2t^2-4t\right]_{-1}^2$$
$$=16+\frac{32}{3}-8-8-\left(1-\frac{4}{3}-2+4\right)$$
$$=\frac{32}{3}-\frac{5}{3}=\mathbf{9}$$

8-6 ① 준식 $=\int_0^1 (3x^2-6x+2x+5)dx$

$$=\int_0^1 (3x^2-4x+5)\,dx$$

$$= \left[x^3 - 2x^2 + 5x\right]_0^1$$
$$= (1-2+5) - 0 = \mathbf{4}$$

② 준식 $= \displaystyle\int_{-1}^{2} \{(4x^3 - 3x^2 + 1)$
$\quad - (4x^3 + 2x^2 - x)\}\,dx$
$$= \int_{-1}^{2} (-5x^2 + x + 1)\,dx$$
$$= \left[-\frac{5}{3}x^3 + \frac{1}{2}x^2 + x\right]_{-1}^{2} = -\frac{\mathbf{21}}{\mathbf{2}}$$

③ 준식 $= \displaystyle\int_0^2 (3x^2 - x + 1)\,dx$
$$= \left[x^3 - \frac{1}{2}x^2 + x\right]_0^2 = \mathbf{8}$$

8-7 ① $\displaystyle\int_1^3 \frac{1}{x(x+1)}\,dx$
$$= \int_1^3 \left(\frac{1}{x} - \frac{1}{x+1}\right) dx$$
$$= \left[\ln x - \ln(x+1)\right]_1^3$$
$$= \ln 3 - \ln 4 - \ln 1 + \ln 2 = \mathbf{\ln\frac{3}{2}}$$

② $\displaystyle\int_0^{\frac{\pi}{2}} \sin 2x \cos x\,dx$
$$= \frac{1}{2}\int_0^{\frac{\pi}{2}} \{\sin(2x+x) + \sin(2x-x)\}\,dx$$
$$= \frac{1}{2}\int_0^{\frac{\pi}{2}} (\sin 3x + \sin x)\,dx$$
$$= \frac{1}{2}\left[-\frac{\cos 3x}{3} - \cos x\right]_0^{\frac{\pi}{2}}$$
$$= \frac{1}{2}\left(\frac{1}{3} + 1\right) = \frac{\mathbf{2}}{\mathbf{3}}$$

③ $y = |x|$에서 다음 그림과 같이

$$|x| = \begin{cases} -x & (-1 \leqq x < 0) \\ x & \\ (0 \leqq x \leqq 1) & \end{cases}$$

$$\therefore \int_{-1}^{1} |x|\,dx = \int_{-1}^{0} (-x)\,dx + \int_0^1 x\,dx$$
$$= \left[-\frac{1}{2}x^2\right]_{-1}^{0} + \left[\frac{1}{2}x^2\right]_0^1$$
$$= \frac{1}{2} + \frac{1}{2} = \mathbf{1}$$

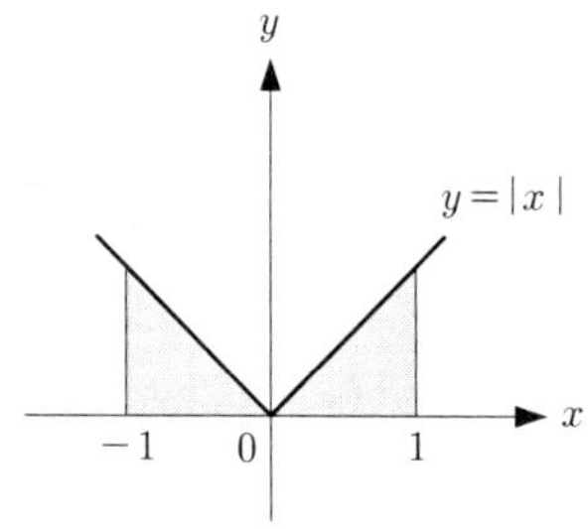

④ $y = |x^2 - 4x + 3| = |(x-1)(x-3)|$에서 다음 그림과 같이

$$|x^2 - 4x + 3| = \begin{cases} -(x^2 - 4x + 3) & (1 \leqq x \leqq 3) \\ & x^2 - 4x + 3 \\ (3 \leqq x \leqq 4) & \end{cases}$$

$$\therefore \int_1^4 |x^2 - 4x + 3|\,dx$$
$$= -\int_1^3 (x^2 - 4x + 3)\,dx$$
$$+ \int_3^4 (x^2 - 4x + 3)\,dx$$
$$= \frac{4}{3} + \frac{4}{3} = \frac{\mathbf{8}}{\mathbf{3}}$$

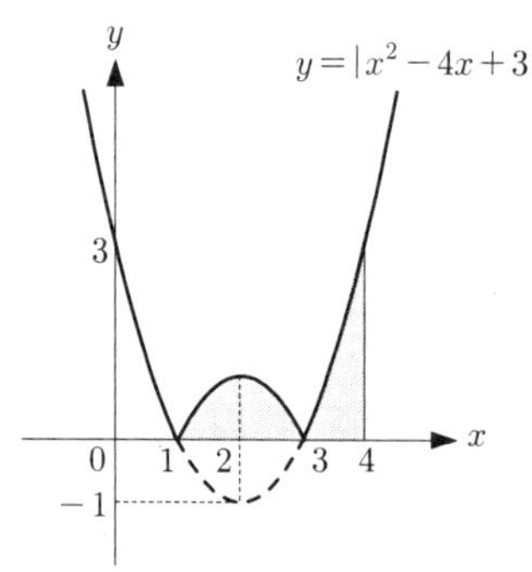

⑤ $\displaystyle\int_0^{\sqrt{3}} \frac{1}{\sqrt{3 - x^2}}\,dx = \left[\sin^{-1}\frac{x}{\sqrt{3}}\right]_0^{\sqrt{3}}$
$$= \sin^{-1}1 - \sin^{-1}0$$
$$= \frac{\pi}{2} - 0 = \frac{\boldsymbol{\pi}}{\mathbf{2}}$$

⑥ $\displaystyle\int_0^{\frac{\pi}{3}} \sin 4x \cos 3x\,dx$
$$= \frac{1}{2}\int_0^{\frac{\pi}{3}} (\sin 7x + \sin x)\,dx$$

$$= \frac{1}{2}\left[-\frac{1}{7}\cos 7x - \cos x\right]_0^{\frac{\pi}{3}} = \frac{2}{7}$$

8-8 ① $x(x^2+1)$, $x^2(x^3-x)$, x^3은 모두 기함수이고, 5는 우함수이므로

$$\therefore \text{준식} = 2\int_0^1 5\,dx = 10[x]_0^1 = 10$$

② $x\cos x$, $x^2\sin x$, $\sin x$는 모두 기함수이고, $\cos x$는 우함수이므로

$$\therefore \text{준식} = 2\int_0^{\frac{\pi}{2}} \cos x\,dx = 2[\sin x]_0^{\frac{\pi}{2}} = 2$$

8-9 ① $x-2=t$로 놓으면 $dx=dt$이고, $x=2$일 때 $t=3$, $x=0$일 때 $t=1$이므로

x	$2\to3$
t	$0\to1$

$$\therefore \int_2^3 x\sqrt{x-2}\,dx = \int_0^1 (t+2)\sqrt{t}\,dt$$
$$= \int_0^1 t^{\frac{3}{2}}\,dt + 2\int_0^1 t^{\frac{1}{2}}\,dt$$
$$= \left[\frac{2}{5}t^{\frac{5}{2}}\right]_0^1 + \left[\frac{4}{3}t^{\frac{3}{2}}\right]_0^1 = \frac{2}{5}+\frac{4}{3} = \frac{26}{15}$$

② $x^2+1=t$로 놓으면
$2x\,dx = dt$,
$x\,dx = \frac{1}{2}dt$

x	$0\to\sqrt{3}$
t	$1\to4$

$$\therefore \int_0^{\sqrt{3}} x\sqrt{x^2+1}\,dx = \int_1^4 \sqrt{t}\cdot\frac{1}{2}dt$$
$$= \left[\frac{1}{3}t\sqrt{t}\right]_1^4 = \frac{1}{3}(8-1) = \frac{7}{3}$$

③ $2x+1=t$로 놓으면 $x=\frac{1}{2}(t-1)$

$dx = \frac{1}{2}dt$

x	$0\to1$
t	$0\to3$

$$\therefore \int_0^1 \frac{x}{(2x+1)^3}\,dx$$
$$= \int_1^3 \frac{\frac{1}{2}(t-1)}{t^3}\cdot\frac{1}{2}dt$$
$$= \frac{1}{4}\int_1^3 (t^{-2}-t^{-3})\,dt$$
$$= \frac{1}{4}\left[-\frac{1}{t}+\frac{1}{2t^2}\right]_1^3$$
$$= \frac{1}{4}\left\{\left(-\frac{1}{3}+\frac{1}{18}-\left(-1+\frac{1}{2}\right)\right)\right\} = \frac{1}{18}$$

④ $\sin x = t$로 놓으면 $\cos x\,dx = dt$

x	$0\to\frac{\pi}{4}$
t	$0\to\frac{1}{\sqrt{2}}$

$$\therefore \int_0^{\frac{\pi}{4}} \sin^2 x\cos x\,dx$$
$$= \int_0^{\frac{1}{\sqrt{2}}} t^2\,dt$$
$$= \left[\frac{1}{3}t^3\right]_0^{\frac{1}{\sqrt{2}}} = \frac{\sqrt{2}}{12}$$

8-10 ① $f'(x)=e^{-x}$, $g(x)=x$로 놓으면 $f(x)=-e^{-x}$, $g'(x)=1$이므로

$$\int_0^1 xe^{-x}\,dx = [-xe^{-x}]_0^1 + \int_0^1 e^{-x}\,dx$$
$$= -e^{-1} - [e^{-x}]_0^1 = -2e^{-1}+1$$

② $f'(x)=e^x$, $g(x)=x^2$으로 놓으면 $f(x)=e^x$, $g'(x)=2x$이므로

$$\int_0^1 x^2e^x\,dx = [x^2e^x]_0^1 - \int_0^1 2xe^x\,dx$$
$$= e - 2\left\{[xe^x]_0^1 - [e^x]_0^1\right\}$$
$$= e - 2\{e-(e-1)\} = e-2$$

③ $f'(x)=1$, $g(x)=\ln x$로 놓으면 $f(x)=x$, $g'(x)=\frac{1}{x}$이므로

$$\int_1^e \ln x\,dx = [x\ln x]_1^e - \int_1^e x\cdot\frac{1}{x}\,dx$$
$$= e - [x]_1^e = e-(e-1) = 1$$

④ $f'(x)=\sin x+\cos x$, $g(x)=x$로 놓으면 $f(x)=-\cos x+\sin x$, $g'(x)=1$이므로

$$\int_0^\pi x(\sin x+\cos x)dx$$
$$= [(-\cos x+\sin x)x]_0^\pi - \int_0^\pi (-\cos x+\sin x)dx$$
$$= \pi - [-\sin x-\cos x]_0^\pi$$
$$= \pi-(1+1) = \pi-2$$

■ 연습문제 9 ■

9-1 $y=x^2$은 원점을 지나므로 구하는 도형의 넓이 S는

$$S=\int_0^2 x^2\,dx=\left[\frac{1}{3}x^3\right]_0^2=\frac{1}{3}\cdot 2^3=\mathbf{\frac{8}{3}}$$

9-2 $y=4x-x^2=0$에서 $x=0,\ 4$이므로 다음 그림에서 구하는 도형의 넓이 S는

$$S=\int_0^4 (4x-x^2)\,dx=\left[2x^2-\frac{1}{3}x^3\right]_0^4$$
$$=2\cdot 4^2-\frac{1}{3}\cdot 4^3=\mathbf{\frac{32}{3}}$$

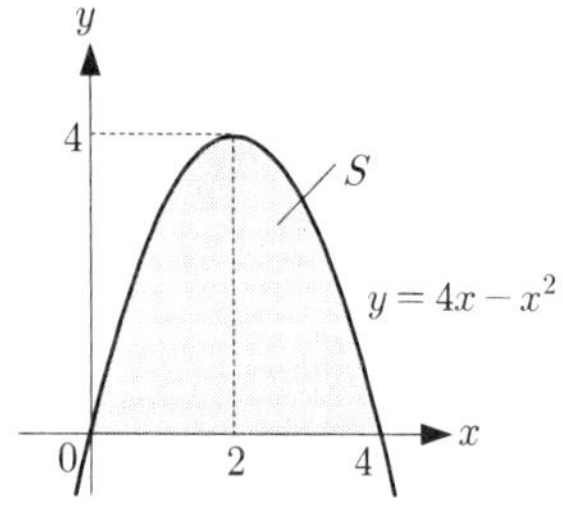

9-3 $y=x^2-4x+3=0$에서 $x=1,3$이므로 다음 그림에서 구하는 부분의 넓이 S는

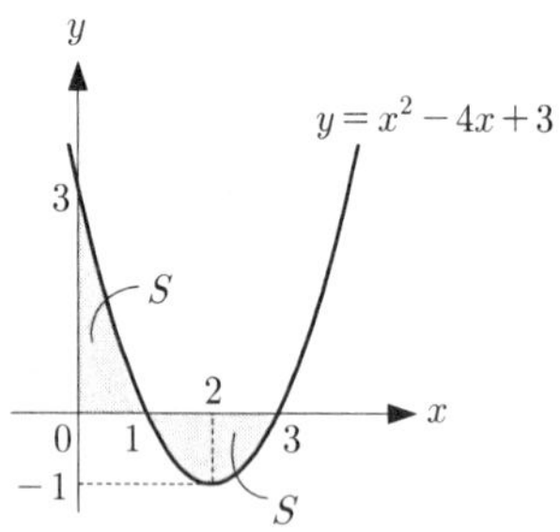

$$S=\int_0^1 y\,dx+\left\{-\int_1^3 y\,dx\right\}$$
$$=\int_0^1 (x^2-4x+3)\,dx-\int_1^3 (x^2-4x+3)\,dx$$
$$=\left[\frac{1}{3}x^3-2x^2+3x\right]_0^1-\left[\frac{1}{3}x^3-2x^2+3x\right]_1^3$$
$$=\frac{4}{3}+\frac{4}{3}=\mathbf{\frac{8}{3}}$$

9-4 $y=x^2-7x+6=0$에서 $x=1,\ 6$이므로 다음 그림에서 구하는 부분의 넓이 S는

$$S=-\int_1^6 (x^2-7x+6)\,dx$$
$$=-\left[\frac{1}{3}x^3-\frac{7}{2}x^2+6x\right]_1^6=\mathbf{\frac{56}{3}}$$

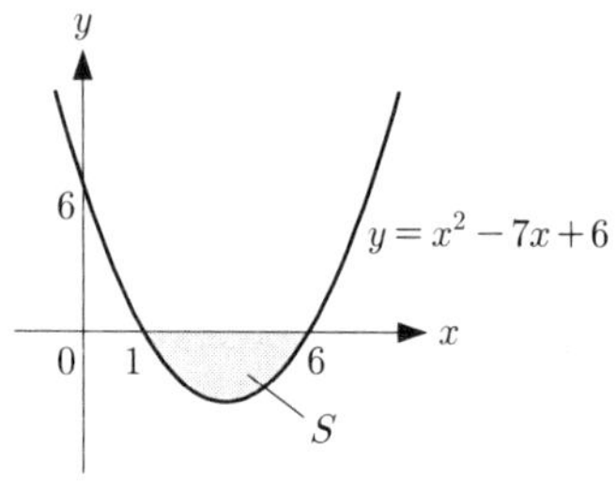

9-5 $S=\int_0^{\frac{\pi}{2}} \cos x\,dx=[\sin x]_0^{\frac{\pi}{2}}$

$$=\sin\frac{\pi}{2}-\sin 0=\mathbf{1}$$

9-6 다음 그림에서 구하는 부분의 넓이 S는

$$S=\int_0^4 x\,dy=\int_0^4 \frac{y^2}{4}\,dy=\frac{1}{4}\left[\frac{y^3}{3}\right]_0^4=\mathbf{\frac{16}{3}}$$

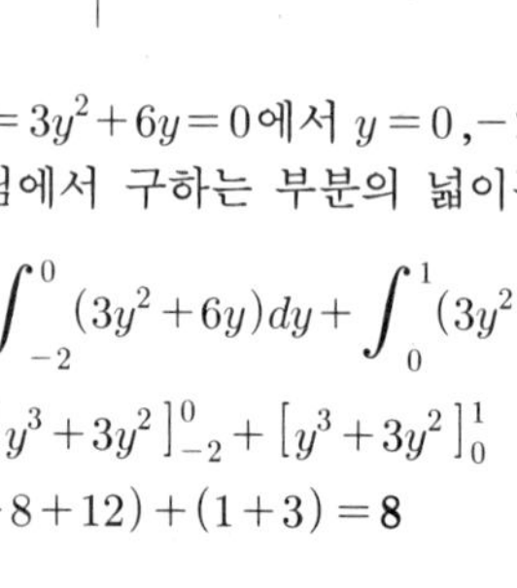

9-7 $x=3y^2+6y=0$에서 $y=0,-2$이므로 다음 그림에서 구하는 부분의 넓이는

$$S=-\int_{-2}^0 (3y^2+6y)dy+\int_0^1 (3y^2+6y)dy$$
$$=-\left[y^3+3y^2\right]_{-2}^0+\left[y^3+3y^2\right]_0^1$$
$$=(-8+12)+(1+3)=\mathbf{8}$$

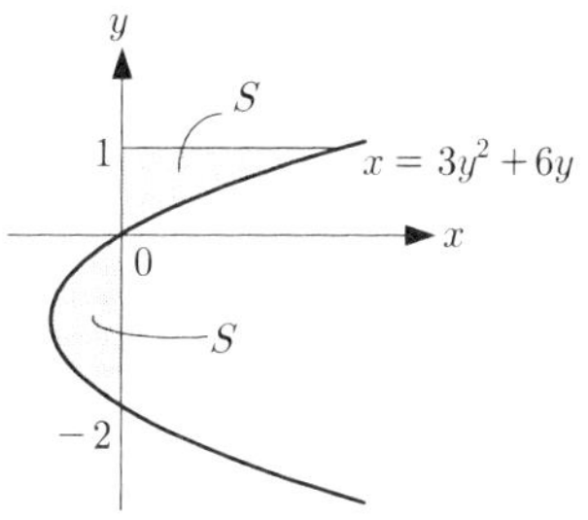

9-8 ① 곡선과 직선의 교점의 x 좌표는

$x^2+1=2x+4$ 에서 $(x-3)(x+1)=0$

$x=-1,3$ 이므로 다음 그림에서 구하는 부분의 넓이 S는

$$S=\int_{-1}^{3}\{(2x+4)-(x^2+1)\}\,dx$$
$$=\int_{-1}^{3}(-x^2+2x+3)\,dx$$
$$=\left[-\frac{1}{3}x^3+x^2+3x\right]_{-1}^{3}=\mathbf{\frac{32}{3}}$$

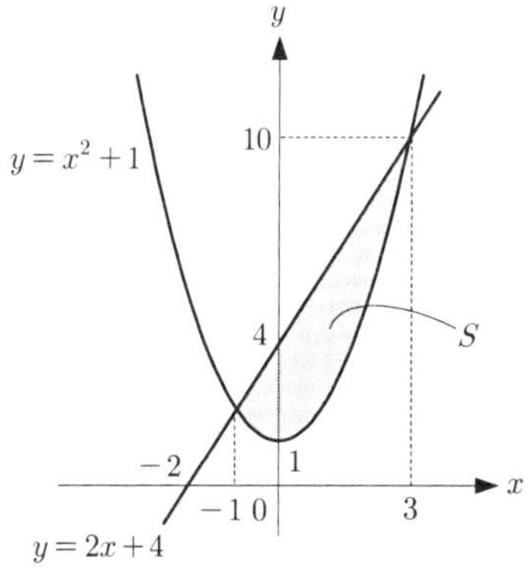

② 곡선과 직선의 교점의 x 좌표는

$x^2-3x+3=x$, $x^2-4x+3=0$

에서 $x=1,3$ 이므로 다음 그림에서 구하는 부분의 넓이 S는

$$S=\int_{1}^{3}\{x-(x^2-3x+3)\}\,dx$$
$$=\left[-\frac{x^3}{3}+2x^2-3x\right]_{1}^{3}=\mathbf{\frac{4}{3}}$$

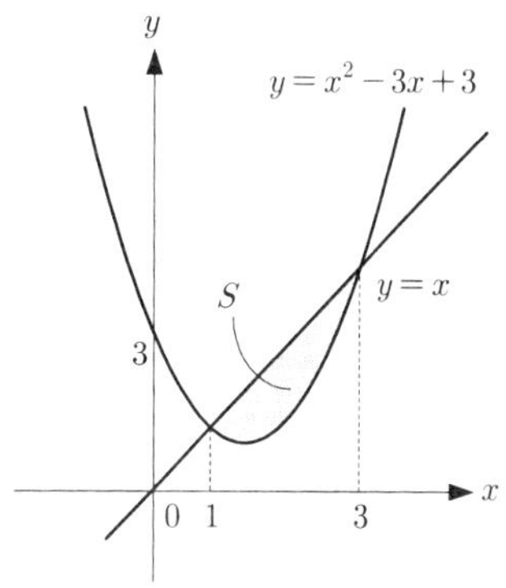

③ $y^2=y$, $y^2-y=0$ 에서 $y=0,1$ 이므로 다음 그림에서 구하는 부분의 넓이 S는

$$S=\int_{0}^{1}(y-y^2)\,dy$$
$$=\left[-\frac{1}{2}y^2-\frac{1}{3}y^3\right]_{0}^{1}=\mathbf{\frac{1}{6}}$$

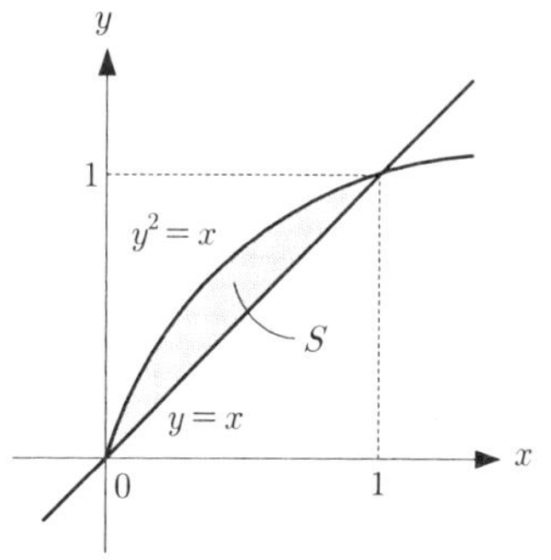

9-9 ① 두 곡선의 교점의 x 좌표는

$\sqrt{6x}=\dfrac{x^2}{6}$ 에서 $x=0,6$ 이므로 구하는 부분의 넓이 S는

$$S=\int_{0}^{6}\left(\sqrt{6x}-\frac{x^2}{6}\right)dx$$
$$=\left[\frac{2}{3}\sqrt{6}\,x^{\frac{3}{2}}-\frac{1}{18}x^3\right]_{0}^{6}$$
$$=\mathbf{12}$$

② $x^2-1=-x^2+2x+3$ 에서 $x=-1$, $x=2$ 이므로

$$S=\int_{-1}^{2}\{(-x^2+2x+3)-(x^2-1)\}dx$$
$$=\int_{-1}^{2}(-2x^2+2x+4)dx$$
$$=\left[-\frac{2}{3}x^3+x^2+4x\right]_{-1}^{2}$$
$$=9$$

9-10 구하는 회전체의 부피 V는

$$V=\pi\int_1^2 y^2\,dx=\pi\int_1^2 (x^2)^2\,dx$$
$$=\pi\left[\frac{1}{5}x^5\right]_1^2=\mathbf{\frac{31}{5}\pi}$$

9-11 $V=\pi\int_2^4 x^2\,dy=\pi\int_2^4 (y-1)^2\,dy$

$$=\pi\left[\frac{1}{3}(y-1)^3\right]_2^4$$
$$=\mathbf{\frac{26}{3}\pi}$$

9-12 $V=\pi\int_0^{\frac{\pi}{2}} y^2\,dx=\pi\int_0^{\frac{\pi}{2}}\cos^2 x\,dx$

$$=\frac{\pi}{2}\int_0^{\frac{\pi}{2}}(1+\cos 2x)\,dx$$
$$=\frac{\pi}{2}\left[x+\frac{\sin 2x}{2}\right]_0^{\frac{\pi}{2}}$$
$$=\mathbf{\frac{\pi^2}{4}}$$

9-13 $4x-x^2=x$, $x^2-3x=0$ 에서 $x=0, 3$ 이므로 다음의 그림에서

$$V=\pi\int_0^3\{(4x-x^2)^2-x^2\}dx$$
$$=\pi\int_0^3(x^4-8x^3+15x^2)\,dx$$
$$=\pi\left[\frac{x^5}{5}-2x^4+5x^3\right]_0^3$$
$$=\mathbf{\frac{108}{5}\pi}$$

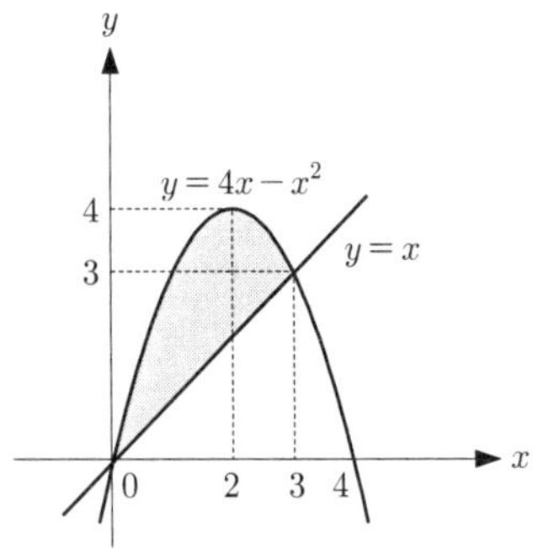

9-14 구간 $[0, 9]$에서 포물선 $y^2=x$를 둘레로 회전해서 생기는 회전체의 용적을 V라 하면

$$V=\pi\int_0^9 y^2\,dx=\pi\int_0^9 x\,dx$$
$$=\pi\left[\frac{1}{2}x^2\right]_0^9=\mathbf{\frac{81}{2}\pi}$$

9-15 ① $l=\int_0^1\sqrt{1+\left(\frac{dy}{dx}\right)^2}\,dx$

$$=\int_0^1\sqrt{1+2^2}\,dx$$
$$=\sqrt{5}\,[x]_0^1=\mathbf{\sqrt{5}}$$

② $y'=x^{\frac{1}{2}}$ 이므로

$$l=\int_0^3\sqrt{1+\left(x^{\frac{1}{2}}\right)^2}\,dx$$
$$=\left[\frac{2}{3}(1+x)^{\frac{3}{2}}\right]_0^3=\mathbf{\frac{14}{3}}$$

③ $l=\int_0^1\sqrt{\left(\frac{dx}{dt}\right)^2+\left(\frac{dy}{dt}\right)^2}\,dt$

$$=\int_0^1\sqrt{(12t)^2+(3t^2-12)^2}\,dt$$
$$=\int_0^1\sqrt{9(t^2+4)^2}\,dt=\int_0^1 3(t^2+4)\,dt$$
$$=\frac{1}{3}\left[\frac{1}{3}t^3+4t\right]_0^1=\mathbf{13}$$

9-16 ① $\int_0^2\int_0^x(x+3y^2)\,dy\,dx$

$$=\int_0^2\left[\int_0^x(x+3y^2)\,dy\right]dx$$

$$= \int_0^2 [xy + y^3]_0^x dx = \int_0^2 (x^2 + x^3) dx$$

$$= \left[\frac{1}{3}x^3 + \frac{1}{4}x^4\right]_0^2 = \frac{8}{3} + 4 = \mathbf{\frac{20}{3}}$$

② $\int_0^3 \int_1^2 (1 + 8xy) dy dx$

$$= \int_0^3 [y + 4xy^2]_1^2 dx$$

$$= \int_0^3 \{(2 + 16x) - (1 + 4x)\} dx$$

$$= \int_0^3 (1 + 12x) dx = [x + 6x^2]_0^3 = \mathbf{57}$$

9-17 ① $\int_0^2 \int_0^{\frac{\pi}{3}} \int_0^{r^2} r^2 dz d\phi dr$

$$= \int_0^2 \int_0^{\frac{\pi}{3}} [r^2 z]_0^{r^2} d\phi dr$$

$$= \int_0^2 \int_0^{\frac{\pi}{3}} r^4 d\phi dr = \int_0^2 [r^4 \phi]_0^{\frac{\pi}{3}} dr$$

$$= \frac{\pi}{3} \int_0^2 r^4 dr = \frac{\pi}{3}\left[\frac{1}{5}r^5\right]_0^2 = \mathbf{\frac{32}{15}\pi}$$

② $\int_0^{\frac{\pi}{2}} \int_0^1 \int_0^2 z\rho^2 \sin\theta \, dz d\rho d\theta$

$$= \int_0^{\frac{\pi}{2}} \int_0^1 \left[\frac{1}{2}z^2\rho^2 \sin\theta\right]_0^2 d\rho d\theta$$

$$= 2\int_0^{\frac{\pi}{2}} \rho^2 \sin\theta \, d\rho d\theta = 2\int_0^{\frac{\pi}{2}} \left[\frac{1}{3}\rho^3 \sin\theta\right]_0^1 d\theta$$

$$= \frac{2}{3}\int_0^{\frac{\pi}{2}} \sin\theta \, d\theta = \frac{2}{3}[-\cos\theta]_0^{\frac{\pi}{2}} = \mathbf{\frac{2}{3}}$$

9-18 다음 그림에서 적분영역 D는

$$\int_2^4 \int_{\frac{x}{2}}^{\sqrt{x}} xy \, dy dx = \int_2^4 \left[\frac{xy}{2}\right]_{\frac{x}{2}}^{\sqrt{x}} dx$$

$$= \int_2^4 \left(\frac{x^2}{2} - \frac{x^3}{8}\right) dx = \left[\frac{x^3}{6} - \frac{x^4}{32}\right]_2^4$$

$$= \left(\frac{64}{6} - \frac{256}{32}\right) - \left(\frac{8}{6} - \frac{16}{32}\right)$$

$$= \mathbf{\frac{11}{6}}$$

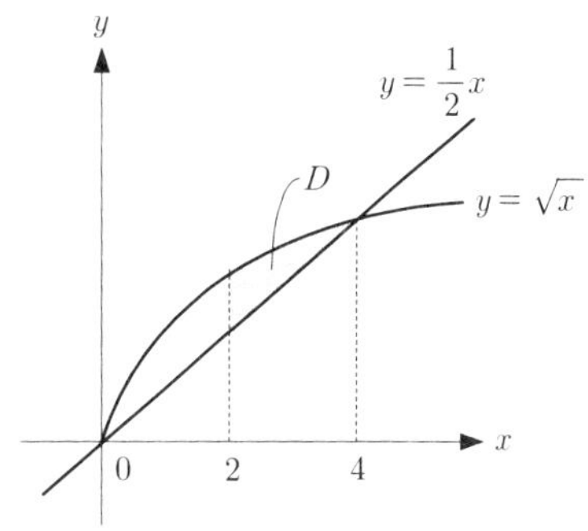

9-19

$D = \{(x, y) | 0 \leq x \leq a, 0 \leq y \leq \sqrt{a^2 - x^2}\}$
이므로

$$\int\int_D xy \, dy dx = \int_0^a \int_0^{\sqrt{a^2 - y^2}} xy \, dy dx$$

$$= \int_0^a \left[\frac{1}{2}xy^2\right]_0^{\sqrt{a^2 - x^2}} dx$$

$$= \frac{1}{2}\int_0^a x(a^2 - x^2) dx$$

$$= \frac{1}{2}\left[\frac{1}{2}a^2x^2 - \frac{1}{4}x^4\right]_0^a = \mathbf{\frac{1}{8}a^4}$$

■ 연습문제 10 ■

10-1 ① 1계1차 상미분방정식
② 2계1차 상미분방정식
③ 1계1차 편미분방정식
④ 2계3차 편미분방정식

10-2 ① $\frac{dy}{dx} = \int 4x^3 dx = x^4 + C_1$

$$\therefore y = \int x^4 dx = \mathbf{\frac{1}{5}x^5 + C_1 x + C_2}$$

② $\frac{d^2y}{dx^2} = \int e^{-x} dx = -e^{-x} + C_1$

$$\frac{dy}{dx} = \int (-e^{-x} + C_1) dx$$

$$= e^{-x} + C_1 x + C_2$$

$\therefore\ y=\int(e^{-x}+C_1x+C_2)dx$

$\quad=-e^{-x}+\frac{1}{2}C_1x^2+C_2x+C_3$

③ $\frac{d^2y}{dx^2}=\int(x+\cos x)dx$

$\quad=\frac{1}{2}x^2+\sin x+C_1$

$\frac{dy}{dx}=\int\left(\frac{1}{2}x^2+\sin x+C_1\right)dx$

$\quad=\frac{1}{6}x^3-\cos x+C_1x+C_2$

$\therefore\ y=\int\left(\frac{1}{6}x^3-\cos x+C_1x+C_2\right)dx$

$\quad=\frac{1}{24}x^4-\sin x+\frac{1}{2}C_1x^2+C_2x+C_3$

④ $\frac{dy}{dx}=\int 3\cos x\,dx=3\sin x+C_1$

$\therefore\ y=\int(3\sin x+C_1)dx$

$\quad=-3\cos x+C_1x+C_2$

10-3 ① $(1+x)\frac{dy}{dx}+(1+y)=0$을 변수분리하면

$\frac{1}{1+y}dy+\frac{1}{1+x}dx=0$

양변을 적분하면

$\int\frac{1}{1+y}dy+\int\frac{1}{1+x}dx=0$

$\ln(1+y)+\ln(1+x)=\ln C$

$\therefore\ (1+x)(1+y)=C$

② $(y+2)dx+(x-2)dy=0$을 변수분리하면

$\frac{1}{x-2}dx+\frac{1}{y+2}dy=0$

$\int\frac{1}{x-2}dx+\int\frac{1}{y+2}dy=0$

$\ln(x-2)+\ln(y+2)=\ln C$

$\therefore\ (x-2)(y+2)=C$

③ $y\frac{dy}{dx}+x=0$을 변수분리하면

$y\,dy+x\,dx=0$

$\int y\,dy+\int x\,dx=0$

$\frac{1}{2}y^2+\frac{1}{2}x^2=\frac{1}{2}C$

$\therefore\ x^2+y^2=C$

④ $\frac{dy}{dx}-\sin x\cdot e^y=0$을 변수분리하면

$e^{-y}dy+x\,dx=0$

$\int e^{-y}dy-\int\sin x\,dx=0$

$-e^{-y}+\cos x=C$

$e^y=\frac{1}{\cos x-C}$

$\therefore\ y=\ln\frac{1}{\cos x-C}$

⑤ $dy+\cos x\cdot e^y dx=0$을 변수분리하면

$e^{-y}dy+\cos x\,dx=0$

$\int e^{-y}dy+\int\cos x\,dx=0$

$-e^{-y}+\sin x=C$

$e^y=\frac{1}{\sin x-C}$

$\therefore\ y=\ln\frac{1}{\sin x-C}$

⑥ $(1+x^2)\frac{dy}{dx}+xy=0$을 변수분리하면

$\frac{1}{y}dy+\frac{x}{1+x^2}dx$

$\int\frac{1}{y}dy+\int\frac{x}{1+x^2}dx$

$\ln y+\frac{1}{2}\ln(1+x^2)=\ln C$

$\therefore\ y\sqrt{1+x^2}=C$

10-4 ① $(x+y)+(x-y)\frac{dy}{dx}=0$

$\left(1+\frac{y}{x}\right)+\left(1-\frac{y}{x}\right)\frac{dy}{dx}=0$

$\frac{y}{x}=v$라 하면,

$\frac{dy}{dx}=v+x\frac{dv}{dx}$

$$(1+v)+(1-v)\left(v+\frac{dv}{dx}\right)=0$$

$$1+2v-v^2+(1-v)x\frac{dv}{dx}=0$$

$$\frac{dx}{x}+\frac{1-v}{1+2v-v^2}dv=0$$

$$\int\frac{1}{x}dx+\int\frac{1-v}{1+2v-v^2}dv=0$$

$$\ln x+\frac{1}{2}\ln(1+2v-v^2)=\frac{1}{2}\ln C$$

$x^2(1+2v-v^2)=C$, $v=\dfrac{y}{x}$ 대입

$\therefore\ \boldsymbol{x^2+2xy-y^2=C}$

② $x^2+y^2-2xy\dfrac{dy}{dx}=0$

$$1+\left(\frac{y}{x}\right)^2-2\left(\frac{y}{x}\right)\frac{dy}{dx}=0$$

$\dfrac{y}{x}=v$ 라 하면

$$\frac{dy}{dx}=v+x\frac{dv}{dx}$$

$$1+v^2-2v\left(v+x\frac{dv}{dx}\right)=0$$

$$1+v^2-2v^2-2vx\frac{dv}{dx}=0$$

$$1-v^2-2vx\frac{dv}{dx}=0$$

$$\frac{1}{x}dx+\frac{2v}{v^2-1}dv=0$$

$$\int\frac{1}{x}dx+\int\frac{2v}{v^2-1}dv=0$$

$$\ln x+\ln(v^2-1)=\ln C$$

$$x(v^2-1)=C$$

$\dfrac{y}{x}=v$ 대입

$\therefore\ \boldsymbol{y^2-x^2=Cx}$

③ $y+3x+xy'=0$

$\dfrac{y}{x}+3+\dfrac{dy}{dx}=0$, $\dfrac{y}{x}=v$ 라 하면

$$\frac{dy}{dx}=v+x\frac{dv}{dx}$$

$$v+3+\left(v+x\frac{dv}{dx}\right)=0$$

$$2v+3+x\frac{dv}{dx}=0$$

$$\frac{1}{x}dx+\frac{1}{2v+3}dv=0$$

$$\int\frac{1}{x}dx+\int\frac{1}{2v+3}dv=0$$

$$\ln x+\frac{1}{2}\ln(2v+3)=\frac{1}{2}\ln C$$

$x^2(2v+3)=C$, $\dfrac{y}{x}=v$ 대입

$\therefore\ \boldsymbol{2xy+3x^2=C}$

④ $(2x+y)dy=(x-2y)dx$

$$\left(2+\frac{y}{x}\right)\frac{dy}{dx}=\left(1-\frac{2y}{x}\right)$$

$\dfrac{y}{x}=v$ 라 하면, $\dfrac{dy}{dx}=v+x\dfrac{dv}{dx}$

$$(2+v)\left(v+x\frac{dv}{dx}\right)=(1-2v)$$

$$2v+v^2+(2+v)x\frac{dv}{dx}-1+v=0$$

$$v^2+4v-1+(2+v)x\frac{dv}{dx}=0$$

$$\frac{v^2+4v-1}{2+v}+x\frac{dv}{dx}=0$$

$$\frac{1}{x}dx+\frac{v+2}{v^2+4v-1}dv=0$$

$$\int\frac{1}{x}dx+\int\frac{v+2}{v^2+4v-1}dv=0$$

$$\ln x+\frac{1}{2}\ln(v^2+4v-1)=\frac{1}{2}\ln C$$

$$x^2(v^2+4v-1)=C$$

$\therefore\ \boldsymbol{y^2+4xy-x^2=C}$

⑤ $(x^3+y^3)dx-3xy^2dy=0$

$$\left\{1+\left(\frac{y}{x}\right)^3\right\}dx-3\left(\frac{y}{x}\right)^2dy=0$$

$\dfrac{y}{x}=v$ 라 하면 $\dfrac{dy}{dx}=v+x\dfrac{dv}{dx}$

$$(1+v^3)dx-3v^2dy=0$$

$$(1+v^3)-3v^2\frac{dy}{dx}$$

$$=(1+v^3)-3v^2\left(v+x\frac{du}{dx}\right)=0$$

$$1+v^3-3v^3-3v^2x\frac{dv}{dx}=0$$

$$1-2v^3-3v^2x\frac{dv}{dx}=0$$

$$\frac{1}{x}dx+\frac{3v^2}{2v^3-1}du=0$$

$$\int\frac{1}{x}dx+\int\frac{3v^2}{2v^3-1}dv=0$$

$$\ln x+\frac{1}{2}\ln(2v^3-1)=\frac{1}{2}\ln C$$

$$x^2(2v^3-1)=C$$

$$\therefore\ \mathbf{2y^3-x^3=Cx}$$

⑥ $(y^2+xy)dx-x^2dy=0$

$$\left\{\left(\frac{y}{x}\right)^2+\frac{y}{x}\right\}-\frac{dy}{dx}=0$$

$\frac{y}{x}=v$ 라 하면, $\frac{dy}{dx}=v+x\frac{dv}{dx}$

$$(v^2+v)-\left(v+x\frac{dv}{dx}\right)=0$$

$$v^2-x\frac{dv}{dx}=0$$

$$\int\frac{1}{x}dx-\int\frac{1}{v^2}dv=0$$

$$\ln x+\frac{1}{v}=C$$

$$\therefore\ \mathbf{\ln x+\frac{x}{y}=C}$$

10-5 ① $(x^3+2xy+y)\,dx$
$+(y^3+x^2+x)\,dy=0$

$\frac{\partial M}{\partial y}=\frac{\partial N}{\partial x}=2x+1$ 로서 완전미분방정식이므로

$$C=\int(x^3+2xy+y)\,dx+\int\Big[(y^3+x^2+x)-\frac{\partial}{\partial y}(x^3+2xy+y)dx\Big]dy$$

$$=\frac{1}{4}x^4+x^2y+xy+\frac{1}{4}y^4$$

$$\therefore\ \mathbf{C=\frac{1}{4}x^4+x^2y+xy+\frac{1}{4}y^4}$$

(별해)

$$\int(x^3+2xy+y)dx=\frac{1}{4}x^4+x^2y+xy$$

$$\int(y^3+x^2+x)dy=\frac{1}{4}y^4+x^2y+xy$$

두 적분의 우변을 더하되 공통인 항은 하나씩만 더한 것이 일반해이다.

$$\therefore\ \mathbf{C=\frac{1}{4}x^4+x^2y+xy+\frac{1}{4}y^4}$$

② $(7x-3y+2)dx+(4y-3x-5)dy=0$

$$\int(7x-3y+2)dx=\frac{7}{2}x^2-3xy+2x$$

$$\int(4y-3x-5)dy=2y^2-3xy-5y$$

$$\therefore\ \mathbf{C=\frac{7}{2}x^2-3xy+2y^2+2x-5y}$$

③ $(2x+y-3)dx+(x-4y+1)dy=0$

$$\int(2x+y-3)dx=x^2+xy-3x$$

$$\int(x-4y+1)dy=xy-2y^2+y$$

$$\therefore\ \mathbf{C=x^2+xy-3x-2y^2+y}$$

④ $(3x^2+8xy)dx+(4x^2+3y^2)dy=0$

$$\int(3x^2+8xy)dx=x^3+4x^2y$$

$$\int(4x^2+3y^2)dy=4x^2y+y^3$$

$$\therefore\ \mathbf{C=x^3+4x^2y+y^3}$$

⑤ $(y^2+e^x\sin y)dx+(2xy+e^x\cos y)dy$

$$\int(y^2+e^x\sin y)dx=xy^2+e^x\sin y$$

$$\int(2xy+e^x\cos y)dy=xy^2+e^x\sin y$$

$$\therefore\ \mathbf{C=xy^2+e^x\sin y}$$

10-6 ① $y'-2y=x$

$P(x)=-2,\ Q(x)=x$ 이므로

$$y=e^{\int 2dx}\left[\int x\cdot e^{-\int 2dx}dx+C\right]$$
$$=e^{2x}\left[\int x\cdot e^{-2x}dx+C\right]$$
$$=e^{2x}\left(-\frac{1}{2}xe^{-2x}-\frac{1}{4}e^{-2x}+C\right)$$
$$=-\frac{1}{2}x-\frac{1}{4}+Ce^{2x}$$
$$\therefore\ \boldsymbol{y=Ce^{2x}-\frac{1}{2}x-\frac{1}{4}}$$

② $y'-y=e^{2x}$

$P(x)=-1$, $Q(x)=e^{2x}$ 이므로

$$y=e^{\int dx}\left[\int e^{2x}\cdot e^{-\int dx}dx+C\right]$$
$$=e^{x}(e^{x}+C)=e^{2x}+Ce^{x}$$
$$\therefore\ \boldsymbol{y=e^{2x}+Ce^{x}}$$

③ $y'+y=x$

$P(x)=1$, $Q(x)=x$ 이므로

$$y=e^{-\int dx}\left[\int x\cdot e^{\int dx}dx+C\right]$$
$$=e^{-x}(xe^{x}-e^{x}+C)$$
$$=x-1+Ce^{-x}$$
$$\therefore\ \boldsymbol{y=Ce^{-x}+x-1}$$

④ $y'+y=xe^{-x}$

$P(x)=1$, $Q(x)=xe^{-x}$ 이므로

$$y=e^{-\int dx}\left[\int xe^{-x}e^{\int dx}dx+C\right]$$
$$=e^{-x}\left(\frac{1}{2}x^2+C\right)$$
$$\therefore\ \boldsymbol{y=\frac{1}{2}x^2e^{-x}+Ce^{-x}}$$

⑤ $2x\dfrac{dy}{dx}+y=2x^2$, $\dfrac{dy}{dx}+\dfrac{y}{2x}=x$ 에서

$P(x)=\dfrac{1}{2x}$, $Q(x)=x$ 이므로

$$y=e^{-\int\frac{1}{2x}dx}\left[\int x\cdot e^{\int\frac{1}{2x}dx}dx+C\right]$$
$$=\frac{1}{\sqrt{x}}\left(\frac{2}{5}x^2\sqrt{x}+C\right)$$
$$\therefore\ \boldsymbol{y=\frac{2}{5}x^2+\frac{C}{\sqrt{x}}}$$

⑥ $x\dfrac{dy}{dx}+2y=x^3$, $\dfrac{dy}{dx}+\dfrac{2}{x}y=x^2$ 에서

$P(x)=\dfrac{2}{x}$, $Q(x)=x^2$ 이므로

$$y=e^{-\int\frac{2}{x}dx}\left[\int x^2\cdot e^{\int\frac{2}{x}dx}dx+C\right]$$
$$=\frac{1}{x^2}\left(\frac{1}{5}x^5+C\right)$$
$$\therefore\ \boldsymbol{y=\frac{1}{5}x^3+Cx^{-2}}$$

10-7 ① $D^3(\cos 2x)=D^2(-2\sin 2x)$
$=D(-4\cos 2x)=\boldsymbol{8\sin 2x}$

② $(D^2+D-1)(xe^{-x})$에서

$$D^2(xe^{-x})=D(e^{-x}-xe^{-x})$$
$$=-e^{-x}-e^{-x}+xe^{-x}$$
$$=-2e^{-x}+xe^{-x}$$
$$D(xe^{-x})=e^{-x}-xe^{-x}$$
$$\therefore\ (D^2+D-1)(xe^{-x})$$
$$=-2e^{-x}+xe^{-x}+e^{-x}-xe^{-x}-xe^{-x}$$
$$=\boldsymbol{-e^{-x}(x+1)}$$

③ $(D^2+1)(\sin x+\cos x)$에서

$$D^2(\sin x+\cos x)=D(\cos x-\sin x)$$
$$=-\sin x-\cos x$$
$$\therefore\ D^2+1(\sin x+\cos x)$$
$$=-\sin x-\cos x+\sin x+\cos x=\boldsymbol{0}$$

④ $(D^2-3D+4)(x^3+2x^2-x+5)$에서

$$D^2(x^3+2x^2-x+5)=D(3x^2+4x-1)$$
$$=6x+4$$
$$\therefore\ (D^2-3D+4)(x^3+2x^2-x+5)$$
$$=6x+4-9x^2-12x+3+4x^3$$
$$+18x^2-4x+20$$
$$=\boldsymbol{4x^3-x^2-10x+27}$$

10-8 ① $y''-3y'+2y=0$에서 보조방정식은 $m^2-3m+2=0$이므로

$m=1,\ m=2$

$\therefore\ y=C_1e^{x}+C_2e^{2x}$

② $y''+6y'+9y=0,\ m^2+6m+9=0$

$m=-3$

$\therefore\ y=e^{-3x}(C_1+C_2x)$

③ $y''+y'-6y=0,\ m^2+m-6=0$

$m=2,\ m=-3$

$\therefore\ y=C_1e^{2x}+C_2e^{-3x}$

④ $y''+2y'+2y=0,\ m^2+2m+2=0$

$m=-1\pm j$

$\therefore\ y=e^{-x}(C_1\cos x+C_2\sin x)$

⑤ $y''-2y'+10y=0$

$m^2-2m+10=0,\ m=1\pm j3$

$\therefore\ y=e^{x}(C_1\cos 3x+C_2\sin 3x)$

⑥ $y''-4y'+4y=0,\ m^2-4m+4=0$

$m=2$

$\therefore\ y=e^{2x}(C_1+C_2x)$

⑦ $y'''-2y''-y'+2y=0$

m^3-2m^2-m+2

$=(m-2)(m^2+2m-1)=0$

$m=1,\ m=-1,\ m=2$

$\therefore\ y=C_1e^{x}+C_2e^{-x}+C_3e^{2x}$

⑧ $y'''+4y'=0$

$m^3+4m=m(m^2+4)=0$

$m=0,\ m=j2$

$\therefore\ y=C_1+C_2\cos 2x+C_3\sin 3x$

찾 아 보 기

미분적분학 입문

2018년 3월 15일 3판 3쇄 발행

저 자 이 수 일
발행인 남 승 우

발행처 도서출판 상尚 학學 당堂
서울시 동작구 사당로9가길 6(사당동)
TEL : 02) 595-1692～4
FAX : 02) 595-1394
E-mail : namdoo6@unitel.co.kr
신고 : 2-155호 (1968. 11. 29)

정가 20,000원

ISBN 978-89-6587-075-3 93410

〈디자인〉 편집 이선경 / 표지 나아기획